化学や物理のための

やさしい群論入門

化学や物理のための

やさしい
群論入門

藤永 茂
成田 進

岩波書店

はじめに

群論を少し学んでみたいと思う人は少なくないでしょう．その中で化学者は幸せな立場にあります．水の分子 H_2O は酸素原子 O を頭にした 2 等辺 3 角形，アンモニア分子 NH_3 は窒素原子 N を頂点，3 つの水素原子 H のつくる正 3 角形を底面にしたピラミッドの形をしていることを化学者は知っていますが，こうした分子の形が持っている対称性のことを少し注意ぶかく考えてみることから，ごく自然に群論の中に入って行くことができますし，やがて，はじめはとても抽象的な感じを与える「群」の議論から，分子のいろいろな性質について歯切れのよい具体的な結論が引き出されてくることに，新鮮なおどろきを覚えるようになります．

化学者は，H_2O は $\boldsymbol{C}_{2v}$ の対称性，NH_3 は $\boldsymbol{C}_{3v}$ の対称性を持っている，といった言葉遣いをします．$\boldsymbol{C}_{2v}$ や $\boldsymbol{C}_{3v}$ は分子の骨格の形を識別し指定する名札のようなもので，そうしたものとして理解するのはむつかしいことではありません．しかし，それだけで終わってしまうのは惜しい．$\boldsymbol{C}_{2v}$ や $\boldsymbol{C}_{3v}$ は数学者が「群」とよぶもののとても良い具体例でもあり，分子につける名札として出会ったのを機会に，数学の最も基本的な概念の 1 つである「群」の考えを少し覗いてみない手はありません．そのことが大きな知的満足を味わわせてくれるのは勿論ですが，少し辛抱して学び進めば，$\boldsymbol{C}_{2v}$ や $\boldsymbol{C}_{3v}$ がそれぞれの分子について色々のことを切れ味よく解き明かしてくれるマジックワードであることも分かってくるのです．

この群論へのアプローチは，化学者でない理工系の人たちにとっても，1つの良い群論入門の道になります．化学についての予備知識は必要ではありません．人文系の人たちにも，群論を理解したい気持ちはあるはずです．ポール・ヴァレリーは群論に強い関心がありました．「夢を見るものは，自分の夢の変換群のうちに閉じ込められて……」(「デカルト考」)などと書いていますし，レヴィ=ストロースの構造主義を理解しようと思い立った人も変換群という言葉によく出会います．「群」や「変換群」というものは，手短な解説を読むだけでは，いつまでたっても，しっくり「これでわかった」という気持ちにはなれません．20世紀の大数学者ヘルマン・ヴァイルの『シンメトリー』[1)]は広い読者層に向けた群論入門の名著ですが，これも「群」のことが少しわかってからこそ名著の味が舌にしみるタイプの本です．しかし，本書のはじめの数章を読んだ後なら，それが味わえるようになり，群という言葉を，手探りのメタファーとしてではなく，中味のある，自分の言葉として使うことが出来るようになります．

実際，この群論という数学が私たちの自然理解の営みで果たす役割，その有用さには信じられないほどの素晴しさがあります．E. ウイグナー(1902–1995)はハンガリーに生まれ，アメリカで活躍した理論物理学の巨匠ですが，「物理学での数学の理不尽なほどの有用さ」[2)]と題する一文で，私たちが自然のからくりを解読しようとする時，数学が発揮する力のあまりの素晴しさに驚きを表明しています．ウイグナーが1931年に出版した名著『群論とその原子スペクトルの量子力学への応用』[3)]は，世界中の物理学者や化学者の間に群論がまるで疫病(ペスト)のように伝染する大きなきっかけになりました(ドイツ語では群論ペスト，Gruppenpest)．私たちのこの本の中にも読者が群論病の軽い症状を示すようになるだけの病原体をにじみこませてあります．

このささやかな群論入門書がマンガ本と同じやさしさで読める，と言うつもりはありません．何の努力も抵抗もなしに読めるものからも悦楽は得られます．しかし，それとは別の読書の悦楽もあります．「数学者は座禅苦行をいとわぬ禅僧に似たところがある」といった人がいます．一人前の数学者になるためには，色々の概念を理解し自らの思考力をきたえる長い時間を経なければなりません．しかし，数学者は遠いかなたの法悦を求めて苦行の道をいとわない．大きく深い満足が待っていることを知っているからです．数学などやっていては禄に飯も食えない御時世になっても，世に数学者の種がつきることはありますまい．群論を少し理解できたことから来る悦びは大きな法悦とはいえませんが，しばしの“座禅”にたえるだけのことは十分あると思います．

本書の10の章を読めば，化学や物理学を学ぶ人たちは群論への入門を果たせるようになっていますが，それぞれの興味や必要から，もっと広く，もっと深く，あるいは，もっと先を学びたいと思うこともあるでしょう．本書はインターネットのホームページを通じてそうした要望に答えようと考えています．具体的な内容は巻末の「おわりに」に述べてあります．

1) H. Weyl : Symmetry (*Princeton University Press*, 1952)；遠山啓訳『シンメトリー』(紀伊国屋書店，1957)
2) E. Wigner : “The Unreasonable Effectiveness of Mathematics in the Natural Sciences” (*Communications in Pure and Applied Mathematics*, **13** (1960), 1)
3) E. Wigner : Gruppentheorie und ihre Anwendungen auf die Quantenmechanik der Atomspektren (*Vieweg & Sohn*, 1931)
E. Wigner : Group Theory and its Applications to the Quantum Mechanics of Atomic Spectra (*Academic Press*, 1959)；森田正人，森田玲子訳『群論と量子力学』(吉岡書店，1971)

目　次

1

分子の対称性と対称操作

図1.1の(a)は水の分子H_2Oの，(b)はアンモニア分子NH_3の形を示しています．(a)ではH_2Oの分子面がYZ面に，(b)ではNH_3の3つのHがつくる正3角形がXY面にとってあります．H_2OよりもNH_3の方が“高い”対称性を持っていると誰もが感じる，この“感じ”をもっとはっきり押さえてみたいものです．

1.1　H_2Oの対称操作

図1.1(a)を見ると，H_2O分子の骨格は，Z軸のまわりに180°回転させても，回す前と区別できないことがわかります．また，XZ面を鏡にして鏡映をとっても，つまり，XZ面の両側を，鏡に映すようにして取り替えても，その前と後で区別はつきません．Oと2つのHが，幾何学的な点ではなく，図のような丸い球と考えると，YZ面について鏡映をとっても同じです．

こうした操作を対称操作(詳しくは空間対称操作)と呼びますが，それを行う人(演者)と見ている人(観客)を想定して説明します．まず，観客は目の前の分子の骨格の空間的な形と位置をしっかりと頭に入れてから目を閉じます．演者は分子に1つの空間的操作(ある軸のまわりに回転させるとか，ある平面について鏡映をとるとか)を行います．そ

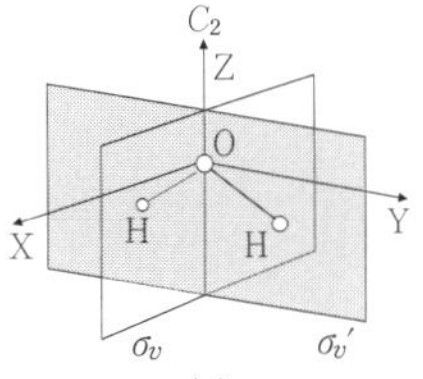

(a)

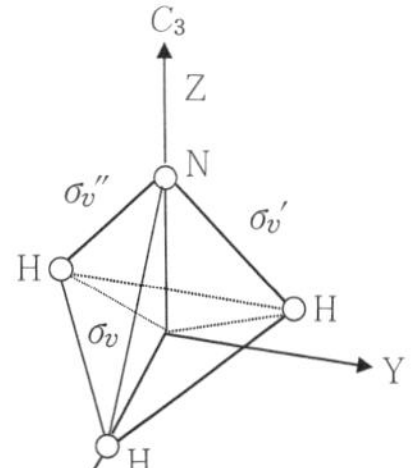

(b)

図1.1

の後で，観客は目をあけて分子の様子が目を閉じる前と違っているかどうかをたしかめます．もし前と全く同じならば，目を閉じている間に行われた操作を対称操作と呼ぶのです．対称操作にはそれを定義する回転軸や対称面(鏡映面)などが必要で，それらは対称要素と呼ばれます．

対称操作

対称要素

図1.1(a)で，Z軸のまわりの180°の回転操作を$C_2(z)$，一般にはC_2と表わします．添え字の2は360°/2=180°を意味します．対称操作はC_2，対称要素は回転軸としてのZ軸で，この軸のまわりの2回の回転で分子の骨格は元の位置に戻りますから，この対称要素は2回回転軸と呼ばれます．NH_3は対称要素として3回回転軸を持つことが，すぐ出てきます．鏡映操作(ドイツ語ではSpiegelung)はσで表わすのが普通で，H_2Oの場合には分子面(YZ面)とそれに垂直なXZ面についての鏡映，$\sigma(yz), \sigma(xz)$，が対称操作です．本書では$\sigma(xz)$をσ_v，$\sigma(yz)$をσ_v'とも書きます．添え字のvはvertical(垂直)のvです．

さて，観客が目を閉じている間に演者が何もしなかった場合にも，目をあけた観客は，当然のことながら，何の変化も認めません．そこで“何もしない”ことも操作の1つと考えてこれをEで表わすことにします．余計なもののようにも思えますが，群論にはなくてはならぬものなのです．Eはドイツ語のEinheit(英語のunity)から来ています．

以上4つの対称操作の集まり(集合)に名前をつけて

$$\boldsymbol{C}_{2v} = \{E, C_2, \sigma_v, \sigma_v'\} \qquad (1.1.1)$$

とまとめます．H_2Oについてはこれ以外に対称操作はありません．このことを，H_2Oは$\boldsymbol{C}_{2v}$の対称性を持つ，と言い表わします．

C_2の操作を2度続けて行う，つまり180°×2=360°まわすと，これは何もしなかったことと，結果としては同じです．これを記号の上で $C_2C_2=C_2^2$ と表わせば，$C_2^2=E$ と書けます．また 1 度，鏡に映した形をまた鏡に映しもどせば元にもどりますから $\sigma_v\sigma_v=\sigma_v^2=E$ です．同様に $(\sigma_v')^2=E$．

1.2　NH_3 の対称操作

図 1.1(b)から，NH_3 の対称操作としては，N を通り 3 つの H のつくる平面に垂直にとられた Z 軸のまわりの 120° の回転 C_3，240° の回転 C_3^2，Z 軸を含む 3 つの鏡映面(N と 1 つの H を含み，他の 2 つの H を結ぶ線を 2 分する面)についての鏡映，$\sigma_v, \sigma_v', \sigma_v''$，があることがわかります．Z 軸(3 回回転軸)のまわりの 120°×3=360° の回転 C_3^3 は“何もしない”操作 E と同じです：$C_3^3=E$．以上 6 つの対称操作の集合を

$$\boldsymbol{C}_{3v}=\{E, C_3, C_3^2, \sigma_v, \sigma_v', \sigma_v''\} \qquad (1.2.1)$$

と呼ぶと，NH_3 の対称性は $\boldsymbol{C}_{3v}$ で規定されることになります．この場合，対称要素は 1 つの 3 回回転軸と，それを含む 3 枚の鏡映面です．

対称操作としては C_3 だけを示しておけばよさそうにも思えますが，C_3 と C_3^2 は別の対称操作と考える必要があります．このことは次の節で説明するステレオ投影図と呼ばれる仕掛け(図形)を使うとはっきり理解できるようになります．

ステレオ投影図

この章のはじめに述べたように，私たちは H_2O より NH_3 の方が高い対称性を持っていると直感しますが，空間対称操作の集合として $\boldsymbol{C}_{3v}$ の方が $\boldsymbol{C}_{2v}$ より操作の数が多く，内容がより豊かですから，私たちの直感が具体的に確かめられました．

これまで分子の骨格という言葉を使い，図では原子は丸い球，結合は直線で示してきましたが，物理的にもっと正

確にいえば次のようになります．例えば，H_2O 分子の骨格は1つのO原子核と2つのH原子核がつくる2等辺3角形の形をしていますが，原子核は正の電荷を帯びているので，そのまわりに球状の対称性を持つ電場(クーロン場)があって，まわりの電子たちはその電場の中にいるわけです．したがって分子の骨格の対称性を考えるときには，原子核をただの幾何学的点とは考えないで，そのまわりにクーロン場を持った物理的実体と考えるのです．

1.3　C_{2v} の積表

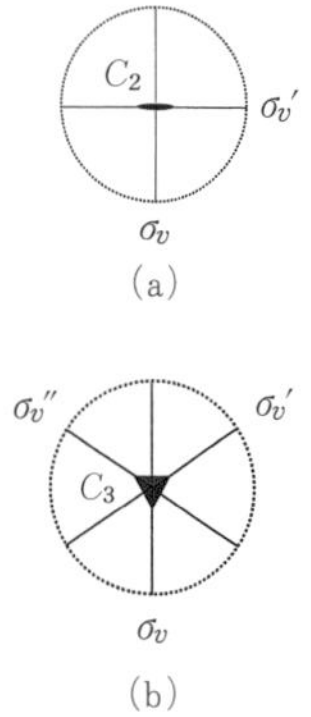

図 1.1′

図1.1′(a)は C_{2v} に対応するステレオ投影図です．Z軸の上方からYZ面を分子面とする H_2O を見下ろした所と思って下さい．円は2回回転軸(Z軸)に垂直な平面を表わしていますが，C_{2v} の場合にはこの平面は対称面ではないので点線で描いてあります．C_{2v} の対称要素である2つの対称面，XZ面とYZ面，は実線で描いてあります．2回回転軸は細い楕円の印で示してあります．ステレオ投影図のポイントは，対称操作をほどこす分子の骨格に，その対称性からずれた場所を選んで，1つの目安の点をつけて，その点の動きを追う所にあります．図1.2の付けホクロのような点●がそれで，このホクロが対称操作 $E, C_2, \sigma_v, \sigma_v'$ でどのように移動するか，うるさいと思わずに，その動き方をよく追ってみて下さい．

ここで大切な取り決めをします．分子の骨格とそれに付けた目印のホクロは，空間対称操作(合同操作ともよびます)にしたがって動きますが，回転軸や対称面(鏡映面)は空間に固定することにするのです．H_2O の場合，図1.1(a)のように座標系 (X, Y, Z) を設定したら，これは空間に固定します．対称操作は空間に固定した回転軸なり鏡映面なりについて定義されていて，それらの対称要素(軸や面)は

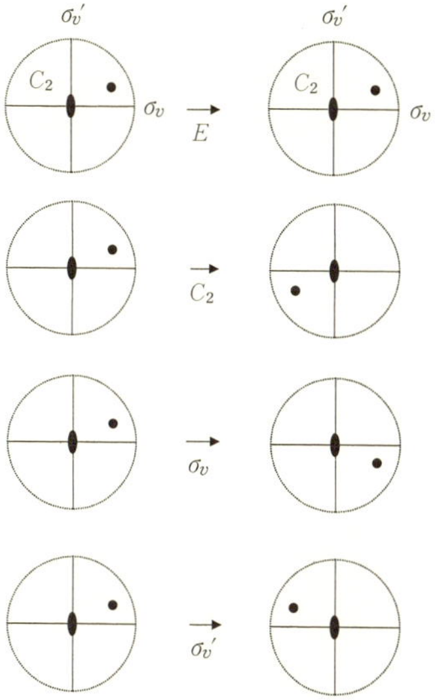

図 1.2

分子の骨格と一緒には動かさないのです．対称要素を分子の骨格と一緒に動かすやり方もあります．どちらの方式をとるにしても，いったん取り決めをしたら，一貫してそれを守ることが肝心です．

ステレオ投影図を使って，$\boldsymbol{C}_{2v}$ の 2 つの対称操作を続けて行ったときどうなるかを調べてみます．図 1.3(a)は，まず C_2 を行い，続いて σ_v を行った場合ですが，その結果は，図 1.2 によれば，σ_v' を 1 回行った結果と同じです．図

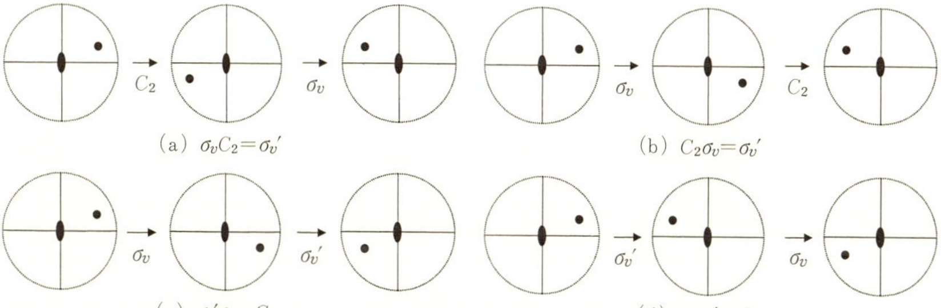

(a)　$\sigma_v C_2=\sigma_v'$　　(b)　$C_2\sigma_v=\sigma_v'$

(c)　$\sigma_v'\sigma_v=C_2$　　(d)　$\sigma_v\sigma_v'=C_2$

図 1.3

1. 3(b)は，順序を交換して，まず σ_v，次に C_2 を行った場合を示しています．この場合も σ_v' を1回行ったのと同じです．これらの結果を次のように式であらわします．

$$\text{(a)}\quad \sigma_v C_2 = \sigma_v' \qquad (1.3.1)$$

$$\text{(b)}\quad C_2 \sigma_v = \sigma_v' \qquad (1.3.2)$$

本書では，操作の順序は右端の操作がはじめに行われ，その次の操作は左に続けて書きます．これも大切な取り決めの1つです．図1.3(c)は，まず σ_v，次に σ_v' を行った場合，(d)は，順序をかえて，はじめに σ_v'，次に σ_v を行った場合を示しています．

$$\text{(c)}\quad \sigma_v' \sigma_v = C_2 \qquad (1.3.3)$$

$$\text{(d)}\quad \sigma_v \sigma_v' = C_2 \qquad (1.3.4)$$

以上の4つの場合では，操作の順序を交換しても，結果は同じです．これは当り前のことのようにも思えますが，アンモニア分子の対称操作の場合には，操作の順序を交換すると結果が違ってしまう例が出てきますから，お楽しみに．

表1.1　C_{2v} の積表

(a)

	E	C_2	σ_v	σ_v'
E	EE	EC_2	$E\sigma_v$	$E\sigma_v'$
C_2	C_2E	C_2C_2	$C_2\sigma_v$	$C_2\sigma_v'$
σ_v	σ_vE	σ_vC_2	$\sigma_v\sigma_v$	$\sigma_v\sigma_v'$
σ_v'	$\sigma_v'E$	$\sigma_v'C_2$	$\sigma_v'\sigma_v$	$\sigma_v'\sigma_v'$

(b)

	E	C_2	σ_v	σ_v'
E	E	C_2	σ_v	σ_v'
C_2	C_2	E	σ_v'	σ_v
σ_v	σ_v	σ_v'	E	C_2
σ_v'	σ_v'	σ_v	C_2	E

表1.1(a)は $\boldsymbol{C_{2v}}$ の4つの対称操作 $E, C_2, \sigma_v, \sigma_v'$ の2つを続けて行うすべての組み合わせを示しています．表の上側の横並びの操作を先に行い，次に表の左側の縦並びの操作を行います．$\sigma_vC_2, C_2\sigma_v, \sigma_v'\sigma_v, \sigma_v\sigma_v'$ の結果はすでに求めました．$4\times4=16$ のすべての結果は表1.1(b)に示されていて，これを $\boldsymbol{C_{2v}}$ の「積表」と呼びます．2つの操作を続

けて行うことを「積」という言葉で表わすことにするのです．

1.4　C_{3v} の積表

C_{3v} の対称性を持つアンモニア分子 NH_3 から私たちは実に沢山のことを学ぶことになります．NH_3 は本書のペットともいえる分子です．

C_{3v} のステレオ投影図の基本図は図 1.1′(b) で，1 本の 3 回回転軸(Z 軸)は ▲ で示され，Z 軸と 1 つの H を含む 3 つの鏡映面は実線で表わされています．Z 軸に直角な対称

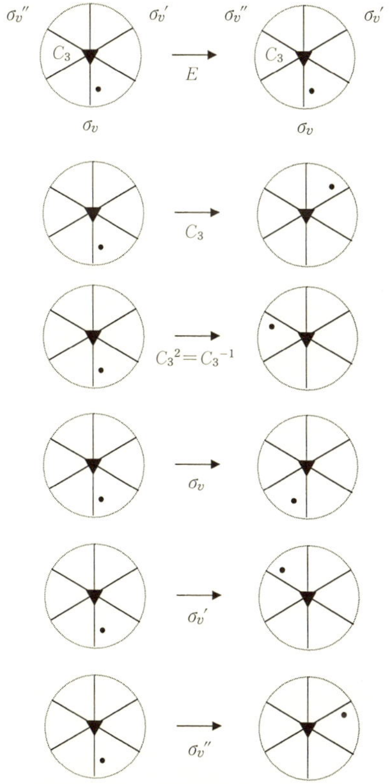

図 1.4

面はないので点線で描かれています．$\boldsymbol{C_{3v}}$ の 6 つの対称操作による目印の点の動きを示すのが図 1.4 です．ここで回転の向きについての約束を確立しておきます．本書では，図 1.4 の C_3 と C_3^2 でわかるように，時計の針と逆方向を回転の正の向きにとります．図 1.1(b)でいえば，X 軸から Y 軸へ向かう回転が正の回転です．120° の正の回転が C_3，240° の正の回転が C_3^2 であり，目印のホクロの落ち着き先を見れば，C_3 と C_3^2 が別の対称操作であることがわかります．C_3^2 を行ったのと同じ結果は 120° の逆方向(負の向き)の回転でも得られます．この操作を，記号として，C_3^{-1} または C_3^- と表わすことがあります．

$$C_3^2 = C_3^{-1} \tag{1.4.1}$$

はホクロの行き先から確かめられ，また，C_3 が 120° の正の回転，C_3^{-1} が 120° の負の回転ですから，明らかに，

$$C_3^{-1}C_3 = C_3C_3^{-1} = E \tag{1.4.2}$$

つまり，C_3 と C_3^{-1} は互いに打ち消しあいます．もちろん

$$C_3^3 = C_3^2C_3 = E \tag{1.4.3}$$

でもあります．

図 1.4 を使って，$\boldsymbol{C_{3v}}$ の 6 つの対称操作の 2 つを合成する，つまり，「積」をとってみます．図 1.5 の(a)と(b)から

$$\text{(a)}\quad \sigma_v C_3 = \sigma_v' \tag{1.4.4}$$

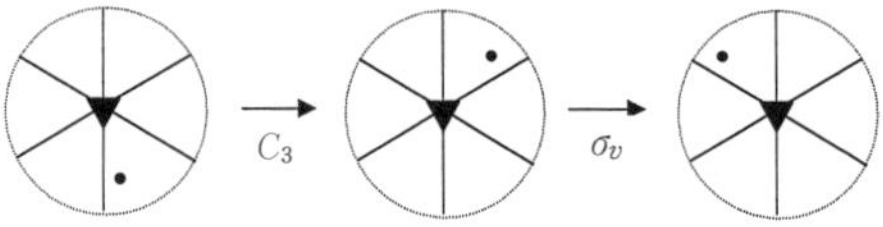

(a) $\sigma_v C_3 = \sigma_v'$

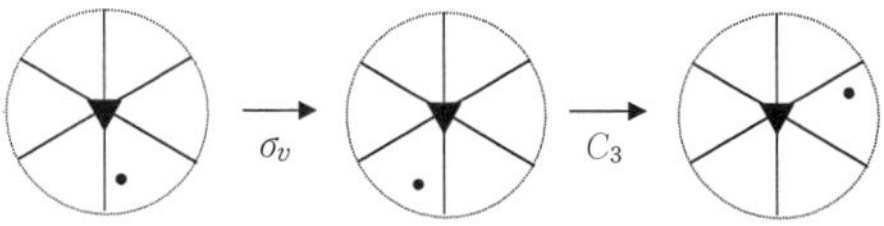

(b) $C_3\sigma_v = \sigma_v''$

図 1.5

$$(\mathrm{b})\quad C_3\sigma_v = \sigma_v'' \tag{1.4.5}$$

ここで面白いのは，$\boldsymbol{C}_{3v}$ の 2 つの対称操作，C_3 と σ_v の積はその順序をかえると結果が異なることです：

$$\sigma_v C_3 \neq C_3\sigma_v \tag{1.4.6}$$

$\boldsymbol{C}_{2v}$ の C_2 と σ_v では

$$\sigma_v C_2 = C_2\sigma_v$$

でした！

表 1.2　$\boldsymbol{C}_{3v}$ の積表

	E	C_3	C_3^2	σ_v	σ_v'	σ_v''
E	E	C_3	C_3^2	σ_v	σ_v'	σ_v''
C_3	C_3	C_3^2	E	σ_v''	σ_v	σ_v'
C_3^2	C_3^2	E	C_3	σ_v'	σ_v''	σ_v
σ_v	σ_v	σ_v'	σ_v''	E	C_3	C_3^2
σ_v'	σ_v'	σ_v''	σ_v	C_3^2	E	C_3
σ_v''	σ_v''	σ_v	σ_v'	C_3	C_3^2	E

表 1.2 は $\boldsymbol{C}_{3v}$ の積表です．いくつかの積については，うるさがらずに，自分でステレオ投影図をかいてみて，納得して下さい．たとえば

$$\sigma_v'\sigma_v = C_3^2 = C_3^{-1}, \qquad \sigma_v\sigma_v' = C_3$$

などはいかがですか？

$\boldsymbol{C}_{2v}$ や $\boldsymbol{C}_{3v}$ の積表をつくる苦労は無駄ではありません．実は，$\boldsymbol{C}_{2v}$ の 4 つの対称操作の集合，$\boldsymbol{C}_{3v}$ の 6 つの対称操作の集合は「群」と呼ばれる特別の集合をつくっているのです．表 1.1(b)や表 1.2 は群の積表と呼ばれます．積表ができれば，その群の具体的な性質がそっくりわかります．

分子が示すいろいろな対称性の話としては，H_2O ($\boldsymbol{C}_{2v}$) や NH_3 ($\boldsymbol{C}_{3v}$) はほんの序の口です．天然ガスの主成分であるメタン CH_4 も身近な分子の 1 つで，図 1.6(a)のように正 4 面体の 4 つの頂点に H を，その中心に C を置くと，CH_4 分子の形になります．この形が NH_3 ($\boldsymbol{C}_{3v}$) より高い

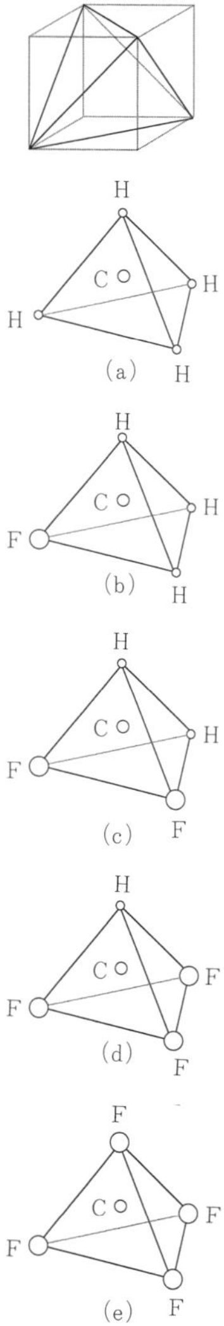

図 1.6

対称性を持っていることは直感的に明らかですが，数学的にはっきりととらえるためには，CH_4 あるいは正 4 面体が，どのような空間対称操作を持っているかを調べあげなければなりません．それは全部で 24 の対称操作から成り，その集合は正 4 面体群と呼ばれる群をつくります．慣用の記号は $\boldsymbol{T_d}$ です．

CH_4 の H 原子を他の原子，例えばフッ素原子 F で置き換えて，4 種の分子，CH_3F，CH_2F_2，CHF_3，CF_4 をつくることができて，図 1.6 の(b), (c), (d), (e)にその形が示されています．ここで(e)の CF_4 の対称性が CH_4 と同じ $\boldsymbol{T_d}$ であることは明らかですが，他の 3 つの分子についてはどうでしょうか？

分子の対称性についての知識は化学者には必要なので，第 **3** 章でもっと詳しくとりあげますが，その必要を感じない読者はそれをとばして読み進んで下さい．

2

群

いまからお目にかける「群」の定義は単純で素っ気ないものであり，その中から何か味気のあるものが生まれてくるとは，とても思えないのですが，数学者はこの一見からっぽの帽子の中から美しい大きな花束や活きのよい兎などを次から次につかみ出してきます．群論はその乾いた抽象を通して，数学の世界だけではなく，化学や物理の具象の世界にも大きな網を投げかけて，見事な獲物を沢山とらえてきます．先を楽しみにして読み進んで下さい．

2.1 集　合

数学用語としての集合(set)とは，数学的な対象(ただの数，行列，関数，対称操作など何でもよい)を一定の特質に目をつけて集めたものです．例えば，1 から 10 までの間の奇数の集合は

$$\boldsymbol{S}_1 = \{1, 3, 5, 7, 9\}$$

であり，正の奇数のすべて

$$\boldsymbol{S}_2 = \{1, 3, 5, 7, 9, 11, 13, 15, \cdots\}$$

も 1 つの集合です．$\boldsymbol{S}_1$ は有限集合(finite set)，$\boldsymbol{S}_2$ は無限集合(infinite set)の例です．集合をつくっている個々のものを元(element)と呼びます．5 が $\boldsymbol{S}_1$ に属することを記号で

有限集合
無限集合
元

$$5 \in \boldsymbol{S}_1$$

と表わします．奇数13は $\boldsymbol{S}_2$ には属しても，$\boldsymbol{S}_1$ には属さないことを

$$13 \notin \boldsymbol{S}_1, \quad 13 \in \boldsymbol{S}_2$$

と表わします．また集合 $\boldsymbol{S}_2$ が集合 $\boldsymbol{S}_1$ をその部分として含んでいることを

$$\boldsymbol{S}_1 \subset \boldsymbol{S}_2$$

部分集合

と表わし，$\boldsymbol{S}_1$ を $\boldsymbol{S}_2$ の部分集合(subset)と呼びます．

2.2　群の定義

集合をつくるもの，元，は何でもよいのですが，ただの集まりというだけでは面白くありません．集合の元の間の演算のルールを定めると血が通った感じが出て来ます．前章の $\boldsymbol{C}_{2v}$ や $\boldsymbol{C}_{3v}$ の元は空間対称操作で，その2つの対称操作を合成すると，結果はまた1つの対称操作になりました．それは普通の掛け算ではありませんが，便宜上，「積」と呼ぶことにしたのでした．

g 個の異なる元でできた1つの集合 $\boldsymbol{G}$：

$$\boldsymbol{G} = \{G_1, G_2, G_3, \cdots, G_g\}$$

の任意の2つの元，G_i と G_j，の積を G_iG_j で表わすことにします．集合 $\boldsymbol{G}$ が次の4つの条件をみたすとき，$\boldsymbol{G}$ を群と呼びます．

[1]（閉集合性）　$\boldsymbol{G}$ の任意の2つの元 G_i と G_j に対して，積と呼ばれる演算が定義されていて，それを G_iG_j と表わすと，それは $\boldsymbol{G}$ の元になる：

$$G_iG_j \in \boldsymbol{G}$$

[2]（結合則）　$\boldsymbol{G}$ の任意の3つの元 G_i, G_j, G_k について

$$G_i(G_jG_k) = (G_iG_j)G_k$$

つまり，3つの元の積の順序 (i, j, k) さえ変えなければ，G_j と G_k の積をとった結果と G_i の積をとっても，G_k と，

G_i と G_j の積の結果との積をとっても，最終結果は等しい．

[3](単位元)　$\boldsymbol{G}$ の任意の元 G_i について

$$G_iE = EG_i = G_i$$

の性質を持つ元が $\boldsymbol{G}$ の中にある．E は単位元と呼ばれる．

[4](逆元)　$\boldsymbol{G}$ の任意の元 G_i について

$$G_iG_p = G_pG_i = E$$

の性質をもつ元 G_p が $\boldsymbol{G}$ の中に必ずある．この G_p を G_i^{-1} と書き，G_i の逆元とよぶ．

「群」の定義とはたったこれだけのものです．この，種も仕掛けもなさそうに見えるシルクハットから沢山のものが飛び出してくるのを見るのが，これからの楽しみということになります．

群の例を探してみます．まず，**2.1** 節の集合

$$\boldsymbol{S}_1 = \{1, 3, 5, 7, 9\}$$

で，元の間の「積」を普通の乗算(×)としてみると，$3\times5=15$ で $\boldsymbol{S}_1$ の外に出てしまうので，条件[1]を満たさず，群としては失格.「積」の定義を加算(+)にしても駄目です．集合 $\boldsymbol{S}_2$ については,「積」を乗算(×)にとると条件[1]と[2]は OK，単位元を $E=1$ とすれば条件[3]も合格ですが，条件[4]で失格します．「積」を加算(+)とすると，2 つの奇数の和は偶数になるので，条件[1]が満たされません．しかし 0(ゼロ)を含めた正負すべての整数の無限集合

$$\boldsymbol{S}_3 = \{\cdots, -3, -2, -1, 0, +1, +2, +3, \cdots\}$$

については，元の間の「積」を加算(+)とし，単位元を 0，逆元としては，0 の逆元は 0，他の整数 N については $-N$ とすれば，群の 4 つの条件すべてを満たします．しかし，もし元の間の「積」を乗算(×)とすると，条件[4]が満たせません．つまり，$\boldsymbol{S}_3$ は加算については無限個の元を含む無限群になります．実は，本書では主に有限個の元からなる有限群を取り扱います．その最も簡単な例の 1 つは

無限群

有限群

$$\{1, -1\} \tag{2.2.1}$$

です．これは乗算(×)を「積」にとると，たしかに群になっています．また，虚数単位 $i(i^2=-1)$ を仲間に入れると

$$\{1, -1, i, -i\} \tag{2.2.2}$$

の4つの元の集合も乗算について群になっています．

ある集合を群であると判定するには，群の4つの条件が満たされていることを確かめる必要があります．条件[1]，[3]，[4]を確かめるには，前章で学んだ積表をつくればよろしい．表2.1は $\{1, -1\}$ の，表2.2は $\{1, -1, i, -i\}$ の積表です．条件[2]を確かめるには，3つの元の積を調べなければなりませんが，この2つの集合については，2つの元の積が普通の乗算なので明らかに[2]も満足しています．

表2.1 $\{1, -1\}$ の積表

	1	-1
1	1	-1
-1	-1	1

表2.2 $\{1, -1, i, -i\}$ の積表

	1	-1	i	$-i$
1	1	-1	i	$-i$
-1	-1	1	$-i$	i
i	i	$-i$	-1	1
$-i$	$-i$	i	1	-1

前章の $\boldsymbol{C}_{2v}$ の積表(表1.1(b))にもどります．群の条件[1]はたしかに満たされています．条件[2]については，3つの元のすべての組み合わせをやってみるのは少し手間がかかりますが，いくつかの抜き取り検査をやれば安心でしょう．単位元は E であり，また

$$C_2{}^2 = E, \quad \sigma_v{}^2 = E, \quad (\sigma_v')^2 = E$$

から

$$C_2{}^{-1} = C_2, \quad \sigma_v{}^{-1} = \sigma_v, \quad (\sigma_v')^{-1} = \sigma_v' \tag{2.2.3}$$

であることがわかり，$\boldsymbol{C}_{2v}$ の4つの元はたしかに群をつくっています．

位数

1つの群に含まれる元の数をその群の位数(order)と呼びます．群 $\boldsymbol{C}_{2v}$ の位数は4です．$\boldsymbol{C}_{2v}$ の中の元がつくる集

合

$$\{E, C_2\},\ \{E, \sigma_v\},\ \{E, \sigma_v'\} \qquad (2.2.4)$$

がどれも位数 2 の群であることも明らかでしょう．これらは $\boldsymbol{C}_{2v}$ の部分群(subgoup)と呼ばれます．

部分群

$\boldsymbol{C}_{3v}$ の積表(表 1.2)についても事情は似ていて，$\boldsymbol{C}_{3v}$ が群であることが確かめられます．逆元については

$$C_3{}^2C_3 = C_3C_3{}^2 = E$$

から

$$C_3{}^{-1} = C_3{}^2, \qquad (C_3{}^2)^{-1} = C_3$$

であることがわかります．$\boldsymbol{C}_{3v}$ は位数 3 の群

$$\{E, C_3, C_3{}^2\} \equiv \{E, C_3, C_3{}^{-1}\}$$

を部分群として含んでいます．この群は $\boldsymbol{C}_3$ と呼ばれます．

$$\boldsymbol{C}_3 = \{E, C_3, C_3{}^2\} \equiv \{E, C_3, C_3{}^{-1}\} \qquad (2.2.5)$$

群 $\boldsymbol{C}_{2v}$ と群 $\boldsymbol{C}_{3v}$ の大きな違いは，すでに前章で示されたように，$\boldsymbol{C}_{2v}$ の対称操作の積はその順序を交換しても結果は同じですが，$\boldsymbol{C}_{3v}$ では同じでないことです．これは，積の可換，非可換という言葉で表わされます．

A と B が普通の数であれば普通の乗算について可換です：

$$AB = BA$$

例えば $3\times5=5\times3$．1 つの群がその元の間の積について可換であれば，その群は可換群，そうでなければ，つまり

可換群
(アーベル群)

$$AB \neq BA$$

になる場合が含まれていれば，その群は非可換群と呼ばれます．$\boldsymbol{C}_{2v}$ は可換群，$\boldsymbol{C}_{3v}$ は非可換群です．可換群をアーベル群，非可換群を非アーベル群とも呼びます．

非可換群
(非アーベル群)

2 次の代数方程式 $ax^2+bx+c=0$ の解は，紀元前 2000 年頃，バビロニア人がすでに知っていたようですが，3 次以上の方程式を解くのは手ごわい難問でした．16 世紀になって，イタリア人が 3 次と 4 次の場合を解きましたが，5

Niels Henrik Abel (1802 - 1829), ノルウェー人
Evariste Galois (1811-1832), フランス人

次方程式はそれを解くあらゆる試みを退け，19 世紀になって，2 人の若い天才，アーベルとガロアが，一般の 5 次方程式は代数的には解けないことを証明して，やっと一件落着となりました．代数的に解けるとは，方程式の根が加減乗除とべき根($\sqrt[n]{p}$)を使った式で表わされることを意味します．

ガロアは 5 次の方程式に限らず，任意の次数の方程式について，それが代数的に解けるか解けないかを判定する方法まで見通してしまいました．この偉業は，ガロアが恋愛沙汰に絡んだ決闘に倒れて 21 歳の生涯を閉じる直前に急いで書いたノートに含まれていました．数学史や群論の入門書には，このノートが「群論」という数学の大河の源となったとは書いてあっても，代数方程式が解けるか解けないかの問題と群論との結びつきをわかりやすく説明してくれないことが多く，そのために，悲劇的なガロアの物語に魅せられた人々の胸に欲求不満が残りがちです．本書の本文でもその不満は解消できないのは残念ですが，ガロアの話の続きは本書のホームページで読めるようにすることにして，ここでは，1 つの大切なポイントを取り上げておきます．

第 **2** 章のはじめに，数学的な対象を，一定の特質に目をつけて集めたものとして「集合」を定義し，集めるものは，数，行列，関数，対称操作など何でもよい，としてあります．この部分を何気なく読んだ人も多いでしょうが，実は，第 **1** 章でまず取り上げた集合は，分子の対称操作という，数学的な操作から成っていて，この操作の集合が，**2.2** 節では「群」の例として登場しています．

しかし，歴史的には，数でも図形でもなく，操作の集まりそれ自体を数学の対象としてその性質をしらべることは，ガロア以前には全く考えられなかったことでした．4 次方

程式の4つの根をお互いの間で置き換える操作がつくる「群」と，5次方程式の5つの根の間の置換の操作がつくる「群」とでは，その内的な性質に決定的な違いがあります．天才ガロアの心の目には，この事と代数方程式が解けるか解けないかの問題がはっきりとつながって見えたのでした．もちろん，私たちには，教えてもらわなければ何も見えてきません．天才と凡人の違いです．

2.3　群の積表

位数 g の1つの群

$$\boldsymbol{G} = \{G_1, G_2, G_3, \cdots, G_g\} \qquad (2.3.1)$$

の積表は表2.3の形をしています．g 個の元はすべて異なり，その1つは単位元です．

群の積表の具体例として，まず $\boldsymbol{C}_{2v}$ の積表(表1.1(b))を調べます．この表が対角線(4つの E の並び)の両側で対称になっていることから，この群が可換群であることがわかります．$\boldsymbol{C}_{3v}$ の積表(表1.2)では，この対称性は部分的にしか成り立っていないので，$\boldsymbol{C}_{3v}$ は非可換群です．$\boldsymbol{C}_{2v}$, $\boldsymbol{C}_{3v}$ の積表で気がつく事は，どの行(横の並び，row)，どの列(縦の並び，column)をとってみても，同じ元が繰り返して現われることはない，ことです．これは一般の有限群の積表(表2.3)について証明できます．

表2.3　$\boldsymbol{G}=\{G_1, G_2, G_3, \cdots, G_g\}$ の積表

	G_1	G_2	G_3	$\cdots\ \cdots$	G_g
G_1	G_1G_1	G_1G_2	G_1G_3	$\cdots\ \cdots$	G_1G_g
G_2	G_2G_1	G_2G_2	G_2G_3		G_2G_g
G_3	G_3G_1	G_3G_2	G_3G_3		G_3G_g
$\vdots$	$\vdots$				$\vdots$
$\vdots$	$\vdots$				$\vdots$
G_g	G_gG_1	G_gG_2	G_gG_3	$\cdots\ \cdots$	G_gG_g

並べ変え定理

［**並べ変え定理**］

(2.3.1)の $\boldsymbol{G}$ の元，

$$G_1, G_2, \cdots, G_g \tag{2.3.2}$$

に $\boldsymbol{G}$ の任意の1つの元 G_i を左から掛けて(積をとって)

$$G_iG_1, G_iG_2, \cdots, G_iG_g \tag{2.3.3}$$

をつくると，その中には $\boldsymbol{G}$ の元がそれぞれただ1度だけ現われる．つまり，(2.3.3)は(2.3.2)をただ並べ変えたものになっている．

G_i を右から掛けて得られる並び

$$G_1G_i, G_2G_i, \cdots, G_gG_i \tag{2.3.4}$$

についても同様．

証明　G_l, G_m が異なる元であり，しかも

$$G_iG_l = G_iG_m$$

であるとします．$\boldsymbol{G}$ は G_i の逆元 G_i^{-1} を必ず含むので，それを左から掛けると

$$G_l = G_m$$

となり，はじめの設定と矛盾します．だから(2.3.3)で同じ元が繰り返して現われることはないのです．　▮

群の積表の1つの行，1つの列の元はすべて異なる，という事実を手がかりにして，群の位数が2と3の場合には，全く一般的に，群の積表を定めてしまうことが出来ます．

群の位数＝2

群は必ず単位元を含むので，これを E として，位数2の群を

$$\boldsymbol{G}_2 = \{E, A\}$$

と書くことにします．A は任意の元を表わし，$\boldsymbol{G}_2$ は位数2の抽象群と呼ばれます．この抽象群の積表は並べ変え定理から表2.4のように定まります．

抽象群

表 2.4 G_2 の積表

	E	A
E	E	A
A	A	E

群の位数＝3

位数 3 の抽象群

$$G_3 = \{E, A, B\}$$

では，まず単位元 E をかける第 1 行，第 1 列は表 2.5(a) のように書けます．次に ? の所に入れる元としては，並べ変え定理の束縛から，B 以外にはありえないから(b)となり，ここでまた並べ変え定理から出来上がりは(c)になります．つまり位数 3 の群の積表は，その元が何であれ，これ以外にはなく，代数的には全く同じ構造を持つことがきっぱり結論されたわけです．

この先の位数については，準備が必要となるので，2.5 節で再開します．

表 2.5 $G_3=\{E, A, B\}$ の積表の作り方

(a)

	E	A	B
E	E	A	B
A	A	?	
B	B		

(b)

	E	A	B
E	E	A	B
A	A	B	
B	B		

(c)

	E	A	B
E	E	A	B
A	A	B	E
B	B	E	A

2.4 巡回群，群の生成元

私たちのペットの群である C_{3v}

$$C_{3v} = \{E, C_3, C_3^{\,2}, \sigma_v, \sigma_v', \sigma_v''\} \qquad (2.4.1)$$

を例にして，有限群一般についての幾つかの基本的な事柄を，この節と次の節で学ぶことにします．

位数 g (元の数が g) の有限群 G の任意の元 G_i をとって

$$G_i, G_i^{\,2}, G_i^{\,3}, \cdots, G_i^{\,n}, G_i^{\,n+1}, \cdots \qquad (2.4.2)$$

と積を作って行くと，群の条件[1]から，これらはすべて

$\boldsymbol{G}$ に属さなければならないので，n のある値の所で

$$G_i^n = E \qquad (n \leqq g) \qquad (2.4.3)$$

となり，その後は同じことの繰り返しにならざるを得ません．こうして $\boldsymbol{G}$ のそれぞれの元についてそれぞれの群

$$\{G_i, G_i^2, G_i^3, \cdots, G_i^n = E\}$$

巡回群

が得られます．これを位数 n の巡回群(cyclic group)と呼びます．G_i の積をとり続けると同じことが繰り返されるからです．巡回群は可換群です．n を“元 G_i の位数”と呼ぶこともあります．$\boldsymbol{C}_{3v}$ について具体的にやってみると，C_3 と σ_v から出発して

元の位数

$$\{C_3, C_3^2, C_3^3 = E\} \qquad (n=3) \qquad (2.4.5)$$

$$\{\sigma_v, \sigma_v^2 = E\} \qquad (n=2) \qquad (2.4.6)$$

がすぐに得られます．元 C_3 の位数は 3，元 σ_v の位数は 2 です．この“元の位数”という用語は群の位数とまぎらわしいのでよく注意してください．元 C_3^2 では

$$\{C_3^2, C_3^4 = C_3, C_3^6 = E\} \equiv \{C_3, C_3^2, E\}$$

となり(2.4.5)と同じ群が得られます．σ_v', σ_v'' については σ_v の場合と同じようになります．こうしてみると，$\boldsymbol{C}_{3v}$ では C_3 は回転操作の代表，σ_v は鏡映操作の代表と考えてよさそうですが，実際この 2 つの元から $\boldsymbol{C}_{3v}$ のすべての元を生成できます．

$$C_3, \quad \sigma_v; \quad C_3^2 = C_3C_3, \quad E = C_3^3,$$
$$\sigma_v' = \sigma_v C_3, \quad \sigma_v'' = C_3\sigma_v$$

生成元

それで C_3 と σ_v を群 $\boldsymbol{C}_{3v}$ の生成元と呼ぶことがあります．そして，巡回群は 1 つの生成元から生成される群であると言えます．

1 つの群の生成元のとりかたが一義的にきまらないこともあります．生成元は，あとで，表現行列という大事なものの表を作るときに役に立ちます．

2.5　部分群

$\boldsymbol{C}_{3v}$ はその一部分として(2.4.5)の群

$$\{E, C_3, C_3{}^2\}$$

を含んでいます．この例のように，群 $\boldsymbol{G}$(位数 g)の元の部分集合 $\boldsymbol{H}$(位数 h)：

$$\boldsymbol{H} \subset \boldsymbol{G} \qquad (2.5.1)$$

が，それ自体，その元が $\boldsymbol{G}$ と同じ「積」の定義の下で群をつくるとき，$\boldsymbol{H}$ を $\boldsymbol{G}$ の部分群と呼びます．$\boldsymbol{C}_{3v}$($g=6$)では $\{E, C_3, C_3{}^2\}$($h=3$) がその部分群，$\{E, \sigma_v\}$，$\{E, \sigma_v'\}$，$\{E, \sigma_v''\}$ もその部分群($h=2$)です．

部分群

群 $\boldsymbol{G}$(位数 g)の部分群 $\boldsymbol{H}$(位数 h)については次の重要な定理が成立します．

群 $\boldsymbol{G}$(位数 g)の部分群 $\boldsymbol{H}$(位数 h)については

$$g = mh \qquad (m \text{ は整数}) \qquad (2.5.2)$$

が成り立つ．つまり，h は g の約数になる．

この定理の証明は **2.7** 節で行います．この定理によれば，$\boldsymbol{C}_{3v}$($g=6$)の部分群の位数としては 2 と 3 しかなく，位数 4 や 5 の部分群を探しても無駄です．もっとも，単位元 E だけの群($h=1$)，もとの群そのもの($h=6$)も，$g=mh$ の式を満たしますが，この 2 つの群は部分群としては変則です．これらを除いた本物の部分群を真部分群(proper subgroup)と呼びます．

真部分群

これで位数が 3 より大きい抽象群の積表を作る準備ができました．

群の位数＝4

$$\boldsymbol{G}_4 = \{E, A, B, C\} \qquad (2.5.3)$$

まず可能性の 1 つは，$\boldsymbol{G}_4$ が巡回群($n=4$)であることで

表 2.6　位数 4 の抽象群の積表

(a) 位数 4 の巡回群の積表

	E	A	B	C
E	E	A	B	C
A	A	B	C	E
B	B	C	E	A
C	C	E	A	B

(b) 4 元群 $\boldsymbol{V}$ の積表

	E	A	B	C
E	E	A	B	C
A	A	E	C	B
B	B	C	E	A
C	C	B	A	E

す：

$$\{E, A, B=A^2, C=A^3\}, \qquad A^4=E \qquad (2.5.4)$$

この群の積表はすぐ作れて表 2.6(a)のようになります．この積表で対角線上の E に着目すると，$B^2=E$ になっているので，位数 2 の真部分群 $\{E, B\}$ があることがわかります．A で書けば $\{E, A^2\}$ です．つまり位数 4 の巡回群は位数 2 の巡回群を部分群として含んでいます．

$\boldsymbol{G}_4$ についての別の可能性をさがしてみます．$\boldsymbol{G}_4$ の元 A, B, C のどれか 1 つの元の位数が 4 ならば，その元で $\boldsymbol{G}_4$ が生成できて，$\boldsymbol{G}_4$ は巡回群になってしまうので，その積表は表 2.6(a)と本質的に同じものになります．だから残された可能性は，定理(2.5.2)の束縛の下では，A, B, C がどれも位数 2 の元である場合です：

$$A,\ A^2=E\,;\quad B,\ B^2=E\,;\quad C,\ C^2=E$$

つまり積表の対角線上に E が並びます．あとは並べ変え定理を使えば，積表は表 2.6(b)のように仕上がります．位数 4 の抽象群(2.5.3)の積表は表 2.6 の(a)と(b)以外にはあり得ません．(b)の積表を持つ群には 4 元群 $\boldsymbol{V}$ という特別の名前がついています．

群の位数＝5

$$\boldsymbol{G}_5 = \{E, A, B, C, D\} \qquad (2.5.5)$$

位数 1 の単位元 E を除いた他の元，A, B, C, D の中に 5 より小さい位数をもつものがあるとします．例えば A の

位数が 3 であれば，A で生成した集合

$$\boldsymbol{H}_3 = \{E, A, A^2\}, \qquad A^3 = E$$

は $\boldsymbol{G}_5$ の部分群になりますが，これは部分群の位数(この場合は 3)が親の群の位数の約数になるという定理(2.5.2)に反します．5 は素数で 1 とそれ自身以外には約数がありません．したがって，残された唯一の可能性は，A, B, C, D の元の位数はすべて 5 であり，したがって $\boldsymbol{G}_5$ は巡回群だということになります．巡回群とわかれば積表は(2.5.4)の場合と同じように作れます．

同じような論理は素数の位数を持つすべての群に対しても当てはまります．つまり，3, 5, 7, 11, 13, … と続く素数を位数とする群はすべて巡回群です．必要とあればその積表はすぐに書き下せます．これで位数が 7 の場合は片付きますが，位数が 6 の場合はどうでしょう？　この場合には可能な積表が 2 つあることが結論できます(練習問題(12))．私たちのペットの群 $\boldsymbol{C}_{3v}$ の位数は 6 です．

こうして 1 つの位数の抽象群について得られた結論は，具体的な群がどのような元の集合であれ，必ず当てはまります．この一網打尽性が抽象的議論の魅力です．

2.6　群の元の組分け，共役元，類

群 $\boldsymbol{C}_{3v}$：

$$\boldsymbol{C}_{3v} = \{E, C_3, C_3{}^2, \sigma_v, \sigma_v', \sigma_v''\}$$

には

$$\{E, C_3, C_3{}^2\}, \qquad \{E, \sigma_v\}, \qquad \{E, \sigma_v'\}, \qquad \{E, \sigma_v''\}$$

の 4 つの真部分群が含まれていて，これも群の元の 1 つの分類法にはなっていますが，群の元を組分けするのに類(class)という重要な考えがあります．藪から棒にその一般的な定義からはじめます．抽象的で，頭ごなしで，馴染みにくい定義ですが，いつも頼りになりますし，それに数学 **類**

者が妙な定義を持ち込んだ理由も次第にわかってきます．

群 $\boldsymbol{G}$ の 2 つの元 P と G（とその逆元 G^{-1}）を使って，もう 1 つの元 Q

$$Q = G^{-1}PG \qquad (2.6.1)$$

共役

をつくり，Q は，G に関して，P と共役(conjugate)の関係にあり，P の共役元である，と言います．さて，P を決めておいて，それを挟む G として，群 $\boldsymbol{G}$ のすべての元 $\{G_1, G_2, \cdots, G_g\}$ を使ってみます：

$$Q_i = G_i^{-1}PG_i \qquad (i=1, 2, 3, \cdots, g) \qquad (2.6.2)$$

こうして得られる P に共役な元 $\{Q_i\}$ がすべて異なるとは限らず，むしろ，同じ元が繰り返し現われる方が普通です．繰り返しは無視して異なる元を集めると，P の属する類が得られます．

具体例として $\boldsymbol{C}_{3v}$ の元を類に分類してみます．まず P として単位元 E をとると，一般に

$$Q_i = G_i^{-1}EG_i = G_i^{-1}G_i = E$$

ですから，どんな群でも単位元 E はそれだけで 1 つの類をなしています．英語で a class by itself というやつです．

次に，P として $\boldsymbol{C}_{3v}$ の C_3 と C_3^2 をえらび，(2.6.2)の計算をすると

$$\begin{aligned}
&E^{-1}C_3E = C_3, && E^{-1}C_3^2E = C_3^2 \\
&C_3^{-1}C_3C_3 = C_3, && C_3^{-1}C_3^2C_3 = C_3^2 \\
&(C_3^2)^{-1}C_3C_3^2 = C_3, && (C_3^2)^{-1}C_3^2C_3^2 = C_3^2 \\
&\sigma_v^{-1}C_3\sigma_v = C_3^2, && \sigma_v^{-1}C_3^2\sigma_v = C_3 \\
&(\sigma_v')^{-1}C_3\sigma_v' = C_3^2, && (\sigma_v')^{-1}C_3^2\sigma_v' = C_3 \\
&(\sigma_v'')^{-1}C_3\sigma_v'' = C_3^2, && (\sigma_v'')^{-1}C_3^2\sigma_v'' = C_3
\end{aligned} \qquad (2.6.3)$$

となります．したがって，元 C_3 と C_3^2 の属する類として $\{C_3, C_3^2\}$ が得られたわけで，C_3 と C_3^2 はお互いに共役な元ということになりました．

次に(2.6.2)で $P=\sigma_v$ ととると

$$
\begin{aligned}
&E^{-1}\sigma_v E = \sigma_v \\
&{C_3}^{-1}\sigma_v C_3 = \sigma_v'' \\
&({C_3}^2)^{-1}\sigma_v {C_3}^2 = \sigma_v' \\
&{\sigma_v}^{-1}\sigma_v\sigma_v = \sigma_v \\
&(\sigma_v')^{-1}\sigma_v\sigma_v' = \sigma_v'' \\
&(\sigma_v'')^{-1}\sigma_v\sigma_v'' = \sigma_v'
\end{aligned}
\qquad (2.6.4)
$$

となり，σ_v の属する類として $\{\sigma_v, \sigma_v', \sigma_v''\}$ が得られました．σ_v' と σ_v'' についても同じ結果になり，$\sigma_v, \sigma_v', \sigma_v''$ はお互いに共役な元です．こうして群 C_{3v} の 6 つの元は

$$
\boldsymbol{C}_{3v}: \quad \{E\}, \quad \{C_3, {C_3}^2\}, \quad \{\sigma_v, \sigma_v', \sigma_v''\} \qquad (2.6.5)
$$

の 3 つの類に分類されました．

こうしてみると，「類」は群の元の“似たもの同士”の集まりとしていかにも自然な分類と思えますし，(2.6.2)の $Q_i = {G_i}^{-1}PG_i$ の計算をやるまでもなく，「類」への組分けが出来そうにも思えます．しかし直感に頼ると間違う場合もあるので，手間がかかっても，馬鹿正直に一般的な定義(2.6.2)に頼った方が安全かもしれません．

例えば，$\boldsymbol{C}_{3v}$ の部分群

$$
\boldsymbol{C}_3 = \{E, C_3, {C_3}^2\}
$$

の類を，(2.6.5)から，$\{E\}$，$\{C_3, {C_3}^2\}$ だと早とちりしてしまうと間違いです．(2.6.3)の計算の前半の 3 行を見ると，正しい答えは

$$
\boldsymbol{C}_3: \quad \{E\}, \quad \{C_3\}, \quad \{{C_3}^2\} \qquad (2.6.6)
$$

であることがわかります．

一般に位数 n の巡回群

$$
\{G_i, {G_i}^2, {G_i}^3, \cdots, {G_i}^n = E\}
$$

はそれぞれの元が 1 つの類になっていて，n 個の類に分かれます．それは

$$
(G^m)^{-1}GG^m = (G^m)^{-1}G^mG = G \qquad (2.6.7)
$$

から明らかです．

2.7　剰余類

$\boldsymbol{C}_{3v}$ の例でわかるように，部分群を集めるだけでは群の元を組分けたことにはなりません．しかし部分群を使ってうまく群を組分ける方法があり，ついでに **2.5** 節の重要定理(2.5.2)の証明も得られます．

$\boldsymbol{C}_{3v}$ の 4 つの真部分群に仮の記号をふりあてます：

$$\boldsymbol{H}_c \equiv \boldsymbol{C}_3 = \{E, C_3, C_3^2\}$$

$$\boldsymbol{H}_\sigma = \{E, \sigma_v\}, \quad \boldsymbol{H}_{\sigma'} = \{E, \sigma_v'\}, \quad \boldsymbol{H}_{\sigma''} = \{E, \sigma_v''\} \tag{2.7.1}$$

まず部分群 $\boldsymbol{H}_c$ に属さない $\boldsymbol{C}_{3v}$ の元の 1 つである σ_v を $\boldsymbol{H}_c$ の左から掛けて $\{\sigma_v E, \sigma_v C_3, \sigma_v C_3^2\}$ という集合をつくり，記号的に $\sigma_v \boldsymbol{H}_c$ で表わします．σ_v' と σ_v'' についても同じようにして $\sigma_v' \boldsymbol{H}_c$ と $\sigma_v'' \boldsymbol{H}_c$ をつくり，これらを $\boldsymbol{C}_{3v}$ の積表(表 1.2)を使って計算すると

$$\sigma_v \boldsymbol{H}_c = \{\sigma_v, \sigma_v', \sigma_v''\}$$

$$\sigma_v' \boldsymbol{H}_c = \{\sigma_v', \sigma_v'', \sigma_v\}$$

$$\sigma_v'' \boldsymbol{H}_c = \{\sigma_v'', \sigma_v, \sigma_v'\}$$

となり，この 3 つの集合は同じものになってしまいました．

次に $\boldsymbol{C}_{3v}$ の部分群として $\boldsymbol{H}_\sigma$ をとり，$\boldsymbol{H}_\sigma$ に属さない $\boldsymbol{C}_{3v}$ の元，$C_3, C_3^2, \sigma_v', \sigma_v''$，について同様の計算をすると

$$C_3 \boldsymbol{H}_\sigma = \{C_3, \sigma_v''\}$$

$$C_3^2 \boldsymbol{H}_\sigma = \{C_3^2, \sigma_v'\}$$

$$\sigma_v' \boldsymbol{H}_\sigma = \{\sigma_v', C_3^2\}$$

$$\sigma_v'' \boldsymbol{H}_\sigma = \{\sigma_v'', C_3\}$$

となります．$C_3 \boldsymbol{H}_\sigma \equiv \sigma_v'' \boldsymbol{H}_\sigma$，$C_3^2 \boldsymbol{H}_\sigma \equiv \sigma_v' \boldsymbol{H}_\sigma$ であり，集合として全く同じか全く異なるかのどちらかで，中途半端な場合はありません．$\boldsymbol{H}_\sigma$ のかわりに $\boldsymbol{H}_{\sigma'}, \boldsymbol{H}_{\sigma''}$ をとっても事情は同じです．

これまでの結果をふまえて $\boldsymbol{C}_{3v}$ の組分けをすると，形式

的には，部分群 $\boldsymbol{H}_c$ とそれに含まれていない元 σ_v を使って

$$\boldsymbol{C}_{3v} = \boldsymbol{H}_c + \sigma_v \boldsymbol{H}_c \qquad (2.7.2)$$

と記号的に表わすことが出来ます．＋の記号は集合の和を意味します．$\sigma_v\boldsymbol{H}_c$ のような形の集合を剰余類(coset)と呼びます．部分群 $\boldsymbol{H}_\sigma$ を使うとすれば，

剰余類

$$\boldsymbol{C}_{3v} = \boldsymbol{H}_\sigma + C_3\boldsymbol{H}_\sigma + C_3^2\boldsymbol{H}_\sigma \qquad (2.7.3)$$

$$\boldsymbol{C}_{3v} = \boldsymbol{H}_\sigma + \sigma_v'\boldsymbol{H}_\sigma + \sigma_v''\boldsymbol{H}_\sigma \qquad (2.7.4)$$

とも書けます．このような組分けを $\boldsymbol{C}_{3v}$ の剰余類分解と呼びます．

剰余類分解

一般化を試みます．群 $\boldsymbol{G}$(位数$=g$)の1つの真部分群 $\boldsymbol{H} =\{H_1, H_2, \cdots, H_h\}$ に着目して，これからの便宜上，$\boldsymbol{G}$ の元を

$$\boldsymbol{G} = \{H_1, H_2, \cdots, H_h, G_1, G_2, \cdots, G_k\} \qquad (g=h+k)$$

と書きます．$G_1, G_2, \cdots, G_k$ は $\boldsymbol{H}$ に属さない元です．その中の任意の2つの元，G_p, G_q $(G_p \neq G_q)$，をとって

$$G_p\boldsymbol{H} = \{G_pH_1, G_pH_2, \cdots, G_pH_h\}$$

$$G_q\boldsymbol{H} = \{G_qH_1, G_qH_2, \cdots, G_qH_h\}$$

をつくります．これらの集合は $\boldsymbol{H}$ と同じ数の異なった元を含むことを先ず確かめます．群 $\boldsymbol{H}$ の任意の2つの元，H_k, H_l $(H_k \neq H_l)$，について，もし

$$G_pH_k = G_pH_l$$

が成り立つとすると，G_p の逆元 G_p^{-1} を上式の両辺に左から掛けると，$H_k=H_l$ となって矛盾を生じますので，$G_pH_k \neq G_pH_l$ が結論できます．

$\boldsymbol{H}, G_p\boldsymbol{H}, G_q\boldsymbol{H}$ について次の2つの重要な性質を確かめることが出来ます．

(i) $\boldsymbol{H}$ と $G_p\boldsymbol{H}$ との間にはただの1つも共通な元がない．

もし，$H_i=G_pH_j$ だと仮定すると，群 $\boldsymbol{H}$ の中には H_j の

逆元が必ずあるので $H_iH_j^{-1}=G_p$ となって，これでは G_p が $\boldsymbol{H}$ に属することになり，はじめの設定と矛盾します．

(ii) $G_p\boldsymbol{H}$ と $G_q\boldsymbol{H}$ は全く同じ集合であるか，さもなければ，ただの１つも共通の元をもたない別の集合である．

まず，ある H_i と H_j について $G_pH_i=G_qH_j$ であるとします．H_i^{-1} を使えば $G_p=G_qH_jH_i^{-1}$ となりますが，右辺の $H_jH_i^{-1}$ は $\boldsymbol{H}$ に属する元のはずですから

$$G_p\boldsymbol{H} = G_qH_jH_i^{-1}\boldsymbol{H} = G_q\boldsymbol{H}$$

つまり，$G_p\boldsymbol{H}$ と $G_q\boldsymbol{H}$ の間に共通の元が１つでもあれば，この２つの集合は全く同じ集合になります．そうでなければ，もちろん，剰余類 $G_p\boldsymbol{H}$ と $G_q\boldsymbol{H}$ は全く別の集合であることになります．

剰余類についてのこの(i)と(ii)の性質は，$\boldsymbol{C}_{3v}$ の場合に既にはっきり示されていたことでした．以上のことから，一般に群 $\boldsymbol{G}$ は次のように剰余類に分解されることが結論できます：

$$\boldsymbol{G} = \boldsymbol{H}+G_\alpha\boldsymbol{H}+G_\beta\boldsymbol{H}+\cdots \qquad (2.7.5)$$

この和のそれぞれの集合は $\boldsymbol{H}$ と同じ数(h)の元を含み，(i)，(ii)の性質のために，この分解は有限個の項で $\boldsymbol{G}$ の元のすべてが出尽くした所で終わるはずです．初項の $\boldsymbol{H}$ も含めた分解の項数を m とすると

$$g = mh$$

が成り立ちます．これで懸案の定理(2.5.2)の証明が出来ました．

これまで部分群 $\boldsymbol{H}$ に左から元 G をかけた $G\boldsymbol{H}$ の形の剰余類を使って来ましたが，これは正式には左剰余類と呼ばれます．$\boldsymbol{H}G$ の形のものは右剰余類です．$\boldsymbol{C}_{3v}$ の場合に右剰余類を計算すると次のようになります：

$$\boldsymbol{H}_c\sigma_v = \{\sigma_v, \sigma_v', \sigma_v''\}$$

$$\boldsymbol{H}_c\sigma_v' = \{\sigma_v', \sigma_v, \sigma_v''\}$$

$$\boldsymbol{H}_c\sigma_v'' = \{\sigma_v'', \sigma_v', \sigma_v\}$$

$$\boldsymbol{H}_\sigma C_3 = \{C_3, \sigma_v'\}$$

$$\boldsymbol{H}_\sigma C_3^2 = \{C_3^2, \sigma_v''\}$$

$$\boldsymbol{H}_\sigma\sigma_v' = \{\sigma_v', C_3\}$$

$$\boldsymbol{H}_\sigma\sigma_v'' = \{\sigma_v'', C_3^2\}$$

この結果を前に計算した左剰余類とくらべると，$\boldsymbol{H}_c$ については左剰余類と右剰余類は等しいことがわかります．また明らかに

$$E\boldsymbol{H}_c = \boldsymbol{H}_cE, \qquad C_3\boldsymbol{H}_c = \boldsymbol{H}_cC_3, \qquad C_3^2\boldsymbol{H}_c = \boldsymbol{H}_cC_3^2$$

ですから，群 $\boldsymbol{G}$ の任意の元 G_i について

$$G_i\boldsymbol{H}_c = \boldsymbol{H}_cG_i$$

です．この場合には，左剰余類と右剰余類の区別は不要です．上式は $\boldsymbol{H}_c = G_i^{-1}\boldsymbol{H}_cG_i$ とも書けますが，一般に群 $\boldsymbol{G}$ の部分群 $\boldsymbol{H}$ が群 $\boldsymbol{G}$ の任意の元 G_i について

$$\boldsymbol{H} = G_i^{-1}\boldsymbol{H}G_i \qquad (2.7.6)$$

であるとき，$\boldsymbol{H}$ を $\boldsymbol{G}$ の不変部分群または正規部分群と言います．$\boldsymbol{C}_{3v}$ の場合

$$\boldsymbol{H}_c = \{E, C_3, C_3^2\} = \boldsymbol{C}_3$$

は不変部分群ですが，$\boldsymbol{H}_\sigma$, $\boldsymbol{H}_{\sigma'}$, $\boldsymbol{H}_{\sigma''}$ は不変部分群ではありません．例えば $C_3\boldsymbol{H}_\sigma \neq \boldsymbol{H}_\sigma C_3$ だからです．この場合には左剰余類と右剰余類の区別が必要です．(2.7.5)は，正式には，左剰余類分解と呼ぶべきであり，

$$\boldsymbol{G} = \boldsymbol{H} + \boldsymbol{H}G_\alpha + \boldsymbol{H}G_\beta + \cdots \qquad (2.7.7)$$

の形に分解すれば，これは右剰余類分解と呼ばれます．

峠で一服

剰余類の話の道筋は辿りにくく，そのあとの定理(2.5.2)の証明にも霞がかかったままの感じをお持ちかもしれません．私たちは最初の峠にたどり着いたようです．峠までの道は楽ではなかったにしても，あまり内容のなさそうな「群」の定義から色々と中味のある結論を引き出してくる数学者の手の内が少し見えてきたとは思いませんか？

一服して元気になったら練習問題を解いてみて下さい．昔，田辺元という大哲学者がいました．はじめ大学の数学科に入学，数学の講義には膝を乗り出して聞き入ったのですが，いざ練習問題を解く段になるとうまく解けない．それで，数学はやめにして数理哲学の勉強に転身しました．哲学的な数学の楽しみ方も悪くはないのですが，数学の本当の楽しみは数学の問題を解くことにあり，解くことによって，言葉には表わせないあるもの，いわば暗黙の知識のようなものが身につきます．理屈がわかっても自転車には乗れません．

次の練習問題の(1)と(2)は解き方のコツさえわかればやさしいものです．コツを伝授するために練習問題のあとに答えをつけておきます．(3)から(10)までも難しくはないはずです．(11)と(12)は手ごわいかもしれません．(3)からあとの問題の答えはインターネットでお知らせします．あるいは，著者に一筆くだされば，印刷した解答集をお送りします．

ホームページなどの情報は「おわりに」に書いてあります．

第2章 練習問題

(1) 群の定義[3]の単位元 E はただ1つ存在することを示せ．

(2) 群の定義[4]の G_i の逆元 $G_i{}^{-1}$ はただ1つ存在することを示せ．

(3) 4元群 $\boldsymbol{V}$ の積表が表2.6(b)のようになることを示せ．

(4) A と B は位数2の元で，$AB=BA$ が成り立つとき，

$$\{E, A, B, C\}, \qquad C = AB = BA$$

は4元群 $\boldsymbol{V}$ であることを示せ．

(5) 前出の群 $\{1, -1, i, -i\}$ の積表は表2.6の(a)と(b)のどちらであるかを確かめよ．

(6) 位数5の抽象群の積表を求めよ．

(7) 非可換群は巡回群ではありえないことを示せ．

(8) 巡回群の元はすべて異なることを確かめよ．

(9) 位数 g の群の任意の元の位数を n とするとき

$$g = mn$$

であることを示せ．m は整数．

(10) 真部分群のない群は巡回群であることを示せ．

(11) 巡回群の部分群は巡回群であることを示せ．

(12) 位数6の抽象群について可能な積表をすべて求めよ．

---

(1)の解：$G_iE'=G_i$ であるとして，左から G_i^{-1} をかけると，$EE'=E$．単位元 E の性質から，$E'=E$．

(2)の解：$G_iG_q=E$ であるとして，左から G_i^{-1} をかけると，$EG_q=G_i^{-1}E$．単位元 E の性質から，$G_q=G_i^{-1}$．

3

点　群

分子の形(対称性)をその対称操作がつくる群の名前で表わすのが化学の習慣です．H_2O の対称性は $\boldsymbol{C_{2v}}$，NH_3 の対称性は $\boldsymbol{C_{3v}}$，といった具合で，この 2 つの群については第 **1** 章と第 **2** 章で詳しく説明しました．分子の持つ対称性はこのほかにも沢山あり，それに対応する群を点群(point group)と総称します．この名前は，分子には対称操作で動かない点が少なくとも 1 つはあることから来ています．この章では代表的な点群を説明します．図を描き，紙型を作りながら，ゆっくり読んで下さい．うるさくなったら，一応お預けにして第 **4** 章に進み，あとで必要に応じて再読して下さい．

点群

3.1　C_2H_4 ($\boldsymbol{D_2}$, $\boldsymbol{D_{2h}}$, $\boldsymbol{D_{2d}}$)

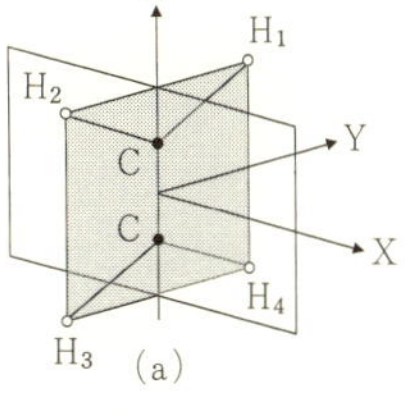

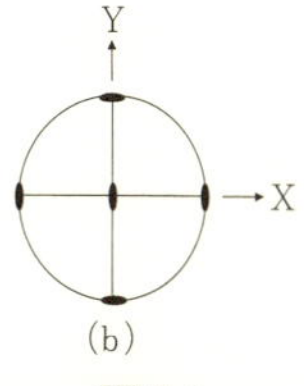

図 3.1

図 3.1(a)の平面形の C_2H_4 分子は H_2O よりも“高い”対称性を持っていると私たちは直感します．その直感を確かめるために，この分子の持つ対称操作を数え上げてみます．H_2O の場合の Z 軸のまわりの 2 回回転 $C_2(z)$，2 つの鏡映 $\sigma(xz)$, $\sigma(yz)$ に加えて，C_2H_4 では $C_2(x)$ と $C_2(y)$，それに XY 面についての鏡映 $\sigma(xy)$ もあることにすぐ気がつきます．

では，これらの対称操作の集合

$$\{E, C_2(z), C_2(x), C_2(y), \sigma(xz), \sigma(yz), \sigma(xy)\} \tag{3.1.1}$$

は群になっているでしょうか？

図3.1(a)に対応するステレオ投影図の原形は(b)であり，Z軸に直交する鏡映面があることを示すために，実線の円が描かれていることに注意して下さい．図1.1′の(a)や(b)では点線になっていました．図3.1(b)に目印の点をつけて，その動きで(3.1.1)の対称操作を表わしたのが図3.2(a)の6つのパターンです．XY面の上側にある目印の点を黒丸●で表わし，この点が $C_2(x)$ の操作でXY面の下側に移ると白丸○で表わしてあります．$C_2(y), \sigma(xy)$ でも●→○となります．対称操作の集合(3.1.1)が群をつくるためには，その中の任意の2つの対称操作を合成した結果が(3.1.1)に含まれていなければなりませんが，$C_2(z)$

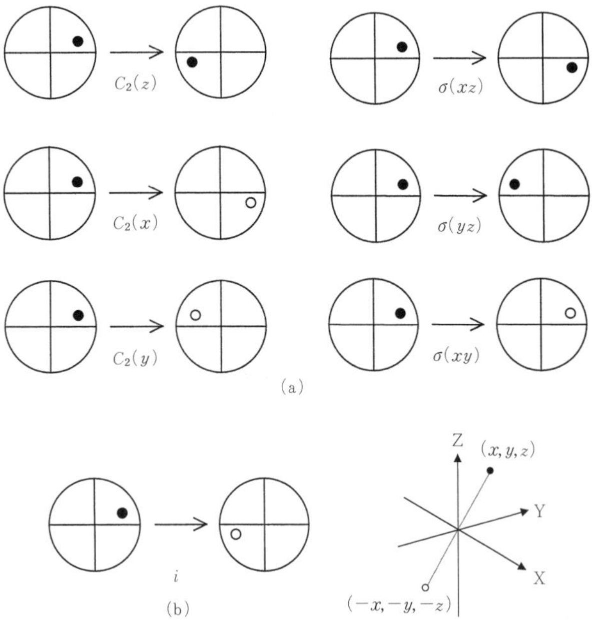

図3.2 平面 C_2H_4 ($\boldsymbol{D_{2h}}$)

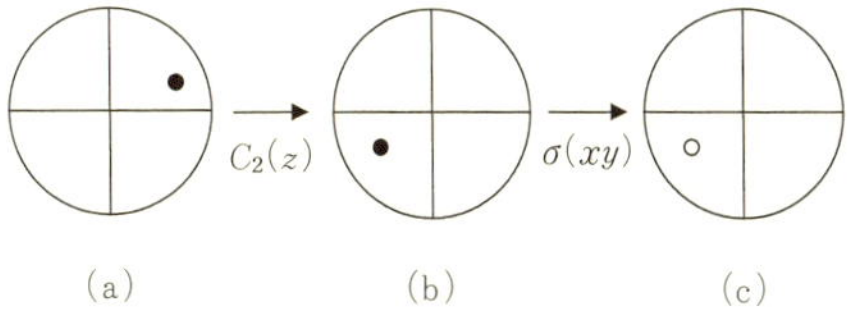

図 3.3

と $\sigma(xy)$ との積(合成)を目印の点の動きで追ってみると，図 3.3 のようになり，(a)と(c)を直接むすぶ対称操作は図 3.2(a)の中にはなく，(3.1.1)の集合は群として閉じていません．図 3.3 の(a)→(c)の操作を加えてはじめて群をつくります．これは反転(inversion)と呼ばれる操作です．図 3.2(b)に示されているように，はじめ座標 (x, y, z) にある目印の点を $(-x, -y, -z)$ の位置に移す空間対称操作で，座標原点についての反転操作として，inversion の i をとって記号 i (または I)が用いられます．この場合の対称要素は反転中心です．(3.1.1)に i を加えると点群 $\boldsymbol{D}_{2h}$：

反転

反転中心

$$\boldsymbol{D}_{2h} = \{E, C_2(z), C_2(x), C_2(y), i, \sigma(xz), \sigma(yz), \sigma(xy)\} \tag{3.1.2}$$

が得られます．

次に平面 C_2H_4 を図 3.4(a)のように少しよじってみます．(b)は上から見下ろした図です．$\boldsymbol{D}_{2h}$ の $i, \sigma(xy), \sigma(yz), \sigma(xz)$ は失われますが，3 つの 2 回回転軸はそのまま残ります．この点群は

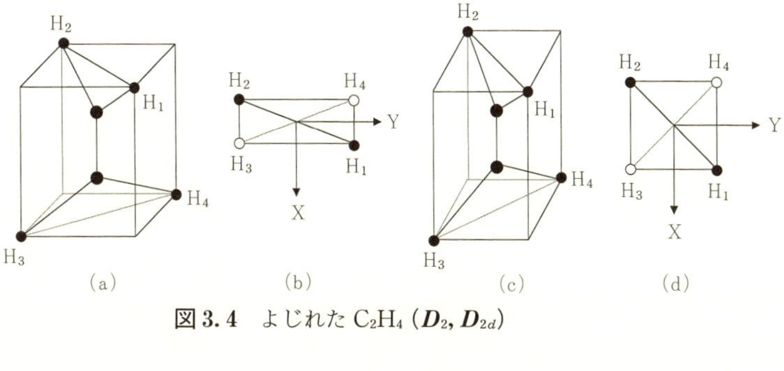

図 3.4　よじれた C_2H_4 ($\boldsymbol{D}_2$, $\boldsymbol{D}_{2d}$)

$$D_2 = \{E, C_2(z), C_2(x), C_2(y)\} \quad (3.1.3)$$

と記されます．

よじれの角度が 90°(H_1-H_2 と H_3-H_4 が直角)になると対称性はまた高くなりますが $\boldsymbol{D}_{2h}$ とは違います．(c)を見て下さい．$\boldsymbol{D}_{2h}$ の反転(i)は失われたままですが，2つの新しい鏡映面，Z軸と H_1-H_2 を含む平面，それと，Z軸と H_3-H_4 を含む平面，が得られます．それにともなう鏡映操作は σ_d, σ_d' と記されます．d は“dihedral”(2面角の)という語から来ています．ここまでを一応まとめると

$$\{E, C_2(z), C_2(x), C_2(y), \sigma_d, \sigma_d'\} \quad (3.1.4)$$

となりますが，(3.1.1)の場合と同じく群としては閉じていません．回映操作という新しいタイプの対称操作が見落とされているからです．図3.4を使って回映操作を説明します．

回映操作

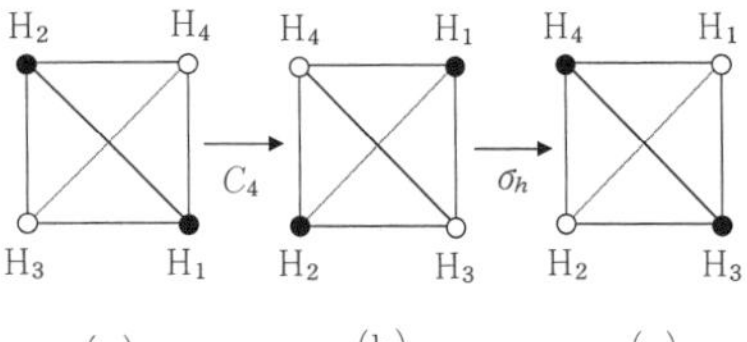

図 3.5 回映操作 S_4 ($=\sigma_h C_4$)

図3.5(a)は図3.4(d)の略図です．Z軸は2回回転軸ですが，このまわりに 90° の回転(C_4)を行うと(b)になり，つづいてXY面，つまり水平な(horizontal)面について鏡映(σ_h)をとると，(c)が得られます．4つのHにつけた番号1,2,3,4は便宜上のことで，もともと4つのHは区別がつかないので，(a)と(c)は分子の骨格の空間位置としては全く区別のつかないものです．C_4 も σ_h もそれ自体はこの形の分子の対称操作ではないのですが，2つを続けて行って(a)から(c)に移る操作，<u>回して鏡映をとる</u>という操作，はこの分子の1つの対称操作と考える必要があります．こ

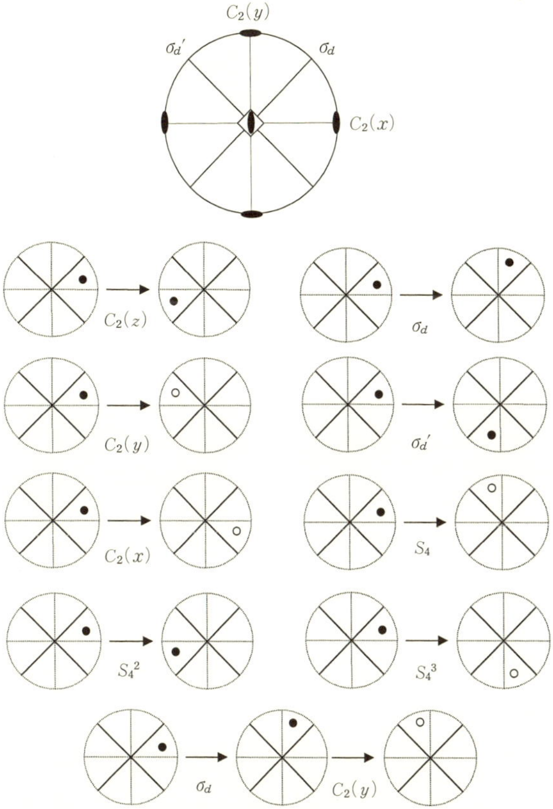

図 3.6　$\boldsymbol{D}_{2d}$ の対称操作

れを回映操作，その軸を回映軸と呼びます．この分子では回転の角度が 90°(360°/4) なので 4 回回映 (S_4)，軸は 4 回回映軸と呼びます．H_1-H_2 と H_3-H_4 が 90° の角度をとった C_2H_4 の点群は $\boldsymbol{D}_{2d}$ と呼ばれ，そのメンバーは

回映軸

$$\boldsymbol{D}_{2d} = \{E, S_4, S_4^3(=S_4^{-1}), C_2(z), C_2(y), C_2(x), \sigma_d, \sigma_d'\} \tag{3.1.5}$$

です．S_4^2 がないことをステレオ投影図を使って理解しましょう．$\boldsymbol{D}_{2d}$ のステレオ投影図の原形は図 3.6 の最上部にあります．あとはその略図が使ってあります．S_4 の操作を 2 度続けると結果は $C_2(z)$ と同じになることがわかります．

また図 3.6 の最下部に示したように $C_2(y)$ と σ_d の積は S_4 となり，(3.1.4)が閉じていないこと，S_4 を加える必要があることがあらためて納得できます．

3.2 点群 $\boldsymbol{C_3}$, $\boldsymbol{C_{3v}}$, $\boldsymbol{C_{3h}}$, $\boldsymbol{D_3}$, $\boldsymbol{D_{3h}}$, $\boldsymbol{D_{3d}}$

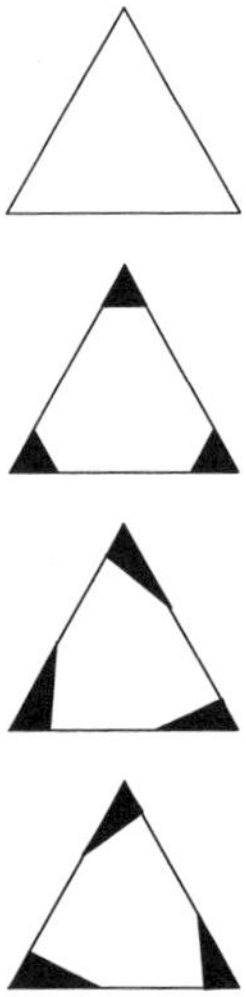

図 3.7 4つの3角形パターン

空間的対称性で私たちの目を楽しませてくれるものは分子のほかにも花，貝殻，紋章，カーペットの模様，など沢山あります．上記の6つの点群に馴染む1つの手段として図3.7のような4種類の3角形を厚紙で作り，適当な3角形を対にして，図3.8の空間図形(a)～(f)を作り，6つの点群の対称操作と対称要素を理解することにします．これらの図形はすべて1本の3回回転軸(C_3 軸)を持っていますが，それを垂直にしてZ軸とし，主軸と呼ぶことにします．

(a)　$\boldsymbol{C_3}$

この図形はただ1本の C_3 軸のまわりの回転 C_3, C_3^2 を持っています：

$$\boldsymbol{C_3} = \{E, C_3, C_3^2\} \qquad (3.2.1)$$

(b)　$\boldsymbol{C_{3v}}$

この図形には C_3 軸とそれを含む3枚の垂直な鏡映面があります：

$$\boldsymbol{C_{3v}} = \{E, C_3, C_3^2, \sigma_v, \sigma_v', \sigma_v''\} \qquad (3.2.2)$$

$$= \{E, 2C_3, 3\sigma_v\} \qquad (3.2.3)$$

これは NH_3 でおなじみの点群ですが，(3.2.3)は新しい書き方です．実はこの短い記法が標準で，長い(3.2.2)の方は普通使いません．(3.2.3)は $\boldsymbol{C_{3v}}$ の類の構造(2.6.5)に基づいています：

$$\{E\},\ \{C_3, C_3^2\},\ \{\sigma_v, \sigma_v', \sigma_v''\} \Longrightarrow \{E, 2C_3, 3\sigma_v\} \qquad (3.2.4)$$

つまり，類を代表する元とその類の中の元の数が示されて

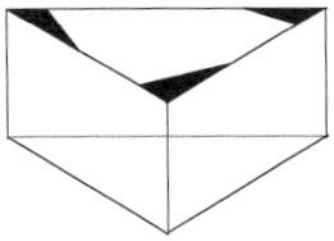

(a) $\boldsymbol{C_3}$

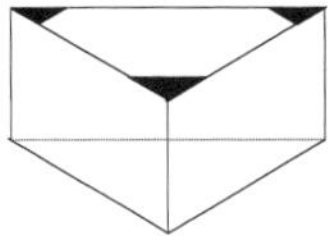

(b) $\boldsymbol{C_{3v}}$

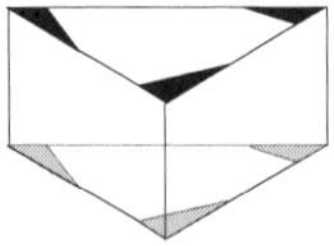

(c) $\boldsymbol{C_{3h}}$

いるわけです．

(c)　$\boldsymbol{C}_{3h}$

この図形が C_3 軸とそれに直交する σ 面を持っていることはすぐわかります．主軸は垂直にとってあるので，それに直交する平面は水平な位置をとり，それについての鏡映は σ_h と記されます．ここまでをまとめると対称操作の集合

$$\{E, C_3, C_3^2, \sigma_h\} \tag{3.2.5}$$

となりますが，これだけでは群として閉じません．例えば $\sigma_h C_3$ の結果をステレオ投影図を使って調べると(図 3.9)，(a)から(c)になる操作は(3.2.5)には含まれていないので

$$\sigma_h C_3 = C_3 \sigma_h = S_3 \tag{3.2.6}$$

を(3.2.5)に加える必要があります．これは明らかに $\boldsymbol{D}_{2d}$ の回映

$$\sigma_h C_4 = C_4 \sigma_h = S_4 \tag{3.2.7}$$

の仲間ですが，C_4, σ_h は $\boldsymbol{D}_{2d}$ の元ではなかったのにくらべて，$\boldsymbol{C}_{3h}$ の S_3 を作る C_3, σ_h は $\boldsymbol{C}_{3h}$ の元である所に大きな違いがあります．

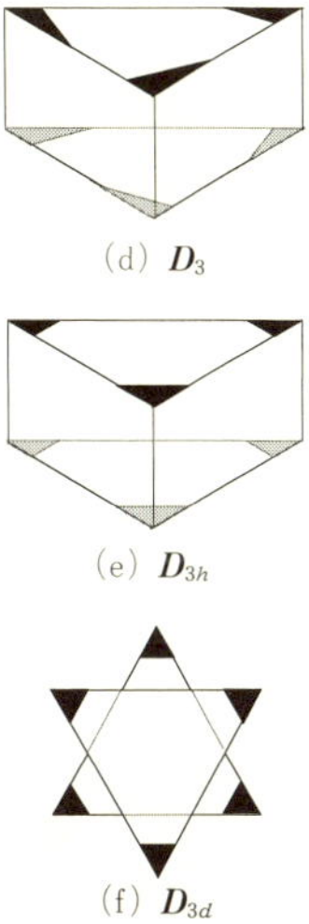

図 3.8　$\boldsymbol{C}_3$, $\boldsymbol{C}_{3v}$, $\boldsymbol{C}_{3h}$, $\boldsymbol{D}_3$, $\boldsymbol{D}_{3h}$, $\boldsymbol{D}_{3d}$

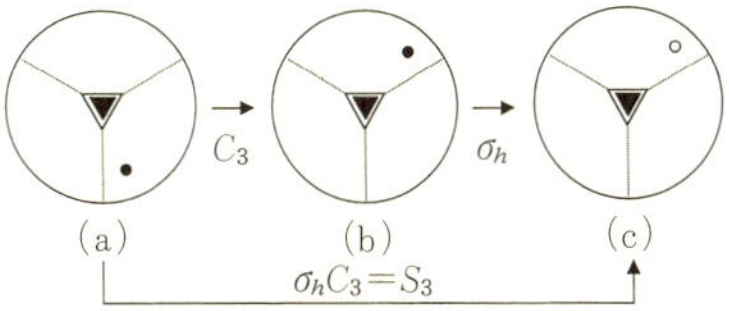

図 3.9　$\boldsymbol{C}_{3h}$ の $\sigma_h C_3 = C_3 \sigma_h = S_3$

この 3 回回映 S_3 を使って $\boldsymbol{C}_{3h}$ のすべての元が生成できることを示したのが図 3.10 です．図 3.9 と図 3.10 で 2 重の 3 角 ▼ は普通の C_3 軸と回映軸 S_3 とが一致していることを示しています．図の点線(……)は，この場合には，回転軸の存在を示しているのではなく，目印の点の動きがよくわかるように便宜的に入れた線です．結論をいえば，図 3.8(c)の図形は

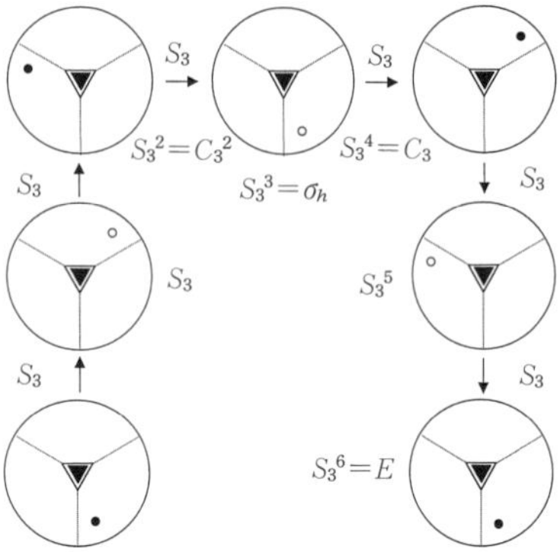

図 3.10 $\boldsymbol{C}_{3h}$ は S_3 だけで生成できる

$$\boldsymbol{C}_{3h}=\{S_3, S_3{}^2, S_3{}^3, S_3{}^4, S_3{}^5, S_3{}^6=E\}$$
$$=\{E, S_3, S_3{}^5(=S_3{}^{-1}), C_3, C_3{}^2(=C_3{}^{-1}), \sigma_h\} \tag{3.2.8}$$

という点群で指定される対称性を持っています．ところで $\boldsymbol{C}_{3h}$ の類構造は

$$\{E, 2S_3, 2C_3, \sigma_h\}$$

と書くと間違いです．(3.2.1)の $\boldsymbol{C}_3$ を $\{E, 2C_3\}$ と書けないのと同じ理由からですが，もう1度この点の復習をして下さい．

(d) $\boldsymbol{D}_3$

この図形は主軸の C_3 軸とそれに直交する3本の C_2 軸を持っています：

$$\boldsymbol{D}_3=\{E, C_3, C_3{}^2, C_2, C_2', C_2''\}$$
$$=\{E, 2C_3, 3C_2\} \tag{3.2.9}$$

$\boldsymbol{D}_3$ の D はやはり dihedral から来ていて，主軸回転軸に直交する C_2 軸があることを示しています．前の $\boldsymbol{D}_2$, $\boldsymbol{D}_{2h}$, $\boldsymbol{D}_{2d}$ についても同じです．

(e) $\boldsymbol{D}_{3h}$

$\boldsymbol{C}_{3h}$ と $\boldsymbol{D}_3$ の図形で上と下の3角形の隅どりを正3角形にしても，それぞれのもとの対称操作は失われないので

$$\{E, C_3, C_3^2, C_2, C_2', C_2'', S_3, S_3^5, \sigma_h\}$$

の集合が得られますが，これに加えて，$\boldsymbol{C}_{3v}$ のことも考えると，C_3 軸を含む垂直な 3 枚の σ 面もたしかにあります．まとめると

$$\{E, C_3, C_3^2, C_2, C_2', C_2'', S_3, S_3^5, \sigma_h, \sigma_v, \sigma_v', \sigma_v''\}$$
$$= \{E, 2C_3, 3C_2, 2S_3, 3\sigma_v, \sigma_h\} \qquad (3.2.10)$$

が図 3.8(e)の点群になります．

(f)　$\boldsymbol{D}_{3d}$

正 3 角形の隅どりをした 2 枚の 3 角形を図 3.8(f)のように上下に重ねると，$\boldsymbol{D}_{3h}$ の σ_h は失われますが，その代わりに反転 i が得られます．$\boldsymbol{D}_{3h}$ の $\sigma_v, \sigma_v', \sigma_v''$ も生き残ってはいますが，主軸に直交する 3 本の C_2 軸との相互的位置が変わって，図 3.11(a)のように，その 2 本の軸の間に分け入る位置をとるので，記号をかえて $\sigma_d, \sigma_d', \sigma_d''$ とします．この d も dihedral から来ています．$\boldsymbol{D}_{3h}$ の S_3 は消えますが，代わりに主軸を回映軸とする S_6 が可能になります．この回映 S_6 はこの図形の対称操作ではない C_6 と σ_h の組み合わせです：

$$\sigma_h C_6 = C_6 \sigma_h = S_6$$

図 3.11(b)は S_6 の性質を示したもので，次の関係に対応しています：

$$S_6, \quad S_6^2 = C_3, \quad S_6^3 = i, \quad S_6^4 = C_3^2, \quad S_6^5, \quad S_6^6 = E$$

以上をまとめると

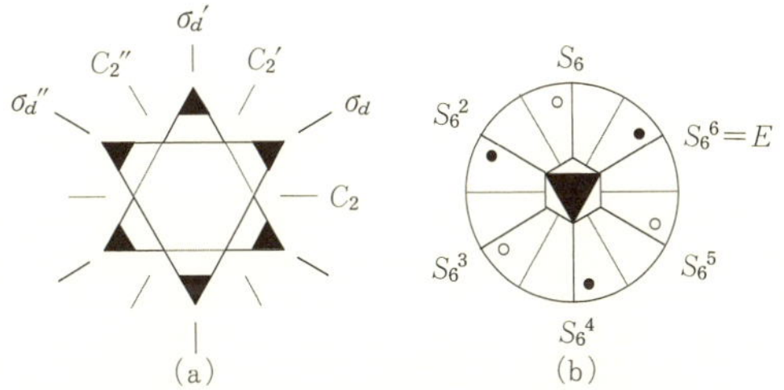

図 3.11　$\boldsymbol{D}_{3d}$ の対称要素と対称操作

$$D_{3d}=\{E, C_3, C_3{}^2, S_6, S_6{}^5, i, C_2, C_2', C_2'', \sigma_d, \sigma_d', \sigma_d''\}$$
$$=\{E, 2C_3, 3C_2, i, 2S_6, 3\sigma_d\} \qquad (3.2.11)$$

図 3.12 は 3 回回転軸を主軸とする点群で対称性が指定される分子の例です．

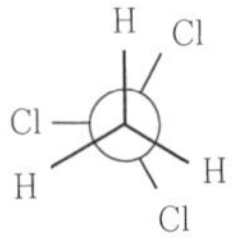
よじれた H_3C-CCl_3
(a) $\boldsymbol{C}_3$

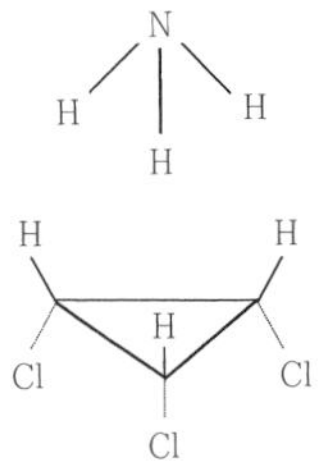
(b) $\boldsymbol{C}_{3v}$

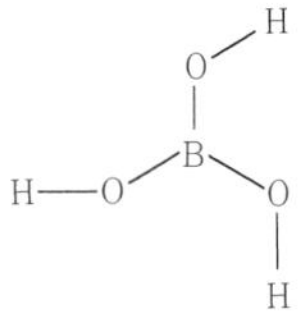
(c) $\boldsymbol{C}_{3h}$

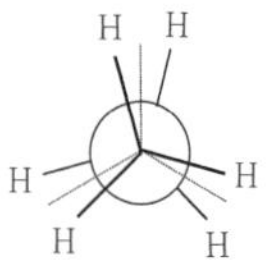
よじれた H_3C-CH_3
(d) $\boldsymbol{D}_3$

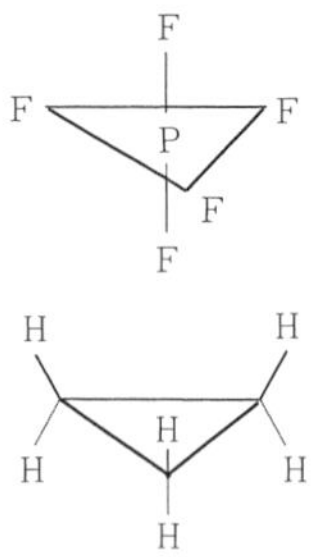
(e) $\boldsymbol{D}_{3h}$

3.3 点群 $\boldsymbol{T}_d$, $\boldsymbol{O}_h$, $\boldsymbol{D}_{4h}$

金属錯体や結晶体の中のイオンの電子状態などの問題によく現われる 3 つの点群 $\boldsymbol{T}_d$, $\boldsymbol{O}_h$, $\boldsymbol{D}_{4h}$ にもここで親しみ始めることにします．大体の感じをつかむだけで結構です．

(a) $\boldsymbol{T}_d$

直角によじった C_2H_4(図 3.4(c)と(d))をつぶして立方体にすると得られる点群ですが，C_2H_4 をつぶすと考えるのは不自然なので，あらためて図 3.13 のように直方体(a)から立方体(b)への移行を考えます．4 面の正 3 角形で作られた正 4 面体の頂点を占める 4 つの球を P 原子とすれば，これは P_4 分子の形であり，図の 4 つの球を H 原子とし正 4 面体の中心に C 原子を 1 つ置けば，CH_4 分子の形でもあり，また，中心に Ni を，その中心と 4 つの頂点を結ぶ直線上に CO 分子を置くと，重要な錯体 $Ni(CO)_4$ になります．

(3.1.5)の $\boldsymbol{D}_{2d}$ に戻って考えます：

$$\boldsymbol{D}_{2d}=\{E, S_4, S_4{}^3(=S_4{}^{-1}), C_2(z), C_2(y), C_2(x), \sigma_d, \sigma_d'\}$$
$$=\{E, 2S_4, C_2, 2C_2', 2\sigma_d\} \qquad (3.3.1)$$

ここで，3 本の C_2 軸のうち，Z 軸は別格で主軸とみなされ，X 軸，Y 軸は主軸に直交する C_2 軸として区別してあります．主軸(Z 軸)は S_4 軸でもありますが，X 軸，Y 軸はそうではありません．しかし $\boldsymbol{T}_d$ の形(図 3.13(b))になると X 軸，Y 軸も Z 軸と同格になり，そのまわりに回映操作 S_4 を持つようになります(図 3.13(d))．それで類の構造としては C_2 と $2C_2'$ が一緒になって $3C_2$ となり，3 本の S_4

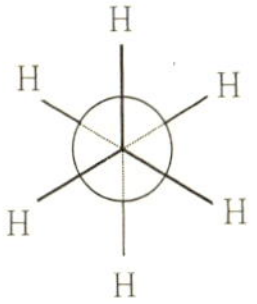

60°よじれた H_3C-CH_3
(f) $\boldsymbol{D_{3d}}$
図 3.12

軸はそれぞれに S_4, S_4^3 の回映操作を持つので，類としては，$3\times 2S_4=6S_4$ となります．まだあります．図 3.13 の(a)で直方体の中心と白い球のある 4 つの頂点を結ぶ 4 本の直線(その 1 本を ⇾ で示してある)は対称要素ではありませんが，(b)の立方体になるとその 4 本のそれぞれを軸として 3 回回転(C_3, C_3^2)が可能になります(図 3.13(c))．これらの 8 つの 3 回回転($4\times 2C_3$)は 1 つの類をつくります．最後に $\boldsymbol{D_{2d}}$ の Z 軸を含む σ 面での鏡映 σ_d, σ_d' にあたる操作が(b)では X 軸，Y 軸を含む σ 面でも出来るので，類としては，$6\sigma_d$ と書けます．以上をまとめると，元の数は 24 で

$$\boldsymbol{T_d} = \{E, 8C_3, 3C_2, 6S_4, 6\sigma_d\} \qquad (3.3.2)$$

と書けます．

(b)　$\boldsymbol{O_h}$

図 3.13(b)の立方体のまだ空いている 4 つの頂点に同じ球を置いて図 3.14(a)をつくると，これは点群 $\boldsymbol{O_h}$ で指定される対称性を持ちます．つまり立方体(正 6 面体)の点群ですが，同時に 8 つの正 3 角形がつくる正 8 面体の点群でもあります(図 3.14(b))．正 8 面体の対称性を持つ系には $[AlF_6]^{3-}$ や $[PtCl_6]^{2-}$ などの錯体があります．

(3.3.2)の $\boldsymbol{T_d}$ から出発して $\boldsymbol{O_h}$ の対称性を調べます．まず $\boldsymbol{T_d}$ の 4 本の C_3 軸(図 3.13(c))は勿論そのままですが，それぞれの軸は図 3.14(b)の正 8 面体の 2 面の正 3 角形を

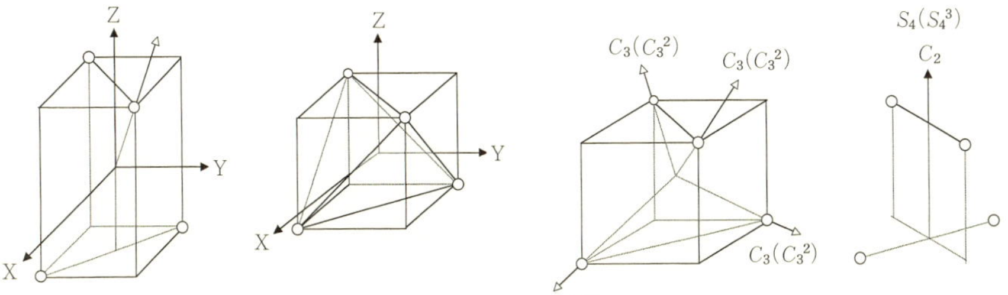

(a) $\boldsymbol{D_{2d}}$　(b) $\boldsymbol{T_d}$　(c)　(d)

図 3.13　$\boldsymbol{D_{2d}}$ から $\boldsymbol{T_d}$ へ

串ざしにしていて，その相互の位置は図 3.11(a)の $\boldsymbol{D}_{3d}$ の場合と同じです．これは正 8 面体を紙で作ってみるとよくわかります．だからこの 4 本の軸は C_3 軸であるだけでなく S_6 軸にもなります．したがって $\boldsymbol{O}_h$ は

$$4\times(C_3, C_3^2) \longrightarrow 8C_3$$

に加えて

$$4\times(S_6, S_6^5) \longrightarrow 8S_6$$

も持っていますし，$\boldsymbol{D}_{3d}$ と同じく，正 6 面体，正 8 面体の中心が反転の中心にもなります．$\boldsymbol{T}_d$ の 3 本の C_2 軸(図 3.13(b)の X, Y, Z 軸)は明らかに C_4 軸にかわりますが(図 3.14(b))，C_2 軸に伴っていた回映 S_4 はそのまま生き残ります．そこで C_4 と S_4 の関係を調べると

$$C_4, \quad C_4^2=C_2, \quad C_4^3 = C_4^{-1}$$
$$S_4, \quad S_4^2=C_4^2=C_2, \quad S_4^3=S_4^{-1}$$

が 3 本の軸のそれぞれに当てはまるので，$\boldsymbol{O}_h$ の類としては

$$3\times(C_4, C_4^3) \longrightarrow 6C_4$$
$$3\times(S_4, S_4^3) \longrightarrow 6S_4$$
$$3\times(C_2) \longrightarrow 3C_2$$

が得られます．$\boldsymbol{T}_d$ の $6\sigma_d$(図 3.14(d))は勿論そのまま残りますが，新しい鏡映面として図 3.14(b)の XY, YZ, ZX 面が加わり，鏡映 $\sigma(xy), \sigma(yz), \sigma(zx)$ が得られます．類としては $3\sigma_h$ と書けます．最後に，$\boldsymbol{T}_d$ にはない 6 本の C_2 軸(図 3.14(c))があることに注意して下さい．図 3.14(b)の正 6 面体も正 8 面体も 12 本の稜を持っていて，その相対する平行な 2 本の稜の中点を結ぶ直線が C_2 軸になっているのは明らかです．以上をまとめると

$$\boldsymbol{O}_h = \{E, 8C_3, 6C_2, 3C_2(=C_4^2), 6C_4, i, 8S_6, 6S_4, 3\sigma_h, 6\sigma_d\} \tag{3.3.3}$$

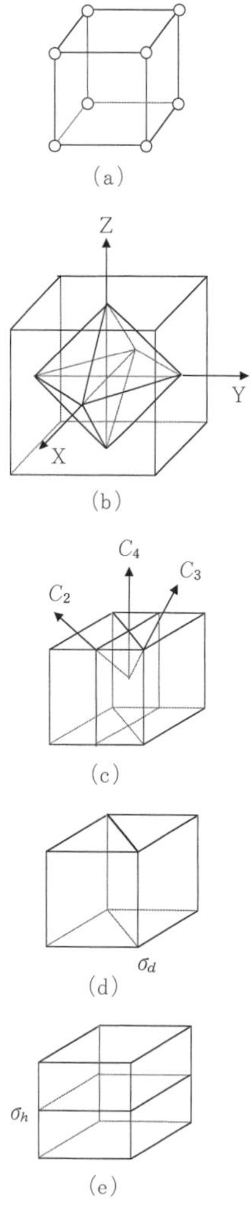

図 3.14　$\boldsymbol{O}_h$

(c)　$\boldsymbol{D_{4h}}$

正8面体の形をした錯体$[AlF_6]^{3-}$の中心を通して向かい合った2つのFをClで置き換えると，正8面体はCl−Cl軸の方向にのびた8面体になります(図3.15(a))．$[PtCl_6]^{2-}$を同じように$[PtCl_4F_2]^{2-}$にすると，F−F軸の方向に縮んだ8面体(図3.15(b))になり，分子の対称性は$\boldsymbol{O_h}$から$\boldsymbol{D_{4h}}$に落ちます．$\boldsymbol{D_{4h}}$は直方体の点群でもあります．

$\boldsymbol{D_{4h}}$の元(対称操作)を調べてみます．立方体がZ軸方向に長く(または短く)なった形になると，$\boldsymbol{O_h}$の4本のC_4軸は1本だけ(Z軸)になり，この主軸についての対称操作は

$$\{C_4, C_4{}^3, C_2, S_4, S_4{}^3\} = \{2C_4, C_2, 2S_4\}$$

です．$\boldsymbol{O_h}$のC_3軸は$\boldsymbol{D_{4h}}$になるとすべて消えます．主軸に直交する4本のC_2軸は図3.15(a)でC_2'(2本ある)とC_2''(2本ある)として示されています．鏡映面は主軸を含んで2つのσ_vと2つのσ_dがあります．主軸に直交するXY面についてのσ_hと8面体の中心についての反転iも生き残ります：

$$\boldsymbol{D_{4h}} = \{E, 2C_4, C_2, 2C_2', 2C_2'', i, 2S_4, \sigma_h, 2\sigma_v, 2\sigma_d\} \tag{3.3.4}$$

$\boldsymbol{D_{4h}}$の対称性を持つ分子としてXeF_4，$[Ni(CN)_4]^{2-}$などの平面分子(図3.15(c))も忘れないように．前にも述べましたが，分子の骨格の空間的対称性を考える時には，原子核を幾何学的な点と考えるのではなく，原子核のまわりにある球対称のクーロン場をいつも想像して下さい．

(d)　直積群

$\boldsymbol{D_{4h}}$には次の2つの部分群があります：

$$\boldsymbol{D_4} = \{E, 2C_4, C_2, 2C_2', 2C_2''\}$$
$$\boldsymbol{C_i} = \{E, i\}$$

この2つの群の間で，すべての元の積をとってみます．E

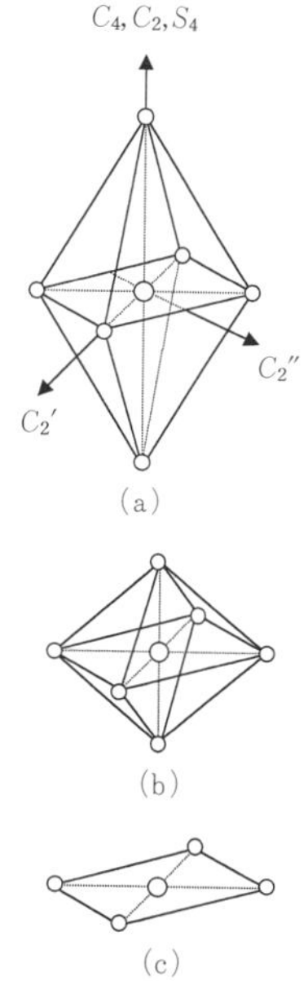

図3.15　$\boldsymbol{D_{4h}}$

はどの元とも可換であり，反転 i も $\boldsymbol{D}_4$ のすべての元と可換ですから，積の順序を気にする必要はありません．i について具体的にやってみると

$$C_4 i = iC_4 = S_4, \quad C_2 i = iC_2 = \sigma_h$$
$$C_2' i = iC_2' = \sigma_v, \quad C_2'' i = iC_2'' = \sigma_d$$

であり，E を $\boldsymbol{D}_4$ にかけた分とあわせると $\boldsymbol{D}_{4h}$ のすべての元が得られることがわかります．このことを

$$\begin{aligned}\boldsymbol{D}_4 \times \boldsymbol{C}_i &= \boldsymbol{D}_{4h} \\ &= \{E, 2C_4, C_2, 2C_2', 2C_2''\} \times \{E, i\} \\ &= \{E, 2C_4, C_2, 2C_2', 2C_2'', i, 2S_4, \sigma_h, 2\sigma_v, 2\sigma_d\}\end{aligned} \qquad (3.3.5)$$

直積

直積群

と表わし，$\boldsymbol{D}_{4h}$ は $\boldsymbol{D}_4$ と $\boldsymbol{C}_i$ との直積(direct product)として得られる，と言い，$\boldsymbol{D}_{4h}$ は $\boldsymbol{D}_4$ と $\boldsymbol{C}_i$ との直積群と呼びます．$\boldsymbol{D}_{4h}$ と $\boldsymbol{D}_4$ の関係を理解するのに図 3.16 を役立たせて下さい．

点群 $\boldsymbol{O}_h$ についても同様の事情があり，$\boldsymbol{O}_h$ は 2 つの点群

$$\boldsymbol{O} = \{E, 8C_3, 6C_2, 3C_2, 6C_4\}$$
$$\boldsymbol{C}_i = \{E, i\}$$

の直積

$$\boldsymbol{O}_h = \boldsymbol{O} \times \boldsymbol{C}_i \qquad (3.3.6)$$

として得られます．これらの関係は第 **11** 章の理解に役立ちます．

3.4 対称操作，対称要素，座標系の取り方

分子の対称性を点群で指定するには，点群の指標表(第 **6** 章)とも関連して，分子の直交座標(XYZ)をきめる必要がありますが，座標系はもともと私たちが便宜上きめるものですから任意性があります．ここでは化学者が広く採用している座標系の取り方のルールをまとめておきます．点群

には回転(C_n)，鏡映(σ)，反転(i)，回映(S_n) の4つの対称操作があり，それぞれの対称要素は，回転軸(直線)，鏡映面(平面)，反転中心(点)，回映軸(直線)です．何もしない操作(E)も忘れないようにしましょう．

(1) 座標原点は分子の中の点で対称操作を行っても動かない点に置く．

こう言うとむつかしそうですが，実際には困難はありません．不動の点があることが，そもそも，点群という言葉の出所であることは，この章のはじめに述べました．

(2) Z軸の取り方

(a) 回転軸が1本しかない場合には，それを垂直にしてZ軸とする．

(b) 回転軸が複数個ある場合には，その中で回転次数(C_n, S_n の n)の最高のものを主軸にえらび，それをZ軸とする．

(c) 最高回転次数の軸が複数個ある場合には，その中で最多数の原子核を通るものを主軸(Z軸)にする．

(3) X軸の取り方

(a) もし分子が平面で，Z軸がその平面内にあれば，X軸はその平面に垂直にとる．

(b) もし分子が平面で，Z軸がその平面に垂直であれば，X軸は分子面内で最多数の原子核を通るようにとる．

(4) Y軸の取り方

右手系のルールに従う．つまり，右手の親指の指す方向をX軸の正の方向にとり，人さし指をY軸，それに直交する中指をZ軸にとる．

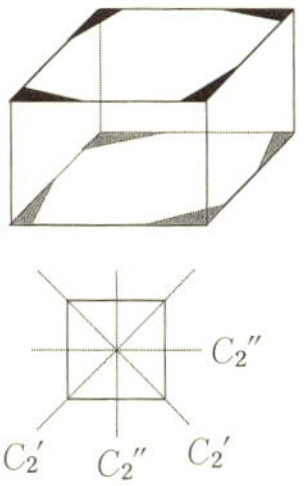

(a) $\boldsymbol{D}_4$

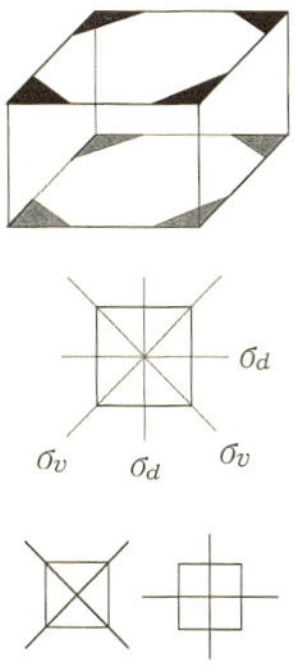

(i) σ_v　(ii) σ_d
(b) $\boldsymbol{D}_{4h}$

図3.16

これまで，多くの図を使って主な点群の対称要素と対称操作の理解に努めてきましたが，点群全体の議論としては不完全なものです．一番簡単な 2 原子分子を表わす点群は無限群なので上では省きましたが，その詳しい議論を含む点群のまとめと 35 の代表的な点群のそれぞれについての詳しいデータは本書のホームページを見て下さい．

3.5 σ_v と σ_d との区別

鏡映操作 σ はまず 2 つの種類に分けられます．

(1) 回転主軸に垂直な平面を鏡映面とする操作：σ_h

(2) 回転主軸を含む平面を鏡映面とする操作：σ_v, σ_d

(1)の σ_h は問題ありませんが，(2)の σ_v と σ_d の区別には少し問題があります．σ_v の v は vertical を意味し，これは，回転主軸が垂直方向にとってあれば，それを含む鏡映面は垂直に立っていることになるからです．この意味では，σ_d も σ_v の一種と言えます．σ_d の d は dihedral を意味し，その明快な例は $\boldsymbol{D}_{3d}$ に見られます．図 3.11(a)の C_2, C_2', C_2'' は主軸と直交する C_2 軸で，主軸とそれぞれの C_2 軸を含む 3 枚の平面の真ん中に分け入って 3 枚の鏡映面 σ_d, σ_d', σ_d'' があります．これが σ_d 面の典型で，主軸に直交する C_2 軸は含んでいません．

しかし，2 回軸を含む σ 面での鏡映操作になると，話が少し曖昧になります．$\boldsymbol{D}_{3h}$ の 3 つの σ_v 面(図 3.8(e))は $\boldsymbol{C}_{3v}$ の σ_v の延長と考えるのが自然で，鏡映操作は σ_v, σ_v', σ_v'' と記される習慣ですが，理屈をこねれば，この 3 枚の鏡映面も 2 本の C_2 軸の間に割り込んでいるから σ_d だ，と言えないこともありません．この問題は $\boldsymbol{D}_{4h}$ になるとはっきり表面化します．$\boldsymbol{D}_{4h}$(図 3.15 と図 3.16(b)参照)では主軸に直交する C_2 軸は 2 種類あります．その 2 種類の C_2 軸を含む 4 角形の，(i)頂点を通るものと，(ii)稜辺の中点を通るもの，があります．(i)の $2C_2'$ と(ii)の $2C_2''$ とは別の類に属します．これに対応して $\boldsymbol{D}_{4h}$ の 4 枚の σ_v 面にも 2 種類，(i)の C_2 軸を含むものと，(ii)の C_2 軸を含むもの，があります．普通は，群論の化学への応用でノーベル賞を受賞した R. S. マリケンの提唱に従って，(i)を σ_v，(ii)を σ_d とするのが習慣です．

4

行列式と行列

この本の山場は第 **6** 章の群の表現論にあります．そこに向かうための数学の準備を第 **4**，第 **5** 章で行います．行列とベクトルの知識があれば足ばやに通過してかまいません．しかし行列式や行列に何とはなしに馴染めないでいる読者は，この章をゆっくり辿ってその感じを和らげて下さい．これらの数学量と記号は群論の道具として必要だから学ぶわけですが，そのついでに，これらの記号の背後にある数学者気質のようなものを覗いてみてはどうでしょう．

4.1 行列式

鶴亀算の例題を１つ．「鶴と亀の数は合わせて 10，足の数は合わせて 26．鶴は何羽で亀は何匹か？」 解答は「全部が鶴だとすると足の数は 20 本で 6 本たりない．亀は鶴より 2 本だけ足が多いから 6 を 2 でわって，3 匹が亀で 7 羽が鶴」．

これを代数では

$$t+k = 10$$
$$2t+4k = 26$$

と 2 元連立 1 次方程式に書きます．上の解き方は

$$2(t+k)+2k = 20+2k = 26 \longrightarrow 2k = 6 \quad \therefore\ k = 3$$

とすることに大体あたっています．

しかし，数学者は一々こんな風に頭を使うよりも，もっと一網打尽に問題を解いてしまうのを好みます．一般的な2元連立1次方程式

$$\begin{aligned} a_1x+b_1y &= c_1 \\ a_2x+b_2y &= c_2 \end{aligned} \qquad (4.1.1)$$

の解の公式を1度求めておけば，いつでも機械的に答えが求められます．その公式は

$$x=\frac{b_2c_1-b_1c_2}{a_1b_2-a_2b_1}, \qquad y=\frac{a_1c_2-a_2c_1}{a_1b_2-a_2b_1} \qquad (4.1.2)$$

ただし，分母 $a_1b_2-a_2b_1$ が0にならないとしてのことです．

(4.1.2)の分母も分子も $a_1, a_2, b_1, b_2, c_1, c_2$ の数値が実際に与えられれば，すべて1つの数になるだけですが，数学者は行列式(determinant)なるものを定義して(4.1.2)を奇妙な形に書きかえます．行列式(2次)の定義は

行列式

$$\begin{vmatrix} a_1 & b_1 \\ a_2 & b_2 \end{vmatrix} = a_1b_2-a_2b_1 \qquad (4.1.3)$$

a_1, b_1, a_2, b_2 はその要素(element)と呼ばれます．図4.1(a)はこの定義の覚え方を示しています．この記号を使うと(4.1.2)は次のように書けます：

$$x=\frac{\begin{vmatrix} c_1 & b_1 \\ c_2 & b_2 \end{vmatrix}}{\begin{vmatrix} a_1 & b_1 \\ a_2 & b_2 \end{vmatrix}}, \qquad y=\frac{\begin{vmatrix} a_1 & c_1 \\ a_2 & c_2 \end{vmatrix}}{\begin{vmatrix} a_1 & b_1 \\ a_2 & b_2 \end{vmatrix}} \qquad (4.1.4)$$

行
列

要素のヨコの並びを行(row)，タテの並びを列(column)と呼ぶことにすると，x を与える式は，分母の行列式のタテの第1列 (a_1, a_2) を (c_1, c_2) で置き換えたものを分子にすれば得られるし，y の方は，分母の行列式のタテの第2列 (b_1, b_2) を (c_1, c_2) で置き換えればよいので，視覚的にとても覚えやすい形をしています．

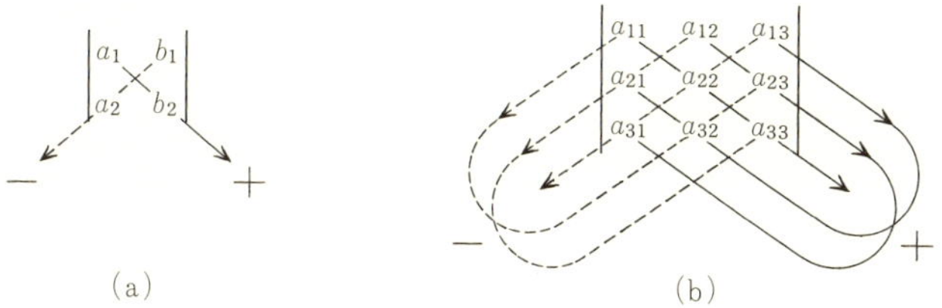

図 4.1　実線には(+)，点線には(−)

すぐに確かめられる(4.1.3)の行列式の性質の主なものを挙げておきます：

(I)　1つの数 λ をかけると

$$\lambda\begin{vmatrix} a_1 & b_1 \\ a_2 & b_2 \end{vmatrix} = \begin{vmatrix} \lambda a_1 & b_1 \\ \lambda a_2 & b_2 \end{vmatrix} = \begin{vmatrix} a_1 & \lambda b_1 \\ a_2 & \lambda b_2 \end{vmatrix} \qquad (4.1.5)$$

(II)　2つの列が等しいと，行列式の値はゼロ：

$$\begin{vmatrix} a_1 & a_1 \\ a_2 & a_2 \end{vmatrix} = 0$$

(III)　行列式の2つの列を交換すると，符号が変わる：

$$\begin{vmatrix} a_1 & b_1 \\ a_2 & b_2 \end{vmatrix} = -\begin{vmatrix} b_1 & a_1 \\ b_2 & a_2 \end{vmatrix} \qquad (4.1.6)$$

(IV)　行列式の行と列を交換しても，その値は変わらない：

$$\begin{vmatrix} a_1 & b_1 \\ a_2 & b_2 \end{vmatrix} = \begin{vmatrix} a_1 & a_2 \\ b_1 & b_2 \end{vmatrix} \qquad (4.1.7)$$

(V)　行列式の1次性：

$$\begin{vmatrix} a_1+c_1 & b_1 \\ a_2+c_2 & b_2 \end{vmatrix} = \begin{vmatrix} a_1 & b_1 \\ a_2 & b_2 \end{vmatrix} + \begin{vmatrix} c_1 & b_1 \\ c_2 & b_2 \end{vmatrix}$$

$$\begin{vmatrix} a_1 & b_1+c_1 \\ a_2 & b_2+c_2 \end{vmatrix} = \begin{vmatrix} a_1 & b_1 \\ a_2 & b_2 \end{vmatrix} + \begin{vmatrix} a_1 & c_1 \\ a_2 & c_2 \end{vmatrix}$$

これらの5つの性質を絡め合わせると色々の関係が得られます．例えば練習問題(2)や(5)．

3元連立1次方程式は2元の時より便利な表記法を使って

$$\begin{aligned} a_{11}x_1+a_{12}x_2+a_{13}x_3 &= c_1 \\ a_{21}x_1+a_{22}x_2+a_{23}x_3 &= c_2 \\ a_{31}x_1+a_{32}x_2+a_{33}x_3 &= c_3 \end{aligned} \qquad (4.1.8)$$

と書きます．もし必要ならば

$$\sum_{j=1}^{3} a_{ij}x_j = c_i \qquad (i=1,2,3) \qquad (4.1.9)$$

とまとめてもよく，未知数が一般に n 個(n 元)の場合にも

$$\sum_{j=1}^{n} a_{ij}x_j = c_i \qquad (i=1,2,\cdots,n) \qquad (4.1.10)$$

と書けてしまいます．よくできた表記法の効用は大きいものです．

(4.1.8)は(4.1.1)と同様に1つ1つ未知数を消去して解くことができます．その結果は，次に定義する3次の行列式を使うと，(4.1.4)とよく似た形になります．(4.1.8)の左辺の係数でつくった行列式

$$\begin{aligned} |A_3| &= \begin{vmatrix} a_{11} & a_{12} & a_{13} \\ a_{21} & a_{22} & a_{23} \\ a_{31} & a_{32} & a_{33} \end{vmatrix} \\ &= a_{11}a_{22}a_{33}+a_{12}a_{23}a_{31}+a_{13}a_{21}a_{32} \\ &\quad -a_{11}a_{23}a_{32}-a_{12}a_{21}a_{33}-a_{13}a_{22}a_{31} \end{aligned} \qquad (4.1.11)$$

は一般の 3×3 行列式(3次の行列式)の定義と考えることができます．$\{a_{ij}\}$ はその要素です．図4.1(b)はこの定義の覚え方を示しています．この3次の行列式についても2次の行列式の性質(I)～(V)に相当するものが成立することは(4.1.11)を使って確かめることができます．

このように定義された3次の行列式を使うと，3元連立1次方程式(4.1.8)の解は

$$x_1 = \frac{1}{|A_3|}\begin{vmatrix} c_1 & a_{12} & a_{13} \\ c_2 & a_{22} & a_{23} \\ c_3 & a_{32} & a_{33} \end{vmatrix}, \qquad x_2 = \frac{1}{|A_3|}\begin{vmatrix} a_{11} & c_1 & a_{13} \\ a_{21} & c_2 & a_{23} \\ a_{31} & c_3 & a_{33} \end{vmatrix}$$

$$x_3 = \frac{1}{|A_3|}\begin{vmatrix} a_{11} & a_{12} & c_1 \\ a_{21} & a_{22} & c_2 \\ a_{31} & a_{32} & c_3 \end{vmatrix} \tag{4.1.12}$$

(クラメルの公式と呼びます)の形になることが実際に計算してみるとわかります．行列式の性質(V)，(I)，(II)を順に使ってこの結果を確かめることもできます：

$$\begin{aligned}
\begin{vmatrix} c_1 & a_{12} & a_{13} \\ c_2 & a_{22} & a_{23} \\ c_3 & a_{32} & a_{33} \end{vmatrix} &= \begin{vmatrix} a_{11}x_1+a_{12}x_2+a_{13}x_3 & a_{12} & a_{13} \\ a_{21}x_1+a_{22}x_2+a_{23}x_3 & a_{22} & a_{23} \\ a_{31}x_1+a_{32}x_2+a_{33}x_3 & a_{32} & a_{33} \end{vmatrix} \\
&= \begin{vmatrix} a_{11}x_1 & a_{12} & a_{13} \\ a_{21}x_1 & a_{22} & a_{23} \\ a_{31}x_1 & a_{32} & a_{33} \end{vmatrix} + \begin{vmatrix} a_{12}x_2 & a_{12} & a_{13} \\ a_{22}x_2 & a_{22} & a_{23} \\ a_{32}x_2 & a_{32} & a_{33} \end{vmatrix} \\
&\quad + \begin{vmatrix} a_{13}x_3 & a_{12} & a_{13} \\ a_{23}x_3 & a_{22} & a_{23} \\ a_{33}x_3 & a_{32} & a_{33} \end{vmatrix} \\
&= x_1\begin{vmatrix} a_{11} & a_{12} & a_{13} \\ a_{21} & a_{22} & a_{23} \\ a_{31} & a_{32} & a_{33} \end{vmatrix} + x_2\begin{vmatrix} a_{12} & a_{12} & a_{13} \\ a_{22} & a_{22} & a_{23} \\ a_{32} & a_{32} & a_{33} \end{vmatrix} \\
&\quad + x_3\begin{vmatrix} a_{13} & a_{12} & a_{13} \\ a_{23} & a_{22} & a_{23} \\ a_{33} & a_{32} & a_{33} \end{vmatrix} \\
&= x_1|A_3| \qquad (4.1.13)
\end{aligned}$$

この計算式の初めと終りをみると，これは(4.1.12)の x_1 の式です．x_2 と x_3 についても同じことができます．

(4.1.12)の解を書き下ろすルールは簡単です．まず方程式の左辺の係数を要素とする行列式 $|A_3|$ をつくる．x_1 については $|A_3|$ の第1列を方程式の右辺の列で置き換えたものを分子に，$|A_3|$ を分母にする．x_2 については $|A_3|$ の第2列を右辺の列で，x_3 については $|A_3|$ の第3列を右辺の列で置き換えたものを分子に，$|A_3|$ を分母にする．

この簡単なルール(クラメルの公式)を拡張してよければ，

4 元，5 元，…，n 元の連立 1 次方程式の解もすぐに書けてしまいますが，気がついてみると，行列式の定義は 2 次と 3 次の場合しか与えられていません．4 元連立 1 次方程式の一般的な解を求めて 4 次の行列式の定義をするのは手間が大変ですから，別のルートを試みます．まず 3 次の行列式を 2 次の行列式で表わしてみます．(4. 1. 11) は

$$\begin{aligned} |A_3| &= a_{11}(a_{22}a_{33}-a_{23}a_{32}) \\ &\quad + a_{12}(a_{23}a_{31}-a_{21}a_{33}) \\ &\quad + a_{13}(a_{21}a_{32}-a_{22}a_{31}) \\ &= a_{11}|D_{11}|-a_{12}|D_{12}|+a_{13}|D_{13}| \end{aligned} \tag{4.1.14}$$

とも書けます．ここで 2 次の行列式 $|D_{11}|$ は $|A_3|$ の第 1 行と第 1 列を消すと得られます．同様に $|D_{12}|$ は $|A_3|$ の第 1 行と第 2 列を，$|D_{13}|$ は $|A_3|$ の第 1 行と第 3 列を消したものです．これらの削除の仕方を図示したのが図 4. 2 です．

一般的に $|D_{ij}|$ は，もとの行列式の第 i 行と第 j 列を消したものとして定義され，(i,j) 小行列式と呼ばれます．(4. 1. 14) をさらに

小行列式

$$\begin{aligned} |A_3| &= a_{11}\cdot(-1)^{1+1}|D_{11}|+a_{12}\cdot(-1)^{1+2}|D_{12}| \\ &\quad + a_{13}\cdot(-1)^{1+3}|D_{13}| \end{aligned}$$

余因子

と書き換えます．ここで要素 a_{ij} の余因子(cofactor)と呼ばれる行列式

$$\hat{A}_{ij} = (-1)^{i+j}|D_{ij}| \tag{4.1.15}$$

$$|D_{11}| = \begin{vmatrix} a_{11} & a_{12} & a_{13} \\ a_{21} & a_{22} & a_{23} \\ a_{31} & a_{32} & a_{33} \end{vmatrix} \rightarrow = \begin{vmatrix} a_{22} & a_{23} \\ a_{32} & a_{33} \end{vmatrix}$$

$$|D_{12}| = \begin{vmatrix} a_{11} & a_{12} & a_{13} \\ a_{21} & a_{22} & a_{23} \\ a_{31} & a_{32} & a_{33} \end{vmatrix} \rightarrow = \begin{vmatrix} a_{21} & a_{23} \\ a_{31} & a_{33} \end{vmatrix}$$

$$|D_{13}| = \begin{vmatrix} a_{11} & a_{12} & a_{13} \\ a_{21} & a_{22} & a_{23} \\ a_{31} & a_{32} & a_{33} \end{vmatrix} \rightarrow = \begin{vmatrix} a_{21} & a_{22} \\ a_{31} & a_{32} \end{vmatrix}$$

図 4. 2　小行列式は影をつけた部分を消して作る

を定義すると $|A_3|$ は

$$|A_3| = a_{11}\hat{A}_{11} + a_{12}\hat{A}_{12} + a_{13}\hat{A}_{13} \qquad (4.1.16)$$

となります．これは $|A_3|$ の第 1 行の要素とその余因子を使った展開式(余因子展開)ですが，実は，どの行，どの列についてもこの形の展開ができます(ラプラスの展開定理)．

余因子展開

例えば第 2 列を使えば

$$\begin{aligned} |A_3| &= a_{12}\hat{A}_{12} + a_{22}\hat{A}_{22} + a_{32}\hat{A}_{32} \\ &= a_{12}\cdot(-1)^{1+2}|D_{12}| + a_{22}\cdot(-1)^{2+2}|D_{22}| \\ &\quad + a_{32}\cdot(-1)^{3+2}|D_{32}| \\ &= -a_{12}\begin{vmatrix} a_{21} & a_{23} \\ a_{31} & a_{33} \end{vmatrix} + a_{22}\begin{vmatrix} a_{11} & a_{13} \\ a_{31} & a_{33} \end{vmatrix} - a_{32}\begin{vmatrix} a_{11} & a_{13} \\ a_{21} & a_{23} \end{vmatrix} \end{aligned}$$

これが(4.1.11)と等しいことを念のため確かめて下さい．

まとめて書けば

$$\begin{aligned} |A_3| &= a_{i1}\hat{A}_{i1} + a_{i2}\hat{A}_{i2} + a_{i3}\hat{A}_{i3} \\ &= \sum_{j=1}^{3} a_{ij}\hat{A}_{ij} \qquad (i=1, 2, 3) \\ &= a_{1j}\hat{A}_{1j} + a_{2j}\hat{A}_{2j} + a_{3j}\hat{A}_{3j} \\ &= \sum_{i=1}^{3} a_{ij}\hat{A}_{ij} \qquad (j=1, 2, 3) \qquad (4.1.17) \end{aligned}$$

この余因子展開を使って 4 次の行列式を 3 次の行列式で定義します：

$$\begin{aligned} |A_4| &= \begin{vmatrix} a_{11} & a_{12} & a_{13} & a_{14} \\ a_{21} & a_{22} & a_{23} & a_{24} \\ a_{31} & a_{32} & a_{33} & a_{34} \\ a_{41} & a_{42} & a_{43} & a_{44} \end{vmatrix} \\ &= a_{11}\hat{A}_{11} + a_{12}\hat{A}_{12} + a_{13}\hat{A}_{13} + a_{14}\hat{A}_{14} \end{aligned} \qquad (4.1.18)$$

ここで $\hat{A}_{ij}$ は 3 次の行列式で(4.1.15)と同じ形の式で定義されています．この場合も，小行列式 $|D_{ij}|$ は親の行列式の大きさに関わらず，その第 i 行と第 j 列を削除したものとして定義します．3 次の行列式の定義は(4.1.11)ですから，

必要なら，(4.1.18)を使って $|A_4|$ もその16個の要素 $\{a_{ij}\}$ で具体的に書き下すことができます．また手間さえ厭わなければ(4.1.18)のような余因子展開は $|A_4|$ のどの行，どの列についても同じように展開できて

$$\begin{aligned}|A_4| &= a_{i1}\hat{A}_{i1}+a_{i2}\hat{A}_{i2}+a_{i3}\hat{A}_{i3}+a_{i4}\hat{A}_{i4}\\ &= \sum_{j=1}^{4} a_{ij}\hat{A}_{ij} \qquad (i=1,2,3,4)\\ &= a_{1j}\hat{A}_{1j}+a_{2j}\hat{A}_{2j}+a_{3j}\hat{A}_{3j}+a_{4j}\hat{A}_{4j}\\ &= \sum_{i=1}^{4} a_{ij}\hat{A}_{ij} \qquad (j=1,2,3,4) \qquad (4.1.19)\end{aligned}$$

であることも確かめることができます．また，この余因子展開を使うと割に少ない手間で行列式の性質(I)～(V)が成り立つことも確かめられます．

コーヒーブレイク

手間を厭わなければ(4.1.19)の8つの余因子展開がすべて同じ結果を与えることを確かめることができる，とは言いましたが，実際にこの手間仕事をコツコツやってみる読者はまず無いでしょう．こうした長い単調な計算をチョッピリ軽蔑して，pedestrian，と呼ぶことがあります．テクテク歩きの意味です．ここで扱ってきた行列の定義と連立1次方程式の解の問題を，数学者は「置換」の考えと「行列」の考えを用意して一網打尽に解決するのです．行列のことは今からこの章で，置換のことはもっと後の章で学びます．でも，たまにはテクテク遠くまで歩いてみて下さい．実は，数学者も物理学者も人の見ていない所で結構よく歩いているのです．

日本の関孝和(1642?-1708)は連立1次方程式を解くために行列式の考えを思いつきました．同じことをドイツのライプニッツ(1646-1716)も考えました．しかし行列の考えの誕生は1858年のケーリーの仕事まで待たねばなりません．行列が物理学で活躍することになるいきさつは実に面白いものです．1925年，ドイツのゲッチンゲン大学の物理学教授M. ボルンの助手であった若い(24歳) W. ハイゼンベルクは原子の中のような極微の世界の力学法則を思いつきました．量子力

これだけ準備ができると4元連立1次方程式

$$\sum_{j=1}^{4} a_{ij}x_j = c_i \qquad (i=1,2,3,4) \qquad (4.1.20)$$

の解を3元の場合の(4.1.13)と同じやり方で求めることができます．例えば，x_4 は

$$x_4 = \frac{1}{|A_4|}\begin{vmatrix} a_{11} & a_{12} & a_{13} & c_1 \\ a_{21} & a_{22} & a_{23} & c_2 \\ a_{31} & a_{32} & a_{33} & c_3 \\ a_{41} & a_{42} & a_{43} & c_4 \end{vmatrix} \qquad (4.1.21)$$

です．x_1, x_2, x_3 を表わす式も同様に求めることができます．

学の誕生です．ボルンはハイゼンベルクの理論の中の物理量が奇妙な演算法則に従っていて，それは昔ゲッチンゲンの大数学者D. ヒルベルトの講義で学んだ覚えのある「行列」の演算法則であることに気がつきました．当時の物理学者にとって行列は親しいものではなかったのです．ハイゼンベルクの理論ははじめ行列力学と名がつきました．しかし，そのすぐ後に本質的に同じ理論であるE. シュレディンガーの波動力学が出現しました．そこで使われている数学が当時の物理学者にとって行列より遥かに親しみの持てる微分方程式だったので，波動力学に人気が移って行列力学の影は薄れてしまいました．しかし，シュレディンガーの波動方程式もその解を具体的に求めることは多くの場合困難です．そこで，方程式を解かないで，しかも重要な結論を引き出してくる方法として登場したのが群論でした．現代物理学は群論なしには動きがとれません．その群論の応用のかなめは本書の第**6**章の表現論で，そこでは群の元を行列で表現します．ハイゼンベルクの行列力学は人気を失いましたが，行列そのものは別の入り口から戻ってきて，今では物理学や化学の理論を学ぶためには行列の知識は欠かせないものになっています．

4.2 行 列

行列

行列(matrix)の見かけは行列式によく似ていますが，数学量としては別のものです．行列式は，ほどいてしまえば，ただの数ですが，行列はそうはなりません．行列式はいつも正方形ですが，行列には矩形のものもあり，例えば

$$\begin{pmatrix} a_1 & b_1 & c_1 \\ a_2 & b_2 & c_2 \end{pmatrix} \tag{4.2.1}$$

は2行3列(2×3)の行列です．(4.1.8)の係数から3×3行列をつくると

$$\begin{pmatrix} a_{11} & a_{12} & a_{13} \\ a_{21} & a_{22} & a_{23} \\ a_{31} & a_{32} & a_{33} \end{pmatrix} \tag{4.2.2}$$

特別の場合として，1行だけ，または1列だけの行列を書けば

$$(x_1 \quad x_2 \quad x_3), \qquad \begin{pmatrix} x_1 \\ x_2 \\ x_3 \end{pmatrix} \tag{4.2.3}$$

正方行列

このような行列は，行ベクトル，列ベクトルとも呼ばれます．本書では正方行列と，行ベクトル，列ベクトルを主に取り扱います．

一般の $n\times n$ 正方行列

$$A = \begin{pmatrix} a_{11} & a_{12} & \cdots & a_{1i} & \cdots & a_{1n} \\ a_{21} & a_{22} & & & & a_{2n} \\ \vdots & & \ddots & & & \vdots \\ a_{i1} & & & a_{ii} & & a_{in} \\ \vdots & & & & \ddots & \vdots \\ a_{n1} & a_{n2} & \cdots & a_{ni} & \cdots & a_{nn} \end{pmatrix} \tag{4.2.4}$$

対角要素

の左上から右下への対角線上に並ぶ要素 $a_{11}, a_{22}, \cdots, a_{ii}, \cdots, a_{nn}$ を対角要素と呼びます．対角要素以外の要素が全部0

の行列は対角行列(diagonal matrix)と呼ばれて重要な役を演じます：

対角行列

$$D = \begin{pmatrix} d_{11} & 0 & \cdots & & & 0 \\ 0 & d_{22} & & & & 0 \\ \vdots & & \ddots & & & \vdots \\ & & & d_{ii} & & \\ & & & & \ddots & 0 \\ 0 & 0 & \cdots & & 0 & d_{nn} \end{pmatrix} \qquad (4.2.5)$$

対角行列の対角要素の値がすべて 1 の場合，すなわち

$$d_{ii} = 1 \qquad (i=1, 2, \cdots, n)$$

である場合には，その対角行列は単位行列(unit matrix)と呼ばれ，普通の数(スカラー)の演算での 1 の役目を行列の演算で果たすことは次の節で説明します．

単位行列

$$E = \begin{pmatrix} 1 & 0 & 0 & \cdots & \cdots & 0 \\ 0 & 1 & & & & \vdots \\ 0 & & 1 & & & \\ \vdots & & & \ddots & & \\ & & & & 1 & 0 \\ 0 & \cdots & & & 0 & 1 \end{pmatrix} \qquad (4.2.6)$$

ついでに，スカラーの演算での 0 にあたる零行列(zero matrix)も定義します．それはすべての要素が 0 の行列です：

零行列

$$O = \begin{pmatrix} 0 & 0 & \cdots & & \cdots & 0 \\ 0 & 0 & & & & \vdots \\ \vdots & & & & & \\ & & & \ddots & & \\ \vdots & & & & & \vdots \\ 0 & \cdots & & & \cdots & 0 \end{pmatrix} \qquad (4.2.7)$$

単位行列は正方行列ですが，零行列は正方行列とは限りません．

4.3　行列の演算

前節では行列の記号の定義をしただけですから，この新しい数学量に魂を入れるために，行列についての演算のルールを定めることにします．数学的ないろいろの問題を行列の演算としてうまく表現できるような1組のルールを設定できれば成功です．普通の数(スカラー)についての加減乗除のルールに似たようなものになります．はじめにルールをまとめて示し，そのあとで1つ1つ説明します．

[1] 2つの行列が等しいこと：$A=B$ は

$$a_{ij} = b_{ij} \qquad (\text{すべての } i, j \text{ について})$$

を意味する．

[2] 2つの行列の和(加算)：$A+B=C$ は

$$a_{ij}+b_{ij} = c_{ij} \qquad (\text{すべての } i, j \text{ について})$$

を意味する．

[3] スカラー数 λ と行列 A との積：$\lambda A=B$ は

$$\lambda a_{ij} = b_{ij} \qquad (\text{すべての } i, j \text{ について})$$

を意味する．

[4] A が n 行 p 列($n\times p$)，B が p 行 m 列($p\times m$)の行列であるとき，A と B の積：$AB=C$ は

$$c_{ij} = \sum_{k=1}^{p} a_{ik}b_{kj} \qquad (i=1,2,\cdots,n\,;\, j=1,2,\cdots,m)$$

を意味する．A の i 行と B の j 列の対応する要素をかけ合わせてその和をとる．C は n 行 m 列($n\times m$)の行列である．

[5] 行列 M が行列 A と

$$AM = MA = E \qquad (E \text{ は単位行列})$$

逆行列

の関係にあるとき，M を A の逆行列(inverse matrix)と呼び，A^{-1} で表わす：

$$AA^{-1} = A^{-1}A = E$$

[1]の説明

☆　$\begin{pmatrix} a & b \\ c & d \end{pmatrix} = \begin{pmatrix} 1 & 2 \\ 3 & 4 \end{pmatrix}$

は $a=1$，$b=2$，$c=3$，$d=4$ を意味します．行列式であれば

$$\begin{vmatrix} a & b \\ c & d \end{vmatrix} = ad-bc$$

ですから，例えば

☆　$\begin{vmatrix} 1 & 2 \\ 3 & 4 \end{vmatrix} = -2 = \begin{vmatrix} 2 & 4 \\ 5 & 9 \end{vmatrix}$

で要素間の対応はありません．

[2]の説明

☆　$\begin{pmatrix} 1 \\ 2 \\ 3 \end{pmatrix} + \begin{pmatrix} 4 \\ 5 \\ 6 \end{pmatrix} = \begin{pmatrix} 1+4 \\ 2+5 \\ 3+6 \end{pmatrix} = \begin{pmatrix} 5 \\ 7 \\ 9 \end{pmatrix}$

☆　$\begin{pmatrix} 1 & 2 \\ 3 & 4 \end{pmatrix} + \begin{pmatrix} 2 & 4 \\ 6 & 8 \end{pmatrix} = \begin{pmatrix} 3 & 6 \\ 9 & 12 \end{pmatrix}$

このように定義された行列の加算については

$$A+B = B+A \quad \text{(可換則)} \qquad (4.3.1)$$

$$(A+B)+C = A+(B+C) \quad \text{(結合則)} \qquad (4.3.2)$$

が成り立つことを確かめて下さい．

[3]の説明

☆　$2\cdot\begin{pmatrix} 1 & 2 \\ 3 & 4 \end{pmatrix} = \begin{pmatrix} 2 & 4 \\ 6 & 8 \end{pmatrix}$，　$\begin{pmatrix} 3 & 6 \\ 9 & 12 \end{pmatrix} = 3\cdot\begin{pmatrix} 1 & 2 \\ 3 & 4 \end{pmatrix}$

行列にスカラー数 λ を掛けると，その要素の<u>すべて</u>が λ 倍になります．このようにしておくと何かにつけて都合がよいからです．これとは対照的に行列式では，その１つの行，または１つの列の要素だけが λ 倍になります：

☆　$2\cdot\begin{vmatrix} 1 & 2 \\ 3 & 4 \end{vmatrix} = \begin{vmatrix} 2 & 4 \\ 3 & 4 \end{vmatrix} = \begin{vmatrix} 1 & 2 \\ 6 & 8 \end{vmatrix} = \begin{vmatrix} 1 & 4 \\ 3 & 8 \end{vmatrix} = \begin{vmatrix} 2 & 2 \\ 6 & 4 \end{vmatrix}$

$$= 2\times(1\times 4-2\times 3) = \cdots\cdots = 2\times 4-2\times 6 = -4$$

これは行列式の定義から当然のことです．

［2］では行列の加算の定義だけが与えられていますが，［3］で $\lambda=-1$ とすると

$$b_{ij} = -a_{ij}$$

となるので，B は $-A$ と書くのが自然です．(4.2.7)の零行列を使えば

$$A+(-A) = O$$

と書けます．こうして任意の行列 B について $-B$ が定義できるので，行列の減算の定義として

$$A+(-B) = A-B = C$$

$$a_{ij}-b_{ij} = c_{ij} \qquad (\text{すべての } i, j \text{ について})$$

が得られます．

［4］の説明

この積の定義は2つの矩形行列の積について定義されていますが，本書では正方行列，1行行列(行ベクトル)，1列行列(列ベクトル)を主に使うので，それらに重点を置いて例を示します．

☆ $$\begin{pmatrix}1 & 4\\ 2 & 3\\ 3 & 2\\ 4 & 1\end{pmatrix}\begin{pmatrix}1 & 2 & 3\\ 3 & 2 & 1\end{pmatrix} = \begin{pmatrix}1+12 & 2+8 & 3+4\\ 2+9 & 4+6 & 6+3\\ 3+6 & 6+4 & 9+2\\ 4+3 & 8+2 & 12+1\end{pmatrix}$$

$$= \begin{pmatrix}13 & 10 & 7\\ 11 & 10 & 9\\ 9 & 10 & 11\\ 7 & 10 & 13\end{pmatrix}$$

4×2 行列と 2×3 行列の積は 4×3 行列になります．しかし積の順序を逆にして

$$☆\quad \begin{pmatrix}1 & 2 & 3\\ 3 & 2 & 1\end{pmatrix}\begin{pmatrix}1 & 4\\ 2 & 3\\ 3 & 2\\ 4 & 1\end{pmatrix}$$

とすると形がマッチせず，積をとることは不可能です．定義されていないのです．

$$☆\quad (1\quad 2\quad 3)\begin{pmatrix}1 & 3 & 1\\ 2 & 2 & 2\\ 3 & 1 & 3\end{pmatrix}$$
$$= (1+4+9\quad 3+4+3\quad 1+4+9)$$
$$= (14\quad 10\quad 14) = 2\cdot(7\quad 5\quad 7)$$

$$☆\quad \begin{pmatrix}1 & 3 & 1\\ 2 & 2 & 2\\ 3 & 1 & 3\end{pmatrix}\begin{pmatrix}1\\ 2\\ 3\end{pmatrix} = \begin{pmatrix}1+6+3\\ 2+4+6\\ 3+2+9\end{pmatrix} = \begin{pmatrix}10\\ 12\\ 14\end{pmatrix} = 2\cdot\begin{pmatrix}5\\ 6\\ 7\end{pmatrix}$$

$$☆\quad (1\quad 2\quad 3)\begin{pmatrix}1\\ 2\\ 3\end{pmatrix} = 1+4+9 = 14$$

$$\begin{pmatrix}1\\ 2\\ 3\end{pmatrix}(1\quad 2\quad 3) = \begin{pmatrix}1 & 2 & 3\\ 2 & 4 & 6\\ 3 & 6 & 9\end{pmatrix}$$

$$☆\quad \begin{pmatrix}1 & 1\\ 2 & 2\end{pmatrix}\begin{pmatrix}1 & 2\\ 1 & 2\end{pmatrix} = \begin{pmatrix}2 & 4\\ 4 & 8\end{pmatrix}$$

$$\begin{pmatrix}1 & 2\\ 1 & 2\end{pmatrix}\begin{pmatrix}1 & 1\\ 2 & 2\end{pmatrix} = \begin{pmatrix}5 & 5\\ 5 & 5\end{pmatrix}$$

以上の具体例からわかるように，行列の積では，掛ける順序をかえると結果は一般に同じにはなりません：

$$AB \neq BA \qquad \text{(非可換)} \qquad (4.3.3)$$

しかし結合則は行列の積についても成り立ちます：

$$A(BC) = (AB)C \qquad (4.3.4)$$

この証明は練習問題にまわします．

[5]の説明

3元連立1次方程式(4.1.8)は，つぎの3つの行列

$$A=\begin{pmatrix} a_{11} & a_{12} & a_{13} \\ a_{21} & a_{22} & a_{23} \\ a_{31} & a_{32} & a_{33} \end{pmatrix},\quad x=\begin{pmatrix} x_1 \\ x_2 \\ x_3 \end{pmatrix},\quad c=\begin{pmatrix} c_1 \\ c_2 \\ c_3 \end{pmatrix} \tag{4.3.5}$$

を使うと，行列の方程式として簡潔に

$$Ax=c \tag{4.3.6}$$

の形に書けます．内容的には(4.1.8)と同じですが，見かけはスカラー1変数の代数方程式

$$ax=c$$

にそっくりの形に書けたことになります．もし $a\neq 0$ ならば，この方程式の解は

$$x=\frac{c}{a}=a^{-1}c$$

となります．左辺の係数 a で右辺の c を割ればよいわけです．

行列方程式(4.3.6)の形に書かれた連立1次方程式(4.1.8)の解 x も，もし(4.3.5)の行列 A の逆行列 A^{-1} が求められれば，(4.3.6)の両辺に左から A^{-1} をかけて

$$x=A^{-1}c \tag{4.3.7}$$

として求められます．これで連立1次方程式の解法は1つの行列 A の逆行列 A^{-1} を求める問題の形をとりました．A が対角行列ならば A^{-1} はすぐに求められます．考えてみてください．

すべての行列にその逆行列があるわけではありません．

正則行列

逆行列のある行列を正則行列(regular matrix)と呼びます．行列 A の逆行列 A^{-1} があるための必要十分条件は，A の行列式 $|A|$ が0でないこと：

$$|A|\neq 0 \tag{4.3.8}$$

です．$|A|$ は行列 A の要素の並びをそのまま行列式にした

ものです．行列式は正方形に限られるので，話は正方行列の場合にかぎられます．(4.3.8)の条件は3元連立1次方程式(4.1.8)の解の公式(4.1.12)で，$|A_3| \neq 0$ であれば解が得られることに対応しています．(4.3.8)の条件を確かめるために次の公式を用意します．

［公式］ 2つの行列 A, B の積を AB とし，それぞれの行列式を $|A|, |B|, |AB|$ と書けば

$$|AB| = |A||B| \tag{4.3.9}$$

が成り立つ．

2×2行列の場合に上の公式を確かめます：

$$A = \begin{pmatrix} a_{11} & a_{12} \\ a_{21} & a_{22} \end{pmatrix}, \quad B = \begin{pmatrix} b_{11} & b_{12} \\ b_{21} & b_{22} \end{pmatrix}$$

$$AB = \begin{pmatrix} a_{11}b_{11} + a_{12}b_{21} & a_{11}b_{12} + a_{12}b_{22} \\ a_{21}b_{11} + a_{22}b_{21} & a_{21}b_{12} + a_{22}b_{22} \end{pmatrix}$$

行列式 $|AB|$ は行列式の性質(V)を繰り返して使って4つの行列式にほどき，そのあと(I), (II), (III)の順に使えば

$$\begin{aligned} |AB| &= \begin{vmatrix} a_{11}b_{11} & a_{11}b_{12} \\ a_{21}b_{11} & a_{21}b_{12} \end{vmatrix} + \begin{vmatrix} a_{11}b_{11} & a_{12}b_{22} \\ a_{21}b_{11} & a_{22}b_{22} \end{vmatrix} \\ &\quad + \begin{vmatrix} a_{12}b_{21} & a_{11}b_{12} \\ a_{22}b_{21} & a_{21}b_{12} \end{vmatrix} + \begin{vmatrix} a_{12}b_{21} & a_{12}b_{22} \\ a_{22}b_{21} & a_{22}b_{22} \end{vmatrix} \\ &= b_{11}b_{12}\begin{vmatrix} a_{11} & a_{11} \\ a_{21} & a_{21} \end{vmatrix} + b_{11}b_{22}\begin{vmatrix} a_{11} & a_{12} \\ a_{21} & a_{22} \end{vmatrix} \\ &\quad + b_{21}b_{12}\begin{vmatrix} a_{12} & a_{11} \\ a_{22} & a_{21} \end{vmatrix} + b_{21}b_{22}\begin{vmatrix} a_{12} & a_{12} \\ a_{22} & a_{22} \end{vmatrix} \\ &= |A|(b_{11}b_{22} - b_{12}b_{21}) = |A||B| \end{aligned}$$

となります．行列 A, B が3×3正方行列の場合も同じ要領でやれます．$n \times n$ 正方行列についても公式(4.3.9)が成り立つのですが，これは証明なしで鵜呑みにしておきます．

同様に，(4. 2. 5)の対角行列 D の行列式の値はその対角要素の積で与えられること：

$$|D| = d_{11}d_{22}\cdots\cdots d_{nn} = \prod_{i=1}^{n} d_{ii} \qquad (4.3.10)$$

も n の一般の値について成り立つことを証明なしで受け入れておきます．4×4 行列までは余因子展開から証明できます．上の式から(4. 2. 6)の単位行列 E，(4. 2. 7)の零行列 O の行列式の値は

$$|E| = 1, \quad |O| = 0 \qquad (4.3.11)$$

であることがわかります．

さて，逆行列の定義：

$$AA^{-1} = A^{-1}A = E$$

を(4. 3. 9)を使って行列式の関係に移すと，(4. 3. 11)から

$$|AA^{-1}| = |A||A^{-1}| = |E| = 1$$

この式は，もし $|A|=0$ ならば $|A^{-1}|$ は存在せず，したがって行列 A^{-1} もありえないことを意味しています．

もし $|A|\neq 0$ であれば，$n\times n$ 行列 A の逆行列 A^{-1} を与える公式があります：

$$A^{-1} = \frac{1}{|A|}\begin{pmatrix} \hat{A}_{11} & \hat{A}_{21} & \cdots & \cdots & \hat{A}_{n1} \\ \hat{A}_{12} & \hat{A}_{22} & & & \hat{A}_{n2} \\ \vdots & & \ddots & & \\ \vdots & & & \ddots & \\ \hat{A}_{1n} & \hat{A}_{2n} & & & \hat{A}_{nn} \end{pmatrix} \qquad (4.3.12)$$

ここで，$\hat{A}_{ij}$ は(4. 1. 15)で定義した余因子です．証明は練習問題にまわします．こうして A^{-1} が求められれば，(4. 3. 7)から一挙に n 元連立 1 次方程式の解が得られることになります．行列の話は次の章にも出てきます．

第 4 章　練習問題

(1)　2 元連立 1 次方程式(4. 1. 1)の解の公式(4. 1. 2)を求

めよ.

(2) 行列式の性質(II)は(III)に含まれていることを示せ.

(3) (4.1.16)は(4.1.11)の $|A_3|$ の第1行についての余因子展開である. 第1列についての余因子展開をして, その結果がやはり $|A_3|$ を与えることを確かめよ.

(4) 3次の行列式

$$\begin{vmatrix} a_{11} & a_{12} & a_{13} \\ a_{21} & a_{22} & a_{23} \\ a_{31} & a_{32} & a_{33} \end{vmatrix}$$

について, 行列式の性質(I)〜(V)が成り立つことを確かめよ.

(5) 行列式の1つの列に他の列の λ 倍を加えても行列式の値は変わらないことを示せ.

(6) 次の行列式の値を求めよ.

(a) $$\begin{vmatrix} \cos\theta & -\sin\theta & 0 \\ \sin\theta & \cos\theta & 0 \\ 0 & 0 & 1 \end{vmatrix}$$

(b) $$\begin{vmatrix} 1 & 1 & 1 & 1 \\ 1 & 2 & 2 & 2 \\ 1 & 2 & 3 & 3 \\ 1 & 2 & 3 & 4 \end{vmatrix}$$

(c) $$\begin{vmatrix} 1 & 1 & 1 \\ x_1 & x_2 & x_3 \\ {x_1}^2 & {x_2}^2 & {x_3}^2 \end{vmatrix}$$

(7) クラメルの公式(4.1.12)を使って次の3元連立1次方程式の解を求めよ. そのあと, 方程式をよく眺めて簡単な解法を工夫せよ.

$$\begin{aligned} +x+y-z &= 0 \\ +x-y+z &= 2 \\ -x+y+z &= 4 \end{aligned}$$

(8) 次の行列の積を計算せよ. (a)と(b)に共通な特色

は？

(a)　$\begin{pmatrix}1 & -8\\ 2 & 11\end{pmatrix}\begin{pmatrix}4\\ -1\end{pmatrix}$,　$\begin{pmatrix}1 & -8\\ 2 & 11\end{pmatrix}\begin{pmatrix}1\\ -1\end{pmatrix}$

(b)　$\begin{pmatrix}\cos\theta & -\sin\theta & 0\\ \sin\theta & \cos\theta & 0\\ 0 & 0 & 1\end{pmatrix}\begin{pmatrix}1/\sqrt{2}\\ -i/\sqrt{2}\\ 0\end{pmatrix}$,

$\begin{pmatrix}\cos\theta & -\sin\theta & 0\\ \sin\theta & \cos\theta & 0\\ 0 & 0 & 1\end{pmatrix}\begin{pmatrix}1/\sqrt{2}\\ +i/\sqrt{2}\\ 0\end{pmatrix}$

(9) 行列の積については結合則(4. 3. 4)が成り立つことを示せ．

(10) 2×2 行列の逆行列を

$$\begin{pmatrix}a_{11} & a_{12}\\ a_{21} & a_{22}\end{pmatrix}\begin{pmatrix}a_{11}' & a_{12}'\\ a_{21}' & a_{22}'\end{pmatrix}=\begin{pmatrix}1 & 0\\ 0 & 1\end{pmatrix}$$

から a_{11}', a_{12}', a_{21}', a_{22}' を解いて求めよ．

(11) 逆行列の一般公式(4. 3. 12)を(4. 3. 5)の 3×3 行列 A について証明せよ．

(12) 次の行列の逆行列を，はじめは問題(10)と同じようにして求め，つづいて逆行列の公式を使って求めよ．

$$\begin{pmatrix}1 & 1 & 1\\ 0 & 1 & 1\\ 0 & 0 & 1\end{pmatrix}$$

5

ベクトルとその変換

第**1**章で空間図形(分子の骨格)の対称操作を理解する手段として，図形につけた目印の点(ホクロ)の動きを追ってみました．それは便利な工夫ですが，第**3**章では少し食傷気味になったかもしれません．2つの対称操作を続けて行った結果を，その度ごとに気を使わずに，何か機械的な計算で求めることはできないものか．例えば，目印の点の位置を，座標原点を始点として目印の点までのびる1本の矢——方向を持った線分——で表わして，この有向線分の動きを数学的に追ってみてはどうでしょう．

5.1 ベクトルとは

天体力学では太陽を原点としてその周りを動く惑星の位置を指し示す矢(動径)をベクトルと昔から呼んできました．医学では病原体を運ぶ生物をベクトルと呼び，遺伝子組換えや遺伝子治療の用語としても使われています．また，文学評論などでも考えの方向のことをベクトルと言ってみたりします．ここでは，数学者がベクトルと呼ぶものをはっきりと理解することに努めます．

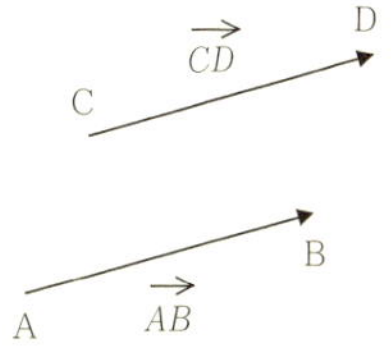

図5.1 ベクトルの定義

まず平面(2次元空間)の場合を考えます．点Aから点Bに向けて引いた線分 $\overrightarrow{AB}$ を有向線分，Aをその始点，Bを終点と呼びます．図5.1には2つの有向線分 $\overrightarrow{AB}$，$\overrightarrow{CD}$

が描いてありますが，もし $\overrightarrow{CD}$ を平行移動させて，C が A に，D が B に重なるならば，有向線分 $\overrightarrow{AB}$ と $\overrightarrow{CD}$ は向きと長さ(大きさ)が等しいわけです．もし向きと長さだけを問題にして，その始点がどこにあるかを問わないことにすれば，$\overrightarrow{AB}$ と $\overrightarrow{CD}$ は同じで区別はありません．区別をつけないで 1 つの数学量と考え，かっこを使って

$$\boldsymbol{a} = [\overrightarrow{AB}] = [\overrightarrow{CD}]$$

ベクトル

と表わし，この $\boldsymbol{a}$ を数学者はベクトル(vector)と呼びます．だから，ベクトルの概念は，始点と終点にしばられた 1 つ 1 つの有向線分より大変広いものです．図 5.1 の $\overrightarrow{AB}$ と $\overrightarrow{CD}$ の関係からもわかるように，ベクトル $\boldsymbol{a}$ で表わされる有向線分は無数に描くことができます．

あらためて考えをまとめると，任意の 2 つの有向線分 $\overrightarrow{AB}$ と $\overrightarrow{CD}$ について

(1) 点 A, B, C, D が 1 直線上にあって，$\overrightarrow{AB}$ と $\overrightarrow{CD}$ の向きと長さが等しいとき，

あるいは

(2) 点 A, B, C, D が平行 4 辺形を作るとき，

$\overrightarrow{AB}$ と $\overrightarrow{CD}$ はベクトルとして等しいのです．

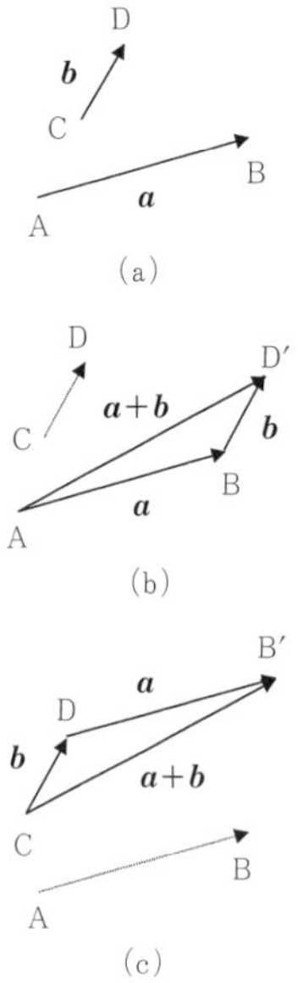

図 5.2　ベクトルの和

このように定義されたベクトルはただの数(スカラー)とは確かに違う数学量です．まず，2 つのベクトルの和を定義します．図 5.2(a)のベクトル $\boldsymbol{a}=[\overrightarrow{AB}]$ とベクトル $\boldsymbol{b}=[\overrightarrow{CD}]$ の和は，(b)のように $\overrightarrow{CD}$ を平行移動させて，その始点 C を B に一致させたとき，その終点を D′ とすると $\overrightarrow{AD'}$ によって与えられるとするのです．つまり

$$\boldsymbol{a}+\boldsymbol{b} = [\overrightarrow{AD'}]$$

であり，$[\overrightarrow{AD'}]$ で指定される向きと長さを持つ 1 つの新しいベクトルになります．図 5.2(c)のように $\overrightarrow{CD}$ の代りに $\overrightarrow{AB}$ を平行移動させて始点 A を D に一致させて，その終点を B′ とすると

$$\boldsymbol{b}+\boldsymbol{a} = [\overrightarrow{CB'}]$$

したがって

$$\boldsymbol{a}+\boldsymbol{b} = \boldsymbol{b}+\boldsymbol{a}$$

です．

数の 0 にあたるベクトルとしては，長さが 0 のベクトルを零ベクトルと呼び，これを $\boldsymbol{0}$ で表わすことにします．また，ベクトル $\boldsymbol{a}=[\overrightarrow{AB}]$ について，向きが逆で長さは同じ有向線分 $\overrightarrow{BA}$ に対応するベクトル $[\overrightarrow{BA}]$ を $\boldsymbol{a}$ の逆ベクトルと呼び，$-\boldsymbol{a}$ で表わします：

零ベクトル

逆ベクトル

$$\boldsymbol{a}+(-\boldsymbol{a}) = \boldsymbol{0}$$

です．ベクトルの和の性質をまとめると次のようになります：

[1]（可換則）　$\boldsymbol{a}+\boldsymbol{b} = \boldsymbol{b}+\boldsymbol{a}$

[2]（結合則）　$(\boldsymbol{a}+\boldsymbol{b})+\boldsymbol{c} = \boldsymbol{a}+(\boldsymbol{b}+\boldsymbol{c})$

[3]（零元(零ベクトル)）　$\boldsymbol{a}+\boldsymbol{0} = \boldsymbol{a}$

[4]（逆元(逆ベクトル)）　$\boldsymbol{a}+(-\boldsymbol{a}) = \boldsymbol{0}$

結合則[2]は図 5.3 から納得できます．[4]にしたがって任意のベクトル $\boldsymbol{b}$ の逆ベクトル $-\boldsymbol{b}$ をつくり，これと $\boldsymbol{a}$ との和 $\boldsymbol{a}+(-\boldsymbol{b})$ を $\boldsymbol{a}-\boldsymbol{b}$ と書くことにすると，ベクトルの引き算(減法)が定義できます．

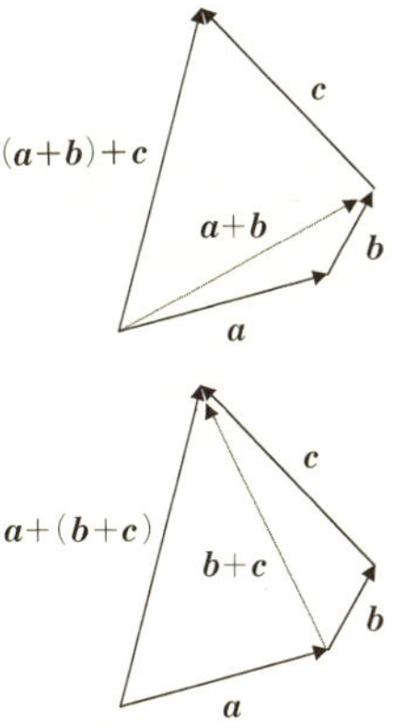

図 5.3　ベクトルの和の結合則

ベクトルの積の定義もしてみたくなりますが，ここでは先ず普通の数(スカラー)とベクトルの積を定義します．以下でスカラー s は実数と考えます．ベクトル $\boldsymbol{a}$ の長さ(大きさ)を，今後は必要に応じて，$|\boldsymbol{a}|$ と書くことにします．$|\boldsymbol{a}|$ はスカラーです．

スカラー s とベクトル $\boldsymbol{a}$ の積 $s\boldsymbol{a}$ を

(i) $s>0$ ならば，$s\boldsymbol{a}$ はベクトル $\boldsymbol{a}$ と同じ向きを持ち，長さが $s|\boldsymbol{a}|$ のベクトル

(ii) $s=0$ ならば，$s\boldsymbol{a}=\boldsymbol{0}$(零ベクトル)

(iii) $s<0$ ならば，$s\boldsymbol{a}$ はベクトル $\boldsymbol{a}$ と逆の向きを持ち，

長さが $|s||\boldsymbol{a}|$ のベクトル

と定義します．以上をまとめると，結局は，ただ

$$s\boldsymbol{a}$$

と書けばよいことになります．例えば，$s=-2.3$ ならば

$$s\boldsymbol{a} = (-2.3)\boldsymbol{a} = -2.3\boldsymbol{a}$$

とすればよろしい．スカラーとベクトルの積については次の性質が成り立ちます：

[5] $(s+t)\boldsymbol{a} = s\boldsymbol{a}+t\boldsymbol{a}$
[6] $s(\boldsymbol{a}+\boldsymbol{b}) = s\boldsymbol{a}+s\boldsymbol{b}$
[7] $(st)\boldsymbol{a} = s(t\boldsymbol{a})$

ベクトルの和について[1]，[2]，[3]，[4]，スカラーとベクトルの積について[5]，[6]，[7]の性質があるとき，これらの条件を満たすベクトルの総体をベクトル空間(vector space)と呼びます．今まで2次元のベクトル空間を考えてきたことになりますが，3次元ベクトル空間について同じように考えることは困難ではないはずです．

ベクトルは大きさ(長さ)のほかに向きを持っているところが，面白くもあれば，厄介でもありますが，この特性を見やすくする方法があります．零ベクトルでないベクトル $\boldsymbol{a}$ の大きさを $|\boldsymbol{a}|$ とし，$1/|\boldsymbol{a}|$ というスカラーを $\boldsymbol{a}$ に掛けて得られるベクトル：

$$\boldsymbol{e}_a = \left(\frac{1}{|\boldsymbol{a}|}\right)\boldsymbol{a}$$

を定義すると，$\boldsymbol{a}$ は

$$\boldsymbol{a} = |\boldsymbol{a}|\boldsymbol{e}_a$$

と表わせます．$|\boldsymbol{a}|$ はその大きさ，$\boldsymbol{e}_a$ はその向き，つまり，ベクトル $\boldsymbol{a}$ の属性を分担して表わしています．$\boldsymbol{e}_a$ は単位ベクトル(unit vector)と呼ばれ，上の定義から明らかなように単位の長さを持ったベクトルです．図5.4を見て下さい．

ベクトル空間
ベクトルとベクトル空間の定義について，もっと難しく書いてある本もありますが，気にしないで下さい．

単位ベクトル

図5.4 単位ベクトル

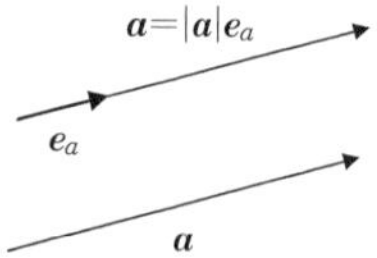

5.2　ベクトルの成分

図5.5のように直交座標系をとり，有向線分 $\overrightarrow{AB}$ の始点Aの座標を (x_A, y_A)，終点Bの座標を (x_B, y_B) とすると

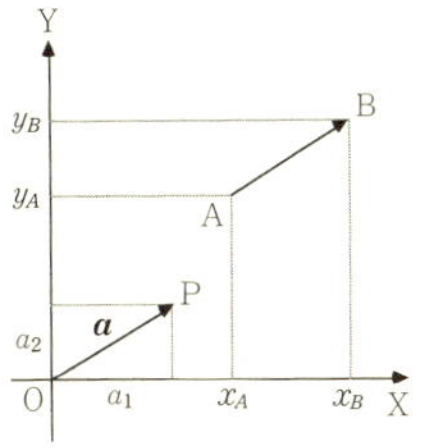

図5.5　直交座標

$$a_1 = x_B - x_A, \qquad a_2 = y_B - y_A$$

を，それぞれ，ベクトル $\boldsymbol{a}=[\overrightarrow{AB}]$ の x 成分，y 成分と呼びます．ベクトル $\boldsymbol{a}$ と2つの数の1組 (a_1, a_2) の1対1の対応が成り立つことになります：

$$\boldsymbol{a} \longleftrightarrow (a_1, a_2) \qquad (5.2.1)$$

ベクトルの成分

このようにベクトルの成分が始点の取り方によらないことは，**5.1**節のベクトルの定義に対応しています．ベクトル $\boldsymbol{a}$ で表わされる有向線分は無限にありますが，$\boldsymbol{a}$ を表わす有向線分として，始点を座標原点Oにとった $\overrightarrow{OP}$ は，終点Pの座標 (a_1, a_2) がそのまま $\boldsymbol{a}$ の成分を与えるので，この座標系では特別のベクトルになっていて，$\overrightarrow{OP}$ は点Pの位置を指定する位置ベクトルと呼ばれることになります．この章のはじめに，空間対称操作の合成の結果を求めるために目印の点を追う仕事を何とか自動化できないものかと考えましたが，目印の点の動きをその位置を示す位置ベクトルの動きを追うことで捉えることが，この章の主な目標になります．

位置ベクトル

図5.6のベクトル $[\overrightarrow{OP}]$, $[\overrightarrow{OQ}]$, $[\overrightarrow{QP}]$, $[\overrightarrow{OR}]$ の間には

$$[\overrightarrow{OP}] = [\overrightarrow{OQ}]+[\overrightarrow{QP}] = [\overrightarrow{OQ}]+[\overrightarrow{OR}]$$

の関係があります．X軸の正の向きを指す単位ベクトルを $\boldsymbol{e}_1$，Y軸の正の向きを指す単位ベクトルを $\boldsymbol{e}_2$ とすると，図5.6で

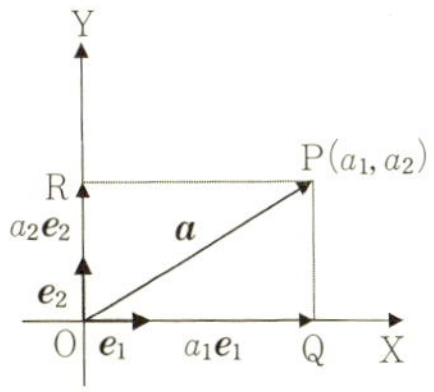

図5.6　座標系の基底ベクトル

$$[\overrightarrow{OQ}] = a_1\boldsymbol{e}_1, \qquad [\overrightarrow{OR}] = a_2\boldsymbol{e}_2$$

ですから，ベクトル $\boldsymbol{a}=[\overrightarrow{OP}]$ は

$$\boldsymbol{a} = a_1\boldsymbol{e}_1 + a_2\boldsymbol{e}_2 \qquad (5.2.2)$$

基底ベクトル

と書けます．ベクトルをその成分を使って具体的に表わす便利な表式です．$\boldsymbol{e}_1, \boldsymbol{e}_2$ をこの座標系の基底ベクトル(basis vectors)と呼ぶことにします．明らかに，$\boldsymbol{e}_1$ の成分は $(1,0)$，$\boldsymbol{e}_2$ の成分は $(0,1)$ です．いま，もう1つのベクトル $\boldsymbol{b}$ を

$$\boldsymbol{b} = b_1\boldsymbol{e}_1 + b_2\boldsymbol{e}_2$$

で定義すると，ベクトルの加減は

$$\boldsymbol{a}+\boldsymbol{b} = (a_1+b_1)\,\boldsymbol{e}_1 + (a_2+b_2)\,\boldsymbol{e}_2$$
$$\boldsymbol{a}-\boldsymbol{b} = (a_1-b_1)\,\boldsymbol{e}_1 + (a_2-b_2)\,\boldsymbol{e}_2$$

となりますから

$$\boldsymbol{a}+\boldsymbol{b} \longleftrightarrow (a_1+b_1,\ a_2+b_2)$$
$$\boldsymbol{a}-\boldsymbol{b} \longleftrightarrow (a_1-b_1,\ a_2-b_2)$$

のようにベクトルとその成分の対応がつきます．

5.3　ベクトルの内積

2つのベクトルの積をどのように定義するかは私たちの自由ですが，それは自然でしかも有用な定義でありたいものです．2つのベクトルを掛けた結果が，スカラーになる場合，ベクトルになる場合，または，何かもっと高次の数学量になる場合もあってよいでしょう．

ここでは，2つのベクトルの内積(inner product)あるいはスカラー積と呼ばれるものを定義します．これはスカラー量です．図5.7の2つのベクトル

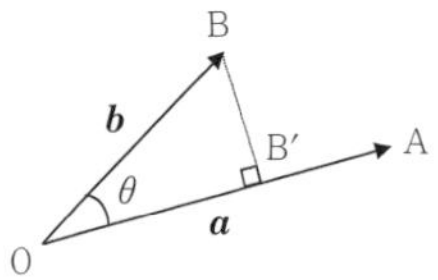

図5.7　内積

$$\boldsymbol{a} = [\overrightarrow{OA}], \qquad \boldsymbol{b} = [\overrightarrow{OB}]$$

に対して，ベクトル $\boldsymbol{b}$ の終点Bからベクトル $\boldsymbol{a}$ に垂直に線分 $\overrightarrow{BB'}$ を立てたとき，線分 $\overrightarrow{OB'}$ は $\overrightarrow{OB}$ の $\overrightarrow{OA}$ 上への正射影と呼ばれ，その大きさは，$\boldsymbol{a}$ と $\boldsymbol{b}$ との間の角を θ $(=\angle AOB)$ とすると

$$|\boldsymbol{b}| \cos\theta$$

です．これに $\boldsymbol{a}$ の大きさ $|\boldsymbol{a}|$ をかけた量

$$|\boldsymbol{a}|\,|\boldsymbol{b}|\cos\theta = \boldsymbol{a}\cdot\boldsymbol{b} \qquad (5.3.1)$$

が2つのベクトル $\boldsymbol{a}$ と $\boldsymbol{b}$ の内積です．記号としては $(\boldsymbol{a}, \boldsymbol{b})$ と書くこともあります．これは $\boldsymbol{a}, \boldsymbol{b}$ の大きさとその間の角度が与えられれば決まるスカラー量で，座標系のとり方には依存しませんが，座標系を導入して，ベクトルの成分で内積を表わしてみます．

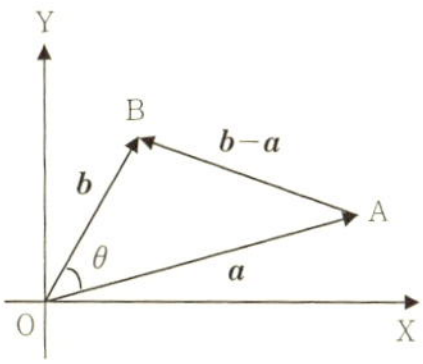

図5.8　余弦公式

図5.8ではベクトル $\boldsymbol{a}, \boldsymbol{b}$ の始点Oを座標の原点にとりましたが，他の点でもかまいません．$\boldsymbol{a}$ の成分を (a_1, a_2)，$\boldsymbol{b}$ の成分を (b_1, b_2) とすると，$\overrightarrow{AB} = \boldsymbol{b}-\boldsymbol{a}$ の成分は $(b_1 - a_1, b_2 - a_2)$ ですから，線分 $\overline{OA}$，$\overline{OB}$，$\overline{AB}$ について

$$\begin{aligned} \overline{OA}^2 &= a_1^2 + a_2^2, \qquad \overline{OB}^2 = b_1^2 + b_2^2 \\ \overline{AB}^2 &= (b_1 - a_1)^2 + (b_2 - a_2)^2 \end{aligned} \qquad (5.3.2)$$

です．3角形OABについての余弦公式(直角3角形についてのピタゴラスの定理の一般化)は

$$\overline{AB}^2 = \overline{OA}^2 + \overline{OB}^2 - 2\overline{OA}\cdot\overline{OB}\cdot\cos\theta \qquad (5.3.3)$$

で，右辺の第3項は(5.3.1)をみると $-2\boldsymbol{a}\cdot\boldsymbol{b}$ ですから

$$\begin{aligned} \overline{OA}\cdot\overline{OB}\cdot\cos\theta &= |\boldsymbol{a}|\,|\boldsymbol{b}|\cos\theta = \boldsymbol{a}\cdot\boldsymbol{b} \\ &= \frac{1}{2}(\overline{OA}^2 + \overline{OB}^2 - \overline{AB}^2) = a_1b_1 + a_2b_2 \end{aligned}$$

つまり

$$\boldsymbol{a}\cdot\boldsymbol{b} = a_1b_1 + a_2b_2 \qquad (5.3.4)$$

が得られます．これが内積をベクトルの成分で表わす式です．

内積の性質をまとめます：

［1］（交換則）　$\boldsymbol{a}\cdot\boldsymbol{b} = \boldsymbol{b}\cdot\boldsymbol{a}$

［2］（分配則）　$\boldsymbol{a}\cdot(\boldsymbol{b}+\boldsymbol{c}) = \boldsymbol{a}\cdot\boldsymbol{b} + \boldsymbol{a}\cdot\boldsymbol{c}$

$(\boldsymbol{b}+\boldsymbol{c})\cdot\boldsymbol{a} = \boldsymbol{b}\cdot\boldsymbol{a} + \boldsymbol{c}\cdot\boldsymbol{a}$

［3］（正値性）　$\boldsymbol{a}\cdot\boldsymbol{a} \geqq 0$

もし $\boldsymbol{a}\cdot\boldsymbol{a}=0$ なら $\boldsymbol{a}=0$

ここで，［1］は定義(5.3.1)から，［2］は図をかいてみると明らかです．

5.2 節の基底ベクトル $\boldsymbol{e}_1, \boldsymbol{e}_2$ について

$$\boldsymbol{e}_1\cdot\boldsymbol{e}_1 = \boldsymbol{e}_2\cdot\boldsymbol{e}_2 = 1, \qquad \boldsymbol{e}_1\cdot\boldsymbol{e}_2 = \boldsymbol{e}_2\cdot\boldsymbol{e}_1 = 0 \tag{5.3.5}$$

が成り立つことを確かめて下さい．

$$\boldsymbol{a} = a_1\boldsymbol{e}_1 + a_2\boldsymbol{e}_2, \qquad \boldsymbol{b} = b_1\boldsymbol{e}_1 + b_2\boldsymbol{e}_2$$

と表わして，内積の性質[1]，[2]，それに(5.3.5)を使うと

$$\begin{aligned}\boldsymbol{a}\cdot\boldsymbol{b} &= a_1b_1\boldsymbol{e}_1\cdot\boldsymbol{e}_1 + a_1b_2\boldsymbol{e}_1\cdot\boldsymbol{e}_2 + a_2b_1\boldsymbol{e}_2\cdot\boldsymbol{e}_1 + a_2b_2\boldsymbol{e}_2\cdot\boldsymbol{e}_2\\ &= a_1b_1 + a_2b_2\end{aligned}$$

となって，(5.3.4)の結果がすんなりと得られます．

今までは 2 次元空間(平面)内のベクトルを考えてきましたが，3 次元空間のベクトル(図 5.9(a))についても **5.1** 節のベクトルの性質[1]〜[7]がそのまま当てはまります．

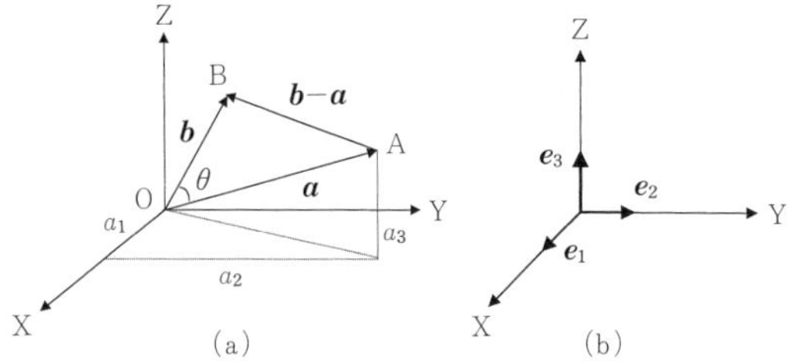

図 5.9

ベクトルの成分は，もちろん，3 つになります：

$$\boldsymbol{a} \longleftrightarrow (a_1, a_2, a_3)$$

$$\boldsymbol{b} \longleftrightarrow (b_1, b_2, b_3)$$

この点に注意すれば，2 つのベクトル $\boldsymbol{a}, \boldsymbol{b}$ が与える 3 角形 OAB は，空間図形としては，図 5.8 と図 5.9 で何も異なるところはありません．

$$\overline{OA}^2 = a_1^2 + a_2^2 + a_3^2, \qquad \overline{OB}^2 = b_1^2 + b_2^2 + b_3^2$$

$$\overline{AB}^2 = (b_1 - a_1)^2 + (b_2 - a_2)^2 + (b_3 - a_3)^2$$

ですから，これを(5.3.3)に代入すれば(5.3.4)に対応して

$$\boldsymbol{a}\cdot\boldsymbol{b} = a_1b_1 + a_2b_2 + a_3b_3 \tag{5.3.6}$$

が得られます．

図5.9(b)の3つの単位ベクトル(基底ベクトル) $\boldsymbol{e}_1, \boldsymbol{e}_2, \boldsymbol{e}_3$ を使えば，

$$\begin{aligned}\boldsymbol{a} &= a_1\boldsymbol{e}_1 + a_2\boldsymbol{e}_2 + a_3\boldsymbol{e}_3 \\ \boldsymbol{b} &= b_1\boldsymbol{e}_1 + b_2\boldsymbol{e}_2 + b_3\boldsymbol{e}_3\end{aligned} \qquad (5.3.7)$$

と表わせます．$\boldsymbol{e}_1, \boldsymbol{e}_2, \boldsymbol{e}_3$ の成分は

$$\begin{aligned}\boldsymbol{e}_1 &\longleftrightarrow (1, 0, 0) \\ \boldsymbol{e}_2 &\longleftrightarrow (0, 1, 0) \\ \boldsymbol{e}_3 &\longleftrightarrow (0, 0, 1)\end{aligned} \qquad (5.3.8)$$

です．この3つのベクトルの間の内積は

$$\boldsymbol{e}_i \cdot \boldsymbol{e}_j = \boldsymbol{e}_j \cdot \boldsymbol{e}_i = \delta_{ij} \qquad (i, j = 1, 2, 3) \qquad (5.3.9)$$

と簡潔にまとめて書くことができます．δ_{ij} はクロネッカーのデルタと呼ばれる便利重宝な記号で，その定義は

クロネッカーのデルタ

$$\delta_{ij} = \begin{cases} 1 & (i = j) \\ 0 & (i \neq j) \end{cases} \qquad (5.3.10)$$

です．(5.3.7)と(5.3.9)を使って内積 $\boldsymbol{a} \cdot \boldsymbol{b}$ を計算すると(5.3.6)の結果が苦もなく求められます．

5.4　ベクトルの変換，空間操作の行列表現

行列表現という言葉が出てきました．佳境が近づいています．簡単のため2次元空間(平面)に戻りますが，今からは平面を3次元空間の直交座標系 (X, Y, Z) の XY 面であると考えます．図5.10(a)のように，XY 面内のベクトル $\boldsymbol{r}$ が原点で面に垂直な Z 軸のまわりの角度 α の回転でベクトル $\boldsymbol{r}'$ に変わることを

$$\boldsymbol{r}' = \hat{R}(\alpha)\,\boldsymbol{r} \qquad (5.4.1)$$

と表わし，$\hat{R}(\alpha)$ を一般にベクトルの変換の演算子(operator)，または作用素と呼ぶことにします．角度 α は，X 軸から Y 軸の方へ，つまり，時計の針の動きと逆回りの向きを正にとります．

図5.9(b)の基底ベクトル $\boldsymbol{e}_1, \boldsymbol{e}_2$ もそれぞれ一人前のベ

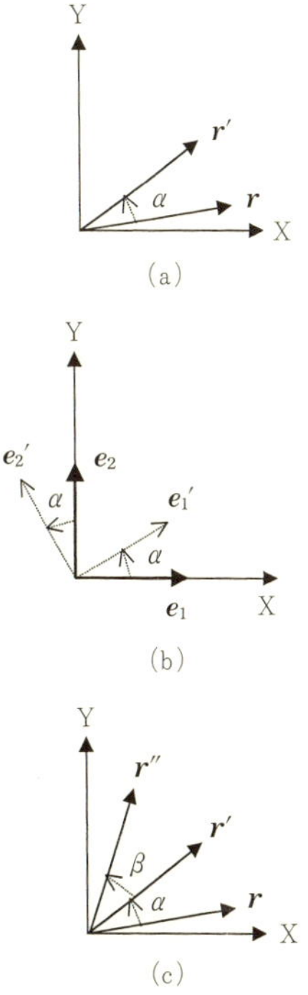

図5.10

クトルですから，$\hat{R}(\alpha)$ を作用させると

$$\begin{aligned} \boldsymbol{e}_1' &= \hat{R}(\alpha)\boldsymbol{e}_1 \\ \boldsymbol{e}_2' &= \hat{R}(\alpha)\boldsymbol{e}_2 \end{aligned} \tag{5.4.2}$$

これらは単位の長さのベクトルですから，図 5.10(b)から

$$\begin{aligned} \boldsymbol{e}_1' &= \boldsymbol{e}_1\cdot\cos\alpha \qquad + \boldsymbol{e}_2\cdot\sin\alpha \\ \boldsymbol{e}_2' &= \boldsymbol{e}_1\cdot(-\sin\alpha) + \boldsymbol{e}_2\cdot\cos\alpha \end{aligned} \tag{5.4.3}$$

この関係式を行列を使って表わしてみます．基底ベクトルを 1 行の行列(行ベクトル)で表わすと，上の式は

$$(\boldsymbol{e}_1' \quad \boldsymbol{e}_2') = (\boldsymbol{e}_1 \quad \boldsymbol{e}_2)\begin{pmatrix} \cos\alpha & -\sin\alpha \\ \sin\alpha & \cos\alpha \end{pmatrix} \tag{5.4.4}$$

とかけます．右辺の 2×2 行列を

$$R(\alpha) = \begin{pmatrix} \cos\alpha & -\sin\alpha \\ \sin\alpha & \cos\alpha \end{pmatrix} \tag{5.4.5}$$

と書くと，(5.4.4)は(5.4.2)を使って

$$(\hat{R}(\alpha)\boldsymbol{e}_1 \quad \hat{R}(\alpha)\boldsymbol{e}_2) = (\boldsymbol{e}_1 \quad \boldsymbol{e}_2)R(\alpha)$$

です．左辺の $\hat{R}(\alpha)$ を形式的に外に出して

$$\hat{R}(\alpha)(\boldsymbol{e}_1 \quad \boldsymbol{e}_2) = (\boldsymbol{e}_1 \quad \boldsymbol{e}_2)R(\alpha) \tag{5.4.6}$$

と表現しますが，演算子 $\hat{R}(\alpha)$ は行列の要素である基底ベクトルのそれぞれに作用することを忘れないで下さい．

出発点の(5.4.1)に戻って，ベクトル $\boldsymbol{r}$ の成分 (x, y) とベクトル $\boldsymbol{r}'$ の成分 (x', y') を行列 $R(\alpha)$ がどのように結びつけるかを調べます．

$$\boldsymbol{r} = x\boldsymbol{e}_1 + y\boldsymbol{e}_2 \tag{5.4.7}$$

$$\boldsymbol{r}' = x'\boldsymbol{e}_1 + y'\boldsymbol{e}_2 \tag{5.4.8}$$

まず $\hat{R}(\alpha)$ を(5.4.7)に作用させると

$$\hat{R}(\alpha)\boldsymbol{r} = x\hat{R}(\alpha)\boldsymbol{e}_1 + y\hat{R}(\alpha)\boldsymbol{e}_2$$

左辺は(5.4.1)から $\boldsymbol{r}'$ であり，右辺では(5.4.2)と(5.4.3)を使うと

$$\begin{aligned} \boldsymbol{r}' &= x(\cos\alpha\cdot\boldsymbol{e}_1 + \sin\alpha\cdot\boldsymbol{e}_2) + y(-\sin\alpha\cdot\boldsymbol{e}_1 + \cos\alpha\cdot\boldsymbol{e}_2) \\ &= (x\cos\alpha - y\sin\alpha)\boldsymbol{e}_1 + (x\sin\alpha + y\cos\alpha)\boldsymbol{e}_2 \end{aligned}$$

この結果と(5.4.8)とをくらべると

$$x' = x\cos\alpha + y(-\sin\alpha)$$
$$y' = x\sin\alpha + y\cos\alpha \qquad (5.4.9)$$

が得られます．この関係式は1列行列(列ベクトル)を使って

$$\begin{pmatrix} x' \\ y' \end{pmatrix} = \begin{pmatrix} \cos\alpha & -\sin\alpha \\ \sin\alpha & \cos\alpha \end{pmatrix}\begin{pmatrix} x \\ y \end{pmatrix} = R(\alpha)\begin{pmatrix} x \\ y \end{pmatrix} \qquad (5.4.10)$$

の形に書けます．

図5.10(a)では，Z軸のまわりの角度αの回転操作$\hat{R}(\alpha)$で，$\boldsymbol{r}$は$\boldsymbol{r}'$に変換されましたが，続いて角度βの回転操作$\hat{R}(\alpha)$で$\boldsymbol{r}'$を$\boldsymbol{r}''$に変換します(図5.10(c))．つまり，2つの空間操作を重ねること，合成することを考えます：

$$\boldsymbol{r}'' = \hat{R}(\beta)\boldsymbol{r}' = \hat{R}(\beta)\hat{R}(\alpha)\boldsymbol{r} \qquad (5.4.11)$$

ところで，$\boldsymbol{r}$に角度$\beta+\alpha$の回転操作を施せば，1度で$\boldsymbol{r}$は$\boldsymbol{r}''$に変換されますから

$$\boldsymbol{r}'' = \hat{R}(\beta+\alpha)\boldsymbol{r} \qquad (5.4.12)$$

したがって，上の2式から

$$\hat{R}(\beta)\hat{R}(\alpha)\boldsymbol{r} = \hat{R}(\beta+\alpha)\boldsymbol{r}$$

この式を演算子の間の関係式として読むと

$$\hat{R}(\beta)\hat{R}(\alpha) = \hat{R}(\beta+\alpha) \qquad (5.4.13)$$

が得られます．

以上の連続回転操作を基底ベクトルの変換で表わすと，(5.4.2)に続いて

$$\boldsymbol{e}_1'' = \hat{R}(\beta)\boldsymbol{e}_1' = \hat{R}(\beta)\hat{R}(\alpha)\boldsymbol{e}_1$$
$$\boldsymbol{e}_2'' = \hat{R}(\beta)\boldsymbol{e}_2' = \hat{R}(\beta)\hat{R}(\alpha)\boldsymbol{e}_2 \qquad (5.4.14)$$

となり，(5.4.6)の両辺に$\hat{R}(\beta)$を作用させると

$$\begin{aligned}\hat{R}(\beta)\hat{R}(\alpha)(\boldsymbol{e}_1 \quad \boldsymbol{e}_2) &= \hat{R}(\beta)(\boldsymbol{e}_1 \quad \boldsymbol{e}_2)R(\alpha) \\ &= (\boldsymbol{e}_1 \quad \boldsymbol{e}_2)R(\beta)R(\alpha)\end{aligned} \qquad (5.4.15)$$

ここで(5.4.12)と同じように考えれば，(5.4.6)から

$$\hat{R}(\beta+\alpha)(\boldsymbol{e}_1 \quad \boldsymbol{e}_2) = (\boldsymbol{e}_1 \quad \boldsymbol{e}_2)R(\beta+\alpha) \qquad (5.4.16)$$

ですから，(5. 4. 15)と(5. 4. 16)から，行列 $R(\beta)$, $R(\alpha)$, $R(\beta+\alpha)$ の間には

$$R(\beta)R(\alpha) = R(\beta+\alpha) \qquad (5.4.17)$$

の関係が成り立っていて，演算子(空間操作)の関係式(5. 4. 13)：

$$\hat{R}(\beta)\hat{R}(\alpha) = \hat{R}(\beta+\alpha)$$

とピッタリ対応しています．この事情を，行列 $R(\alpha)$ は空間操作 $\hat{R}(\alpha)$ の表現(representation)になっていると言い，$R(\alpha)$ を $\hat{R}(\alpha)$ の表現行列と呼びます．

表現

表現行列

Z 軸のまわりの回転操作 $\hat{R}(\alpha)$ については，表現行列 $R(\alpha)$ の具体的な形(5. 4. 5)がわかっているので，(5. 4. 17)が成り立っていることを，実際に行列の掛け算をやってみて納得することが出来ます：

$$\begin{aligned}
&R(\beta)R(\alpha)\\
&= \begin{pmatrix} \cos\beta & -\sin\beta \\ \sin\beta & \cos\beta \end{pmatrix}\begin{pmatrix} \cos\alpha & -\sin\alpha \\ \sin\alpha & \cos\alpha \end{pmatrix}\\
&= \begin{pmatrix} \cos\beta\cos\alpha-\sin\beta\sin\alpha & -\cos\beta\sin\alpha-\sin\beta\cos\alpha \\ \sin\beta\cos\alpha+\cos\beta\sin\alpha & -\sin\beta\sin\alpha+\cos\beta\cos\alpha \end{pmatrix}\\
&= \begin{pmatrix} \cos(\beta+\alpha) & -\sin(\beta+\alpha) \\ \sin(\beta+\alpha) & \cos(\beta+\alpha) \end{pmatrix} = R(\beta+\alpha)
\end{aligned} \qquad (5.4.18)$$

今まで基底ベクトルとして X 軸と Y 軸を指定する $\boldsymbol{e}_1$, $\boldsymbol{e}_2$ だけを使ってきましたが，Z 軸を指定する単位ベクトル $\boldsymbol{e}_3$ は Z 軸のまわりの回転では変わらないので，(5. 4. 2), (5. 4. 3)に $\boldsymbol{e}_3$ の分を追加して

$$\begin{aligned}
\boldsymbol{e}_1' &= \hat{R}(\alpha)\boldsymbol{e}_1\\
\boldsymbol{e}_2' &= \hat{R}(\alpha)\boldsymbol{e}_2 \qquad (5.4.19)\\
\boldsymbol{e}_3' &= \hat{R}(\alpha)\boldsymbol{e}_3 = \boldsymbol{e}_3
\end{aligned}$$

$$
\begin{aligned}
\boldsymbol{e}_1' &= \boldsymbol{e}_1\cdot\cos\alpha + \boldsymbol{e}_2\cdot\sin\alpha + \boldsymbol{e}_3\cdot 0\\
\boldsymbol{e}_2' &= \boldsymbol{e}_1\cdot(-\sin\alpha) + \boldsymbol{e}_2\cdot\cos\alpha + \boldsymbol{e}_3\cdot 0\\
\boldsymbol{e}_3' &= \boldsymbol{e}_1\cdot 0 + \boldsymbol{e}_2\cdot 0 + \boldsymbol{e}_3\cdot 1
\end{aligned}
\qquad (5.4.20)
$$

また(5.4.4)に対応して

$$
(\boldsymbol{e}_1' \quad \boldsymbol{e}_2' \quad \boldsymbol{e}_3') = (\boldsymbol{e}_1 \quad \boldsymbol{e}_2 \quad \boldsymbol{e}_3)R(\alpha)
$$

$$
R(\alpha) = \begin{pmatrix} \cos\alpha & -\sin\alpha & 0 \\ \sin\alpha & \cos\alpha & 0 \\ 0 & 0 & 1 \end{pmatrix} \qquad (5.4.21)
$$

が得られます．この 3×3 行列も演算子 $\hat{R}(\alpha)$ の表現行列としての性質を備えていることを確かめて下さい．

空間操作(演算子)を行列で表現し，操作の合成

$$
\hat{R}(\beta)\hat{R}(\alpha) = \hat{R}(\beta+\alpha)
$$

を表現行列の積

$$
R(\beta)R(\alpha) = R(\beta+\alpha)
$$

に対応させると，どのような利益があるのでしょうか？この節で考えた空間操作は Z 軸のまわりの回転という単純なものでしたが，他の空間操作についても，同じように，基底ベクトルのセットを使って，その表現行列を求めることが出来ます．そうなれば，2 つの空間操作を続けて行うとどうなるか，つまり，2 つの空間操作の合成の結果を，図形に頼らずに，ただ，2 つの行列の積を代数的に，機械的に，計算することで知ることが出来ます．(5.4.18)がその 1 例です．これから先にも具体例が沢山でてきます．

しかし，このデカルト風のオートメーションだけが行列表現のご利益ではありません．第 **2** 章で空間対称操作が群をつくることを学びましたが，群を行列で表現することで，群そのものについての多くの重要な知識が得られ，それが物理学や化学にとっても重要な意味を持つことになるのです．群の行列表現論こそが魔術師のシルクハットの中の仕掛けの役を果たすことになります．

コーヒーブレイク

本文の(5.4.10)から少しわき道にそれてみます．この式を見ていると，ベクトル $\boldsymbol{r}, \boldsymbol{r}'$ をその成分をタテに並べた1列行列で表わすと便利だろうと思われます：

$$\boldsymbol{r} = \begin{pmatrix} x \\ y \end{pmatrix}, \qquad \boldsymbol{r}' = \begin{pmatrix} x' \\ y' \end{pmatrix}$$

このようにベクトルを1列行列に見立てると，(5.4.1)と(5.4.10)から

$$\boldsymbol{r}' = \hat{R}(\alpha)\,\boldsymbol{r} = R(\alpha)\,\boldsymbol{r}$$

と書けます．しかし，ベクトルの成分がつくる列ベクトルに基づいたこの式は表現行列の話には用いられず，基底ベクトルのつくる行ベクトルに基づいた(5.4.6)が用いられました．そのわけは，$\hat{R}(\beta)$ を上の式に作用させてみるとわかります．

$$\hat{R}(\beta)\,\boldsymbol{r}' = \hat{R}(\beta)\,\hat{R}(\alpha)\,\boldsymbol{r} = R(\alpha)\,\hat{R}(\beta)\,\boldsymbol{r} = R(\alpha)\,R(\beta)\,\boldsymbol{r}$$

ですから，演算子の作用の順と表現行列の積の順の対応は

$$\hat{R}(\beta)\,\hat{R}(\alpha) \longleftrightarrow R(\alpha)\,R(\beta)$$

となって，表現する順序が逆になります．これは表現の様式として間違いでは決してありません．数学者はこのタイプの表現法を使うこともあります．しかし，本書では，いろいろのことを考えて，(5.4.10)の様式ではなく，(5.4.6)の様式を一貫して使うことにしました．

この話題はあまりコーヒーブレイク向きではなかったかもしれません．何のことかはっきりわからなくても，気にせずに先に進んで下さい．群論の量子力学への応用まで進むと，本書の方針に賛成してもらえると思います．

5.5 直交変換，直交行列

前節ではXY面の基底ベクトル $\boldsymbol{e}_1, \boldsymbol{e}_2$ をZ軸のまわりに回転する操作の表現行列を調べました．一般に，$\{\boldsymbol{e}_1, \boldsymbol{e}_2\} \rightarrow \{\boldsymbol{e}_1', \boldsymbol{e}_2'\}$ の変換の表現行列を

$$(\boldsymbol{e}_1' \quad \boldsymbol{e}_2') = (\boldsymbol{e}_1 \quad \boldsymbol{e}_2)\,R$$

と書くと，Z軸のまわりの角度 α の回転では

$$R = \begin{pmatrix} \cos\alpha & -\sin\alpha \\ \sin\alpha & \cos\alpha \end{pmatrix}$$

となりました．$\boldsymbol{e}_1$ と $\boldsymbol{e}_2$ はもともと直交していますが，$\boldsymbol{e}_1'$ と $\boldsymbol{e}_2'$ も直交しています．

変換が，Z 軸を含み XY 面に垂直で ZX 面と α の角度をなす平面 σ についての鏡映操作である場合には

$$R = \begin{pmatrix} \cos 2\alpha & \sin 2\alpha \\ \sin 2\alpha & -\cos 2\alpha \end{pmatrix}$$

となります．この場合も $\boldsymbol{e}_1'$ と $\boldsymbol{e}_2'$ は直交しています．

練習問題(3)に図と解あり．

この節では初めから 3 次元の直交座標系をとり，その基底ベクトルである直交する単位ベクトルのセット $\{\boldsymbol{e}_1, \boldsymbol{e}_2, \boldsymbol{e}_3\}$ を，もう 1 つの直交する単位ベクトルのセット $\{\boldsymbol{e}_1', \boldsymbol{e}_2', \boldsymbol{e}_3'\}$ に移す変換(空間操作) $\hat{R}$ を考えます．(5.4.21)がその具体例ですが，一般的に書けば：

$$(\boldsymbol{e}_1' \quad \boldsymbol{e}_2' \quad \boldsymbol{e}_3') = (\boldsymbol{e}_1 \quad \boldsymbol{e}_2 \quad \boldsymbol{e}_3) R \qquad (5.5.1)$$

$$R = \begin{pmatrix} R_{11} & R_{12} & R_{13} \\ R_{21} & R_{22} & R_{23} \\ R_{31} & R_{32} & R_{33} \end{pmatrix} \qquad (5.5.2)$$

単位ベクトル $\boldsymbol{e}_1, \boldsymbol{e}_2, \boldsymbol{e}_3$ を 1 列行列

$$\boldsymbol{e}_1 = \begin{pmatrix} 1 \\ 0 \\ 0 \end{pmatrix}, \quad \boldsymbol{e}_2 = \begin{pmatrix} 0 \\ 1 \\ 0 \end{pmatrix}, \quad \boldsymbol{e}_3 = \begin{pmatrix} 0 \\ 0 \\ 1 \end{pmatrix} \qquad (5.5.3)$$

で表わせば，(5.5.1)から

$$\boldsymbol{e}_1' = \boldsymbol{e}_1 R_{11} + \boldsymbol{e}_2 R_{21} + \boldsymbol{e}_3 R_{31} = \begin{pmatrix} R_{11} \\ R_{21} \\ R_{31} \end{pmatrix}$$

$$\boldsymbol{e}_2' = \boldsymbol{e}_1 R_{12} + \boldsymbol{e}_2 R_{22} + \boldsymbol{e}_3 R_{32} = \begin{pmatrix} R_{12} \\ R_{22} \\ R_{32} \end{pmatrix}$$

$$\boldsymbol{e}_3' = \boldsymbol{e}_1 R_{13} + \boldsymbol{e}_2 R_{23} + \boldsymbol{e}_3 R_{33} = \begin{pmatrix} R_{13} \\ R_{23} \\ R_{33} \end{pmatrix} \tag{5.5.4}$$

前節の(5.4.20)は(5.5.4)の簡単な例です．

$\boldsymbol{e}_1', \boldsymbol{e}_2', \boldsymbol{e}_3'$ は互いに直交する単位ベクトルですから(こうなる場合を考えているのですから)，**5.3** 節の $\boldsymbol{e}_1, \boldsymbol{e}_2, \boldsymbol{e}_3$ と同じく，内積は不変で，

$$\boldsymbol{e}_k' \cdot \boldsymbol{e}_l' = \delta_{kl} \qquad (k, l=1, 2, 3) \tag{5.5.5}$$

とまとめて書けます．具体的には

$$\boldsymbol{e}_1' \cdot \boldsymbol{e}_1' = 1, \quad \cdots\cdots$$
$$\boldsymbol{e}_1' \cdot \boldsymbol{e}_2' = \boldsymbol{e}_2' \cdot \boldsymbol{e}_1' = 0, \quad \cdots\cdots$$

などです．(5.5.4)を使って $\{R_{ij}\}$ で書けば

$$R_{11}R_{11} + R_{21}R_{21} + R_{31}R_{31} = 1, \quad \cdots\cdots$$
$$R_{11}R_{12} + R_{21}R_{22} + R_{31}R_{32} = 0, \quad \cdots\cdots$$

などとなり，一般的に(5.5.5)から

$$\sum_{i=1}^{3} R_{ik} R_{il} = \delta_{kl} \qquad (k, l=1, 2, 3) \tag{5.5.6}$$

の形にまとまります．

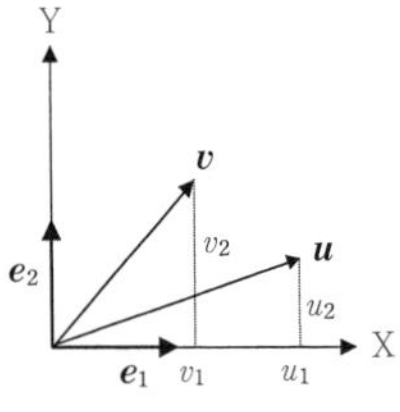

図 5.11

次に，$\{\boldsymbol{e}_1, \boldsymbol{e}_2, \boldsymbol{e}_3\} \to \{\boldsymbol{e}_1', \boldsymbol{e}_2', \boldsymbol{e}_3'\}$ の変換を一般化して，任意の 2 つのベクトル $\boldsymbol{u}, \boldsymbol{v}$ に同時に同じ空間操作 $\hat{R}$ を作用させて，$\boldsymbol{u}$ と $\boldsymbol{v}$ の長さも相対的位置も変わらないように $\boldsymbol{u}, \boldsymbol{v} \to \boldsymbol{u}', \boldsymbol{v}'$ と変換することを考えます．図 5.11 は XY 面に $\boldsymbol{u}, \boldsymbol{v}$ がある場合を描いてありますが，式の上では 3 次元空間の一般の位置を占める 2 つのベクトルとして，$\boldsymbol{u}$ の成分を (u_1, u_2, u_3)，$\boldsymbol{v}$ の成分を (v_1, v_2, v_3) とします．(5.5.3)を使うと

$$\boldsymbol{u} = u_1 \boldsymbol{e}_1 + u_2 \boldsymbol{e}_2 + u_3 \boldsymbol{e}_3 = \begin{pmatrix} u_1 \\ u_2 \\ u_3 \end{pmatrix} \tag{5.5.7}$$

$$\boldsymbol{v} = v_1\boldsymbol{e}_1 + v_2\boldsymbol{e}_2 + v_3\boldsymbol{e}_3 = \begin{pmatrix} v_1 \\ v_2 \\ v_3 \end{pmatrix} \tag{5.5.8}$$

$$\boldsymbol{u}' = u_1'\boldsymbol{e}_1 + u_2'\boldsymbol{e}_2 + u_3'\boldsymbol{e}_3 = \begin{pmatrix} u_1' \\ u_2' \\ u_3' \end{pmatrix} \tag{5.5.9}$$

$$\boldsymbol{v}' = v_1'\boldsymbol{e}_1 + v_2'\boldsymbol{e}_2 + v_3'\boldsymbol{e}_3 = \begin{pmatrix} v_1' \\ v_2' \\ v_3' \end{pmatrix} \tag{5.5.10}$$

(5.4.10)に対応して，(5.5.2)に記した演算子 $\hat{R}$ の表現行列 R を使って

$$\begin{pmatrix} u_1' \\ u_2' \\ u_3' \end{pmatrix} = \begin{pmatrix} R_{11} & R_{12} & R_{13} \\ R_{21} & R_{22} & R_{23} \\ R_{31} & R_{32} & R_{33} \end{pmatrix} \begin{pmatrix} u_1 \\ u_2 \\ u_3 \end{pmatrix} \tag{5.5.11}$$

$$\begin{pmatrix} v_1' \\ v_2' \\ v_3' \end{pmatrix} = \begin{pmatrix} R_{11} & R_{12} & R_{13} \\ R_{21} & R_{22} & R_{23} \\ R_{31} & R_{32} & R_{33} \end{pmatrix} \begin{pmatrix} v_1 \\ v_2 \\ v_3 \end{pmatrix} \tag{5.5.12}$$

(5.5.11)の中味をほどけば

$$\begin{aligned} u_1' &= R_{11}u_1 + R_{12}u_2 + R_{13}u_3 = \sum_{k=1}^{3} R_{1k}u_k \\ u_2' &= R_{21}u_1 + R_{22}u_2 + R_{23}u_3 = \sum_{k=1}^{3} R_{2k}u_k \\ u_3' &= R_{31}u_1 + R_{32}u_2 + R_{33}u_3 = \sum_{k=1}^{3} R_{3k}u_k \end{aligned} \tag{5.5.13}$$

(5.5.12)についても同じように

$$\begin{aligned} v_1' &= \sum_{l=1}^{3} R_{1l}v_l \\ v_2' &= \sum_{l=1}^{3} R_{2l}v_l \\ v_3' &= \sum_{l=1}^{3} R_{3l}v_l \end{aligned} \tag{5.5.14}$$

です．$\boldsymbol{u}'$ と $\boldsymbol{v}'$ の内積

$$\boldsymbol{u}' \cdot \boldsymbol{v}' = u_1'v_1' + u_2'v_2' + u_3'v_3' \tag{5.5.15}$$

に(5.5.13)と(5.5.14)を代入してまとめると

$$\boldsymbol{u}'\cdot\boldsymbol{v}' = \sum_{k=1}^{3}\sum_{l=1}^{3}\left(\sum_{i=1}^{3}R_{ik}R_{il}\right)u_k v_l \qquad (5.5.16)$$

となります．$\boldsymbol{u}, \boldsymbol{v}$ の間の内積を変えないような空間操作 $\hat{R}$ を取り扱っているので

$$\boldsymbol{u}'\cdot\boldsymbol{v}' = \boldsymbol{u}\cdot\boldsymbol{v} = u_1v_1+u_2v_2+u_3v_3 \qquad (5.5.17)$$

ですから，(5.5.16)と(5.5.17)の右辺をくらべると，内積が不変に保たれるとすれば

$$\sum_{i=1}^{3}R_{ik}R_{il} = \delta_{kl} \qquad (k, l=1, 2, 3) \qquad (5.5.18)$$

であることが結論できます．これは(5.5.6)と全く同じことです．

2つのベクトルの内積を変えないようなベクトルの変換を直交変換(orthogonal transformation)，その表現行列を直交行列(orthogonal matrix)と呼びます．**5.4** 節の Z 軸のまわりの回転は直交変換の具体例ですが，第 **1** 章や第 **3** 章の空間対称操作はすべてこの型の変換です．

直交変換

直交行列

直交変換 $\hat{R}$ の表現行列 R には便利な性質があります．R の逆行列 R^{-1} が容易に求められることです．**4.3** 節の逆行列を復習すると，R^{-1} は

$$R^{-1}R = RR^{-1} = E \qquad (5.5.19)$$

の関係を満たさなければなりません．一般に行列 R の行と列を転置(transpose)した行列を R^T と書くことにします．(5.5.2)の R については

転置

$$R^T = \begin{pmatrix} R_{11} & R_{21} & R_{31} \\ R_{12} & R_{22} & R_{32} \\ R_{13} & R_{23} & R_{33} \end{pmatrix}$$

です．R に左から R^T を掛けると

$$R^TR = \begin{pmatrix} R_{11} & R_{21} & R_{31} \\ R_{12} & R_{22} & R_{32} \\ R_{13} & R_{23} & R_{33} \end{pmatrix} \begin{pmatrix} R_{11} & R_{12} & R_{13} \\ R_{21} & R_{22} & R_{23} \\ R_{31} & R_{32} & R_{33} \end{pmatrix}$$

$$= \begin{pmatrix} \sum_{i=1}^{3} R_{i1}R_{i1} & \sum_{i=1}^{3} R_{i1}R_{i2} & \sum_{i=1}^{3} R_{i1}R_{i3} \\ \sum_{i=1}^{3} R_{i2}R_{i1} & \sum_{i=1}^{3} R_{i2}R_{i2} & \sum_{i=1}^{3} R_{i2}R_{i3} \\ \sum_{i=1}^{3} R_{i3}R_{i1} & \sum_{i=1}^{3} R_{i3}R_{i2} & \sum_{i=1}^{3} R_{i3}R_{i3} \end{pmatrix}$$

となりますが，(5.5.18)を使えば

$$R^TR = \begin{pmatrix} 1 & 0 & 0 \\ 0 & 1 & 0 \\ 0 & 0 & 1 \end{pmatrix} = E \qquad (5.5.20)$$

であることがわかります．(5.5.11)の両辺に左から R^T を掛けると

$$\begin{pmatrix} R_{11} & R_{21} & R_{31} \\ R_{12} & R_{22} & R_{32} \\ R_{13} & R_{23} & R_{33} \end{pmatrix} \begin{pmatrix} u_1' \\ u_2' \\ u_3' \end{pmatrix} = \begin{pmatrix} u_1 \\ u_2 \\ u_3 \end{pmatrix} \qquad (5.5.21)$$

同様に(5.5.12)から

$$\begin{pmatrix} R_{11} & R_{21} & R_{31} \\ R_{12} & R_{22} & R_{32} \\ R_{13} & R_{23} & R_{33} \end{pmatrix} \begin{pmatrix} v_1' \\ v_2' \\ v_3' \end{pmatrix} = \begin{pmatrix} v_1 \\ v_2 \\ v_3 \end{pmatrix} \qquad (5.5.22)$$

(5.5.21)の中味をほどけば，(5.5.13)を逆に解いた形で

$$\begin{aligned} u_1 &= \sum_{k=1}^{3} R_{k1} u_k' \\ u_2 &= \sum_{k=1}^{3} R_{k2} u_k' \qquad (5.5.23) \\ u_3 &= \sum_{k=1}^{3} R_{k3} u_k' \end{aligned}$$

また(5.5.22)については

$$v_1 = \sum_{l=1}^{3} R_{l1} v_l{}'$$
$$v_2 = \sum_{l=1}^{3} R_{l2} v_l{}' \qquad (5.5.24)$$
$$v_3 = \sum_{l=1}^{3} R_{l3} v_l{}'$$

ここで内積 $\boldsymbol{u}\cdot\boldsymbol{v}$ が内積 $\boldsymbol{u}'\cdot\boldsymbol{v}'$ に等しいという条件：

$$\begin{aligned}\boldsymbol{u}\cdot\boldsymbol{v} &= u_1v_1+u_2v_2+u_3v_3\\ &= \sum_{k=1}^{3}\sum_{l=1}^{3}\left(\sum_{i=1}^{3}R_{ki}R_{li}\right)u_k{}'v_l{}'\\ &= u_1{}'v_1{}'+u_2{}'v_2{}'+u_3{}'v_3{}'\end{aligned}$$

から

$$\sum_{i=1}^{3} R_{ki}R_{li} = \delta_{kl} \qquad (k,\ l=1,2,3) \qquad (5.5.25)$$

であると結論できます．行列で表わせば，(5.5.6)は

$$R^T R = E \qquad (5.5.26)$$

に対応し，(5.5.25)は

$$RR^T = E \qquad (5.5.27)$$

に対応していることは，(5.5.20)の所の計算から明らかです．したがって，逆行列の定義(5.5.19)に照らせば，R が直交行列であれば，その逆行列 R^{-1} は

$$R^{-1} = R^T$$

として得られます．転置行列はすぐ書けるので，これは大変便利なわけです．

上の議論では，(5.5.18)から(5.5.25)に行き着くのに，ごたごたとした手順をたどりましたが，実は，形式的に簡単に(5.5.26)から(5.5.27)を導き出すことが出来ます．(5.5.26)の右から R^T を掛けて

$$R^T RR^T = ER^T = R^T E$$

この式の左端と右端をくらべると(5.5.27)が得られます．このことは(5.5.26)または(5.5.27)を直交行列の定義としてよいことを意味しています．

最後に，もう一度，(5.5.2)の直交行列 R を眺めながら，その行列要素の間の関係式である(5.5.18)と(5.5.25)の意味を考えてみます．R の3つの列

$$\begin{pmatrix} R_{11} \\ R_{21} \\ R_{31} \end{pmatrix},\quad \begin{pmatrix} R_{12} \\ R_{22} \\ R_{32} \end{pmatrix},\quad \begin{pmatrix} R_{13} \\ R_{23} \\ R_{33} \end{pmatrix}$$

を3つの列ベクトルと見立てると，(5.5.18)は，それらが互いに直交する3つの単位ベクトルになっていることを意味しています．また，R の3つの行

$$(R_{11}\quad R_{12}\quad R_{13})$$
$$(R_{21}\quad R_{22}\quad R_{23})$$
$$(R_{31}\quad R_{32}\quad R_{33})$$

を3つの行ベクトルと見立てると，(5.5.25)から，これまた互いに直交する単位ベクトルのセットになっています．直交行列とはその性質にふさわしい名前です．

5.6　ベクトルの1次独立性，相似変換

今まで物体や分子の骨格に空間対称操作を行う空間として，現実の2次元，3次元空間，座標としては直交座標を使って来ましたが，群論の理解のためには，空間についても，座標についても，もう少し一般化する必要があります．それをこの節と次の節で行います．

平面内のベクトル $\boldsymbol{u}$ を表わすのに，図5.12(a)のように直交座標とその基底ベクトル $\{\boldsymbol{e}_1, \boldsymbol{e}_2\}$ の代わりに，図5.12(b)のように，斜交する，長さも必ずしも単位の長さではない，2つのベクトル $\{\boldsymbol{a}_1, \boldsymbol{a}_2\}$ で指定される斜交座標を使って

$$\boldsymbol{u} = u_1\boldsymbol{a}_1 + u_2\boldsymbol{a}_2 \qquad (5.6.1)$$

とすることも出来ます．このことを数学者は「2次元空間では，2つの1次独立なベクトルを基底にとれば，他の任

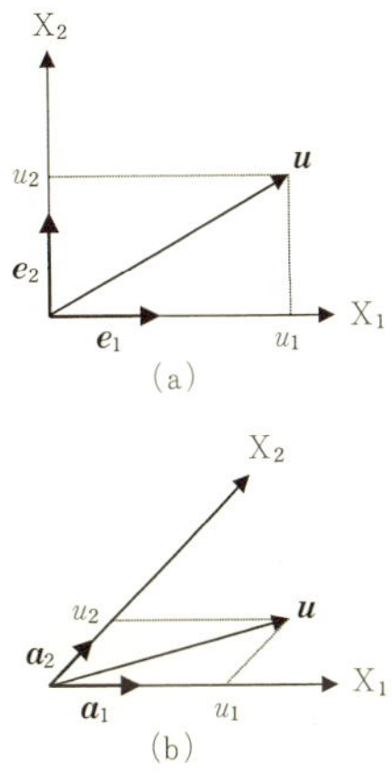

図5.12

意のベクトルは，その基底ベクトルで表わすことが出来る」と表現します．

1次独立

ベクトル $\boldsymbol{a}_1$ と $\boldsymbol{a}_2$ が1次独立とは，一方が他方で表わせない，ということです．つまり，あるスカラー数 c を $\boldsymbol{a}_1$ に掛けて $\boldsymbol{a}_2$ を

$$\boldsymbol{a}_2 = c\boldsymbol{a}_1$$

とは表わせないこと，もう少し $\boldsymbol{a}_1$ と $\boldsymbol{a}_2$ の両方に公平な形に書けば

$$c_1\boldsymbol{a}_1 + c_2\boldsymbol{a}_2 = \boldsymbol{0} \qquad (5.6.2)$$

の関係は $c_1=c_2=0$ 以外には成り立たない，ということです．図5.12(b)の $\boldsymbol{a}_1$ と $\boldsymbol{a}_2$ は明らかに1次独立で，平面内のもう1つの任意のベクトル $\boldsymbol{u}$ は(5.6.1)のように書けることは図から明らかですが，このことは

$$c\boldsymbol{u} + c_1\boldsymbol{a}_1 + c_2\boldsymbol{a}_2 = \boldsymbol{0}$$

が $c=c_1=c_2=0$ 以外には成り立たないような3つのベクトルはありえないということでもあります．2次元空間内では2つまでしか1次独立なベクトルはとれません．

3次元空間では，3つのベクトル $\boldsymbol{a}_1, \boldsymbol{a}_2, \boldsymbol{a}_3$ を

$$c_1\boldsymbol{a}_1 + c_2\boldsymbol{a}_2 + c_3\boldsymbol{a}_3 = \boldsymbol{0} \qquad (5.6.3)$$

の関係が $c_1=c_2=c_3=0$ 以外には成り立たないように取ることができます．直交座標の基底ベクトル $\{\boldsymbol{e}_1, \boldsymbol{e}_2, \boldsymbol{e}_3\}$ がその例ですが，一般的には，同じ平面内に含まれない3つの斜交ベクトルを取ればよいのです．図5.12(b)の $\boldsymbol{a}_1$ と $\boldsymbol{a}_2$ のある平面(紙面)に含まれないもう1つのベクトル $\boldsymbol{a}_3$ をとれば，$\boldsymbol{a}_3$ は $\boldsymbol{a}_1$ と $\boldsymbol{a}_2$ では表わすことが出来ないし，$\boldsymbol{a}_1$ は $\boldsymbol{a}_2$ と $\boldsymbol{a}_3$ では，$\boldsymbol{a}_2$ は $\boldsymbol{a}_3$ と $\boldsymbol{a}_1$ では表わせません．$\boldsymbol{a}_1, \boldsymbol{a}_2, \boldsymbol{a}_3$ は互いに1次独立であり，この3つのベクトルを使えば，3次元空間の任意のベクトル $\boldsymbol{u}$ は

$$\boldsymbol{u} = u_1\boldsymbol{a}_1 + u_2\boldsymbol{a}_2 + u_3\boldsymbol{a}_3 \qquad (5.6.4)$$

の形に表わすことができます．この場合，$\{\boldsymbol{a}_1, \boldsymbol{a}_2, \boldsymbol{a}_3\}$ は一

般に1つの斜交座標を指定しているわけで，それを基底ベクトルのセット，または簡単に基底と呼ぶことにします．

基底

さて，基底ベクトル $\boldsymbol{a}_1, \boldsymbol{a}_2, \boldsymbol{a}_3$ が，ある空間操作 $\hat{T}$ によって，別の3つのベクトル $\boldsymbol{a}_1', \boldsymbol{a}_2', \boldsymbol{a}_3'$ に変換されたと考えます．具体的にかけば，

$$\boldsymbol{a}_1' = \hat{T}\boldsymbol{a}_1, \quad \boldsymbol{a}_2' = \hat{T}\boldsymbol{a}_2, \quad \boldsymbol{a}_3' = \hat{T}\boldsymbol{a}_3$$

であり，$\boldsymbol{a}_1', \boldsymbol{a}_2', \boldsymbol{a}_3'$ は3次元空間のベクトルですから，$\boldsymbol{u}$ と同じように，$\boldsymbol{a}_1, \boldsymbol{a}_2, \boldsymbol{a}_3$ の1次結合として

$$\begin{aligned} \boldsymbol{a}_1' &= \boldsymbol{a}_1 T_{11} + \boldsymbol{a}_2 T_{21} + \boldsymbol{a}_3 T_{31} \\ \boldsymbol{a}_2' &= \boldsymbol{a}_1 T_{12} + \boldsymbol{a}_2 T_{22} + \boldsymbol{a}_3 T_{32} \\ \boldsymbol{a}_3' &= \boldsymbol{a}_1 T_{13} + \boldsymbol{a}_2 T_{23} + \boldsymbol{a}_3 T_{33} \end{aligned} \qquad (5.6.5)$$

の形に書けるはずです．この関係式は(5.5.1)などと同じように

$$(\boldsymbol{a}_1' \quad \boldsymbol{a}_2' \quad \boldsymbol{a}_3') = (\boldsymbol{a}_1 \quad \boldsymbol{a}_2 \quad \boldsymbol{a}_3)T \qquad (5.6.6)$$

$$T = \begin{pmatrix} T_{11} & T_{12} & T_{13} \\ T_{21} & T_{22} & T_{23} \\ T_{31} & T_{32} & T_{33} \end{pmatrix}$$

と表わすことができます．この式を形式的に

$$\hat{T}(\boldsymbol{a}_1 \quad \boldsymbol{a}_2 \quad \boldsymbol{a}_3) = (\boldsymbol{a}_1 \quad \boldsymbol{a}_2 \quad \boldsymbol{a}_3)T \qquad (5.6.7)$$

と書けば，行列 T が基底 $\{\boldsymbol{a}_1, \boldsymbol{a}_2, \boldsymbol{a}_3\}$ についての演算子 $\hat{T}$ の表現行列であることを示しています．

3つのベクトル $\boldsymbol{a}_1', \boldsymbol{a}_2', \boldsymbol{a}_3'$ も互いに1次独立である場合には，このセットも基底として1つの斜交座標を指定します．いま，1つの空間操作(演算子) $\hat{A}$ の表現行列を，基底 $\{\boldsymbol{a}_1, \boldsymbol{a}_2, \boldsymbol{a}_3\}$ と基底 $\{\boldsymbol{a}_1', \boldsymbol{a}_2', \boldsymbol{a}_3'\}$ の両方について求めると，(5.6.7)と同じように

$$\hat{A}(\boldsymbol{a}_1 \quad \boldsymbol{a}_2 \quad \boldsymbol{a}_3) = (\boldsymbol{a}_1 \quad \boldsymbol{a}_2 \quad \boldsymbol{a}_3)A \qquad (5.6.8)$$

$$A = \begin{pmatrix} A_{11} & A_{12} & A_{13} \\ A_{21} & A_{22} & A_{23} \\ A_{31} & A_{32} & A_{33} \end{pmatrix}$$

$$\hat{A}(\boldsymbol{a}_1' \quad \boldsymbol{a}_2' \quad \boldsymbol{a}_3') = (\boldsymbol{a}_1' \quad \boldsymbol{a}_2' \quad \boldsymbol{a}_3')A' \qquad (5.6.9)$$

$$A' = \begin{pmatrix} A_{11}' & A_{12}' & A_{13}' \\ A_{21}' & A_{22}' & A_{23}' \\ A_{31}' & A_{32}' & A_{33}' \end{pmatrix}$$

となります．

次に，基底 $\{\boldsymbol{a}_1, \boldsymbol{a}_2, \boldsymbol{a}_3\}$ での演算子 $\hat{A}$ の表現行列 A と，基底 $\{\boldsymbol{a}_1, \boldsymbol{a}_2, \boldsymbol{a}_3\}$ を基底 $\{\boldsymbol{a}_1', \boldsymbol{a}_2', \boldsymbol{a}_3'\}$ に変換する演算子 $\hat{T}$ の基底 $\{\boldsymbol{a}_1, \boldsymbol{a}_2, \boldsymbol{a}_3\}$ での表現行列 T がわかっているときに，基底 $\{\boldsymbol{a}_1', \boldsymbol{a}_2', \boldsymbol{a}_3'\}$ での演算子 $\hat{A}$ の表現行列 A' を A と T で表わすことを考えます．(5.6.6)を(5.6.9)の両辺に代入すると

$$\hat{A}(\boldsymbol{a}_1 \quad \boldsymbol{a}_2 \quad \boldsymbol{a}_3)T = (\boldsymbol{a}_1 \quad \boldsymbol{a}_2 \quad \boldsymbol{a}_3)TA'$$

(5.6.8)を上の式の左辺に入れると

$$(\boldsymbol{a}_1 \quad \boldsymbol{a}_2 \quad \boldsymbol{a}_3)AT = (\boldsymbol{a}_1 \quad \boldsymbol{a}_2 \quad \boldsymbol{a}_3)TA'$$

となり，行列の関係式としては

$$AT = TA' \qquad (5.6.10)$$

が得られます．もし，

$$T^{-1}T = TT^{-1} = E$$

の性質を持つ T の逆行列 T^{-1} が存在すれば，(5.6.10)の左から T^{-1} を掛けて

$$T^{-1}AT = A' \qquad (5.6.11)$$

が得られます．行列 T で行列 A と A' がこの形に結ばれている時，$A \to A'$ の変換を相似変換(similarity transformation)と呼びます．

相似変換

5.7　*n* 次元のベクトル空間

私たちは3次元空間しか具体的にイメージできません．4次元空間と言われるともう困ってしまいます．しかし，ここではあまり悩まずに，ごく形式的に，3次元より高い次元のベクトル空間に話を移します．一定の個数のただの

数(スカラー量)のワンセットをベクトルと1対1に対応させるだけのことなのです.

3次元空間のベクトル $\boldsymbol{u}$ はその成分である3つの実数の1組と1対1に対応します. それは1列行列で表わすと便利です：

$$\boldsymbol{u} = \begin{pmatrix} u_1 \\ u_2 \\ u_3 \end{pmatrix} \tag{5.7.1}$$

3組の簡単で魅力的な数のセット

$$\boldsymbol{e}_1 = \begin{pmatrix} 1 \\ 0 \\ 0 \end{pmatrix}, \quad \boldsymbol{e}_2 = \begin{pmatrix} 0 \\ 1 \\ 0 \end{pmatrix}, \quad \boldsymbol{e}_3 = \begin{pmatrix} 0 \\ 0 \\ 1 \end{pmatrix} \tag{5.7.2}$$

を使うと, $\boldsymbol{u}$ は次のように書けます：

$$\boldsymbol{u} = u_1\boldsymbol{e}_1 + u_2\boldsymbol{e}_2 + u_3\boldsymbol{e}_3 = \begin{pmatrix} u_1 \\ u_2 \\ u_3 \end{pmatrix} \tag{5.7.3}$$

このように定義された量は**5.1**節のベクトルの性質をすべて持っていることは, すぐに確かめられます. その萌芽は**5.2**節のおわりの所に出ていました.

もう1つのベクトル(1列行列)

$$\boldsymbol{v} = v_1\boldsymbol{e}_1 + v_2\boldsymbol{e}_2 + v_3\boldsymbol{e}_3 = \begin{pmatrix} v_1 \\ v_2 \\ v_3 \end{pmatrix} \tag{5.7.4}$$

を導入し, $\boldsymbol{u}$ と $\boldsymbol{v}$ の内積を

$$\boldsymbol{u}\cdot\boldsymbol{v} = u_1v_1 + u_2v_2 + u_3v_3 = \sum_{i=1}^{3} u_iv_i$$

と定義します. 前に出てきた定義と同じです. (5.7.2)の $\boldsymbol{e}_1, \boldsymbol{e}_2, \boldsymbol{e}_3$ については

$$\boldsymbol{e}_k\cdot\boldsymbol{e}_l = \delta_{kl} \qquad (k, l=1, 2, 3)$$

であり, この意味ではたしかに互いに“直交”する単位ベクトルの組ですが, しかし, もはや直交座標に縛られてい

るわけではなく，3本の斜交座標軸を指定する基底ベクトルと考えてもよいのです．それぞれの成分が(5.7.2)で与えられていることだけが本質的なことなのです．

以上の考え方を，3個の実数の組で与えられるベクトルから n 個の実数の組で与えられるベクトルに一般化するのは何でもありません：

$$\boldsymbol{u} = \begin{pmatrix} u_1 \\ u_2 \\ u_3 \\ \vdots \\ u_n \end{pmatrix} \tag{5.7.5}$$

$$\boldsymbol{e}_1 = \begin{pmatrix} 1 \\ 0 \\ 0 \\ \vdots \\ 0 \end{pmatrix}, \quad \boldsymbol{e}_2 = \begin{pmatrix} 0 \\ 1 \\ 0 \\ \vdots \\ 0 \end{pmatrix}, \quad \cdots\cdots, \quad \boldsymbol{e}_n = \begin{pmatrix} 0 \\ 0 \\ 0 \\ \vdots \\ 1 \end{pmatrix} \tag{5.7.6}$$

$$\boldsymbol{u} = u_1\boldsymbol{e}_1 + u_2\boldsymbol{e}_2 + \cdots + u_n\boldsymbol{e}_n \tag{5.7.7}$$

$$\boldsymbol{e}_k \cdot \boldsymbol{e}_l = \delta_{kl} \qquad (k, l=1, 2, \cdots, n) \tag{5.7.8}$$

5.6 節のベクトルの1次独立性も n 次元空間に拡張します．n 次元空間では

$$c_1\boldsymbol{a}_1 + c_2\boldsymbol{a}_2 + \cdots + c_n\boldsymbol{a}_n = \boldsymbol{0} \tag{5.7.9}$$

が $c_1=c_2=\cdots=c_n=0$ 以外には成り立たないような n 個のベクトル $\boldsymbol{a}_1, \boldsymbol{a}_2, \cdots, \boldsymbol{a}_n$ をとることができます．$\{\boldsymbol{a}_1, \boldsymbol{a}_2, \cdots, \boldsymbol{a}_n\}$ は1次独立なベクトルのセットであり，これを使って n 次元空間の任意のベクトル $\boldsymbol{u}$ を

$$\boldsymbol{u} = u_1\boldsymbol{a}_1 + u_2\boldsymbol{a}_2 + \cdots + u_n\boldsymbol{a}_n \tag{5.7.10}$$

の形に表わすことができます．(5.7.6)の基底ベクトル $\{\boldsymbol{e}_1, \boldsymbol{e}_2, \cdots, \boldsymbol{e}_n\}$ も1次独立なベクトルのセットです．なぜなら

$$c_1\boldsymbol{e}_1+c_2\boldsymbol{e}_2+\cdots+c_n\boldsymbol{e}_n=\begin{pmatrix}c_1\\c_2\\\vdots\\c_n\end{pmatrix}$$

であり，もしこのベクトルが零ベクトル $\boldsymbol{0}$ に等しいならば，必然的に $c_1=0$，$c_2=0$，……，$c_n=0$ となるからです．

n 次元空間の次の n 個のベクトル

$$\boldsymbol{u}_1=\begin{pmatrix}u_{11}\\u_{21}\\\vdots\\u_{n1}\end{pmatrix},\quad \boldsymbol{u}_2=\begin{pmatrix}u_{12}\\u_{22}\\\vdots\\u_{n2}\end{pmatrix},\quad \cdots\cdots \quad \boldsymbol{u}_n=\begin{pmatrix}u_{1n}\\u_{2n}\\\vdots\\u_{nn}\end{pmatrix} \tag{5.7.11}$$

の内積が

$$\boldsymbol{u}_k\cdot\boldsymbol{u}_l=\delta_{kl}\qquad (k,l=1,2,\cdots,n) \tag{5.7.12}$$

である時には，$\{\boldsymbol{u}_1,\boldsymbol{u}_2,\cdots,\boldsymbol{u}_n\}$ を正規直交基底と呼びます．そのメンバーはすべて単位の長さを持ち互いに直交しています．

正規直交基底

正規直交基底をつくるベクトルは 1 次独立です．なぜなら，いま仮に

$$c_1\boldsymbol{u}_1+c_2\boldsymbol{u}_2+\cdots+c_n\boldsymbol{u}_n=\boldsymbol{0}$$

が成り立つとします．両辺について $\boldsymbol{u}_1$ との内積をとると

$$c_1\boldsymbol{u}_1\cdot\boldsymbol{u}_1+c_2\boldsymbol{u}_1\cdot\boldsymbol{u}_2+\cdots+c_n\boldsymbol{u}_1\cdot\boldsymbol{u}_n=0$$

となりますが，(5.7.12) から，$c_1=0$ です．同様に $\boldsymbol{u}_2,\boldsymbol{u}_3,\cdots,\boldsymbol{u}_n$ との内積を順にとると，$c_2=0$，$c_3=0$，……，$c_n=0$ が結論できます．だから $\boldsymbol{u}_1,\boldsymbol{u}_2,\cdots,\boldsymbol{u}_n$ は 1 次独立です．

次に (5.7.11) のベクトル (1 列行列) を集めて正方行列

$$U=\begin{pmatrix}u_{11}&u_{12}&\cdots&u_{1n}\\u_{21}&u_{22}&&u_{2n}\\\vdots&&\ddots&\vdots\\u_{n1}&u_{n2}&\cdots&u_{nn}\end{pmatrix} \tag{5.7.13}$$

をつくります．(5.7.12) の内容を行列要素で書けば

$$\sum_{i=1}^{n} u_{ik} u_{il} = \delta_{kl} \qquad (k, l=1, 2, \cdots, n) \qquad (5.7.14)$$

であり，これは(5.5.18)の一般化です．これを行列の式に移せば

$$U^T U = E$$

5.5 節のおわりの所の方法を使えば

$$U^T U U^T = E U^T = U^T E$$

$$\therefore \quad U U^T = E$$

これをまた行列要素で書けば，

$$\sum_{i=1}^{3} u_{ki} u_{li} = \delta_{kl} \qquad (k, l=1, 2, \cdots, n) \qquad (5.7.15)$$

これは(5.5.25)の一般化で，U は $n \times n$ 直交行列です．

U を表現行列とする変換を $\hat{U}$ と表わし，(5.5.11)と(5.5.12)を一般化すると，n 次元空間の 2 つのベクトル

$$\boldsymbol{u} = \begin{pmatrix} u_1 \\ u_2 \\ \vdots \\ u_n \end{pmatrix}, \qquad \boldsymbol{v} = \begin{pmatrix} v_1 \\ v_2 \\ \vdots \\ v_n \end{pmatrix} \qquad (5.7.16)$$

について

$$\boldsymbol{u}' = \hat{U}\boldsymbol{u} = U\boldsymbol{u}, \qquad \boldsymbol{v}' = \hat{U}\boldsymbol{v} = U\boldsymbol{v} \qquad (5.7.17)$$

内積を

$$\boldsymbol{u} \cdot \boldsymbol{v} = \sum_{i=1}^{n} u_i v_i \qquad (5.7.18)$$

と定義すれば

$$\boldsymbol{u} \cdot \boldsymbol{v} = \boldsymbol{u}' \cdot \boldsymbol{v}' = \sum_{i=1}^{n} u_i' v_i' \qquad (5.7.19)$$

となります．

5.8　複素ベクトル空間

複素数

群論に出てくる数がすべて実数であればよいのですが，表現行列の行列要素が複素数である場合もあり，量子力学の波動関数も一般には複素量と考えなければなりません．

今までベクトルの成分などをすべて実数としてきましたが，これからは，一般には複素数であると考えて，ベクトルの内積の定義も拡張することにします．

虚数単位 $i=\sqrt{-1}$ と実数 a, b から複素数 α は

$$\alpha=a+bi$$

と定義されます．α と

$$\alpha^*=a-bi$$

は互いに複素共役の関係にあります．

n 次元の複素ベクトル空間の 2 つのベクトル $\boldsymbol{u}, \boldsymbol{v}$ を

$$\boldsymbol{u} = u_1\boldsymbol{e}_1+u_2\boldsymbol{e}_2+\cdots+u_n\boldsymbol{e}_n \qquad (5.8.1)$$

$$\boldsymbol{v} = v_1\boldsymbol{e}_1+v_2\boldsymbol{e}_2+\cdots+v_n\boldsymbol{e}_n \qquad (5.8.2)$$

と表わします．基底ベクトル $\{\boldsymbol{e}_1, \boldsymbol{e}_2, \cdots, \boldsymbol{e}_n\}$ の定義は(5.7.6)そのままですが，$\{u_1, u_2, \cdots, u_n\}$，$\{v_1, v_2, \cdots, v_n\}$ は一般には複素数です．$\boldsymbol{u}$ と $\boldsymbol{v}$ の内積は

$$\begin{aligned}\boldsymbol{u}\cdot\boldsymbol{v} &= u_1{}^*v_1+u_2{}^*v_2+\cdots+u_n{}^*v_n \\ &= \sum_{i=1}^{n}u_i{}^*v_i \qquad (5.8.3)\end{aligned}$$

と定義します．星印 * は複素共役をとることを意味します．例えば，$u=a+ib$ ならば $u^*=a-ib$，$u=e^{ix}$ ならば $u^*=e^{-ix}$ です．この定義の下では，内積について

$$(\boldsymbol{u}\cdot\boldsymbol{v})^* = \boldsymbol{v}\cdot\boldsymbol{u} \qquad (5.8.4)$$

であることに注意して下さい．もし内積(5.8.3)が 0 になる場合には，ベクトル $\boldsymbol{u}$ と $\boldsymbol{v}$ は直交するといいます．私たちは 3 次元空間での言葉とイメージを無造作に複素多次元ベクトル空間にも持ち込むわけです．

内積が定義されたので，複素ベクトル空間の 2 つのベクトルの内積を不変に保つ変換 $\hat{U}$ を考えます．これは明らかに前節の直交変換の一般化であり，ユニタリー変換(unitary transformation)と呼びます．(5.7.17)に対応して

ユニタリー変換

$$\boldsymbol{u}' = \hat{U}\boldsymbol{u} = U\boldsymbol{u}, \qquad \boldsymbol{v}' = \hat{U}\boldsymbol{v} = U\boldsymbol{v} \qquad (5.8.5)$$

が内積(5.8.3)を変えないものとします．つまり，$\boldsymbol{u}'\cdot\boldsymbol{v}'=\boldsymbol{u}\cdot\boldsymbol{v}$ です．(5.8.5)をほどいて書けば，

$$u_i{}' = \sum_{k=1}^{n}u_{ik}u_k, \qquad v_i{}' = \sum_{l=1}^{n}u_{il}v_l \qquad (5.8.6)$$

ですから

$$\boldsymbol{u}'\cdot\boldsymbol{v}' = \sum_{i=1}^{n}(u_i')^* v_i' = \sum_{k=1}^{n}\sum_{l=1}^{n}\left(\sum_{i=1}^{n} u_{ik}{}^* u_{il}\right) u_k{}^* v_l$$

これが

$$\boldsymbol{u}\cdot\boldsymbol{v} = \sum_{k=1}^{n} u_k{}^* v_k = \sum_{k=1}^{n}\sum_{l=1}^{n}\delta_{kl} u_k{}^* v_l$$

に等しいためには

$$\sum_{i=1}^{n} u_{ik}{}^* u_{il} = \delta_{kl} \qquad (k, l=1, 2, \cdots, n) \tag{5.8.7}$$

でなければなりません．これを直交行列の場合(5.7.14)とくらべると，この節の行列 U の逆行列 U^{-1} は，U の行と列を転置し，さらに行列要素それぞれの複素共役をとった行列

$$(U^T)^* = \begin{pmatrix} u_{11}{}^* & u_{21}{}^* & \cdots & \cdots & u_{n1}{}^* \\ u_{12}{}^* & u_{22}{}^* & & & u_{n2}{}^* \\ \vdots & & \ddots & & \vdots \\ \vdots & & & \ddots & \vdots \\ u_{1n}{}^* & u_{2n}{}^* & \cdots & \cdots & u_{nn}{}^* \end{pmatrix} \tag{5.8.8}$$

であることを意味しています．

$$(U^T)^* = U^\dagger$$

† はダガー(dagger)，短剣の意味

という新しい記号を使えば

$$U^\dagger U = E \tag{5.8.9}$$

です．前の節と同じように，この関係があれば

$$UU^\dagger = E \tag{5.8.10}$$

も結論できます．行列要素で書けば，(5.7.15)に対応して

$$\sum_{i=1}^{n} u_{ki} u_{li}{}^* = \delta_{kl} \qquad (k, l=1, 2, \cdots, n) \tag{5.8.11}$$

です．

エルミート共役

$U^\dagger$ は U のエルミート共役(Hermitian conjugate)な行列と呼ばれます．(5.8.10)と(5.8.11)は，$U^\dagger$ が U の逆行列 U^{-1} になっていることを示しています．つまり，U の逆行列 U^{-1} がほしければ，U のエルミート共役をとって

行列関係の用語をまとめておきます．対角行列，単位行列，零行列は **4.2** 節で定義しました．

[1] 行列 A の転置行列 A^T は，A の行と列を転置した行列で，行列要素で書けば

$$(A^T)_{ij} = A_{ji}$$

もし

$$A^T = A$$

ならば A は対称行列です．

[2] 行列 A の複素共役行列 A^* は，A のすべての行列要素の複素共役をとったものです．行列要素で書けば

$$(A^*)_{ij} = A_{ij}{}^*$$

もし

$$A^* = A$$

ならば A は実行列です．

[3] 行列 A のエルミート共役行列 $A^\dagger$ は，転置行列 A^T をつくり，その複素共役 $(A^T)^*$ をとると得られます．操作の順を変えても結果は同じです．

$$A^\dagger = (A^T)^* = (A^*)^T$$

行列要素で書けば

$$(A^\dagger)_{ij} = A_{ji}{}^*$$

です．

[4] 行列 A の逆行列 A^{-1} が

$$A^{-1} = A^T$$

として得られるならば，行列 A は直交行列です．

[5] 行列 A の逆行列 A^{-1} が

$$A^{-1} = A^\dagger$$

として得られるならば，行列 A はユニタリー行列です．

[6]

$$A^\dagger = A$$

ならば，A はエルミート行列です．行列要素で書けば

$$A_{ji}{}^* = A_{ij}$$

ユニタリー行列

$U^\dagger$ を作ればよいわけです．この性質を持つ行列をユニタリー行列(unitary matrix)と呼びます．また，

$$U^\dagger = U \qquad (5.8.12)$$

エルミート行列

が成り立つとき，行列 U はエルミート行列(Hermitian matrix)と呼ばれます．行列要素で書けば，

$$U_{ji}^* = U_{ij} \qquad (i, j=1, 2, \cdots, n) \qquad (5.8.13)$$

です．エルミート行列は物理学や化学にとって重要な行列です．

5.9　行列の固有値問題

1つの正方行列 A が与えられると，その固有値問題というものが考えられます．その答えがあるかないか，答えがあっても，それが有用かどうかは別問題ですが，それは

$$A\boldsymbol{x} = \lambda \boldsymbol{x} \qquad (5.9.1)$$

の形をしています．A を $n\times n$ 行列

$$A = \begin{pmatrix} A_{11} & A_{12} & \cdots & A_{1n} \\ A_{21} & A_{22} & \cdots & A_{2n} \\ \vdots & \vdots & \ddots & \vdots \\ A_{n1} & A_{n2} & \cdots & A_{nn} \end{pmatrix}$$

とすると，$\boldsymbol{x}$ は n 個の要素(成分)を持つ1列行列($n\times 1$ 行列)

$$\boldsymbol{x} = \begin{pmatrix} x_1 \\ x_2 \\ \vdots \\ x_n \end{pmatrix}$$

で，ベクトルと考えることができます．λ はスカラー数です．(5.9.1)は，行列 A をベクトル $\boldsymbol{x}$ に掛けた結果が，$\boldsymbol{x}$ にスカラー数を掛けただけのこと，つまり，ベクトルの大きさ(符号も含めて)を変えるだけのことになるような $\boldsymbol{x}$ と λ を求めよ，という問題です．λ を固有値(eigenvalue)，

固有値

$\boldsymbol{x}$ を固有ベクトル(eigenvector)と呼びます． **固有ベクトル**

$n=2$ の場合の固有値問題

$$\begin{pmatrix} A_{11} & A_{12} \\ A_{21} & A_{22} \end{pmatrix}\begin{pmatrix} x_1 \\ x_2 \end{pmatrix} = \lambda\begin{pmatrix} x_1 \\ x_2 \end{pmatrix}$$

の中味をほどいて書けば

$$\begin{aligned} (A_{11}-\lambda)x_1 + A_{12}x_2 &= 0 \\ A_{21}x_1 + (A_{22}-\lambda)x_2 &= 0 \end{aligned} \qquad (5.9.2)$$

で，これは x_1 と x_2 を未知数とする連立1次方程式の形をしています．λ の値も未知ですが，その如何にかかわらず，$x_1=x_2=0$ という解があることは見ただけでわかります．しかしこれは興味の持てる解ではありません．零ベクトルにどんな A を掛けても零ベクトルであることを意味するだけのことですから．

(5.9.2)に(4.1.1)の解の公式(4.1.2)を当てはめると

$$x_1 = \frac{\begin{vmatrix} 0 & A_{12} \\ 0 & A_{22}-\lambda \end{vmatrix}}{D}, \qquad x_2 = \frac{\begin{vmatrix} A_{11}-\lambda & 0 \\ A_{21} & 0 \end{vmatrix}}{D} \qquad (5.9.3)$$

$$D = \begin{vmatrix} A_{11}-\lambda & A_{12} \\ A_{21} & A_{22}-\lambda \end{vmatrix}$$

となり，分子の行列式は0です．しかし，もし分母の行列式 D も0 ($D=0$)ならば，x_1, x_2 の少なくとも1つが0でない解があることが期待できます．

簡単な例として

$$A_{11} = A_{22} = \alpha, \qquad A_{12} = A_{21} = \beta \neq 0$$

の場合を少し詳しく調べます．$D=0$ から

$$\begin{aligned} D &= (\alpha-\lambda)^2-\beta^2 = 0 \\ &((\alpha-\lambda)+\beta)((\alpha-\lambda)-\beta) = 0 \end{aligned} \qquad (5.9.4)$$

この式から2つの解

$$\lambda_1 = \alpha+\beta, \qquad \lambda_2 = \alpha-\beta$$

が得られます．これを(5.9.2)にあたる

$$\begin{aligned}(\alpha-\lambda)x_1+\beta x_2 &= 0\\ \beta x_1+(\alpha-\lambda)x_2 &= 0\end{aligned} \qquad (5.9.5)$$

に入れると

$$\begin{aligned}\lambda_1 = \alpha+\beta: &\quad x_1 = x_2\\ \lambda_2 = \alpha-\beta: &\quad x_1 = -x_2\end{aligned} \qquad (5.9.6)$$

となります．x_1 と x_2 の比しか定まらないのは(5.9.2)の形から当り前のことです．しかし，この事情から，固有ベクトルの長さを1(単位の長さ)にする便宜が生まれます．規格化(normalization)の手続きです．

規格化

2つの固有値 λ_1, λ_2 に対応する固有ベクトルを

$$\boldsymbol{x}_1 = \begin{pmatrix} x_{11} \\ x_{21} \end{pmatrix}, \qquad \boldsymbol{x}_2 = \begin{pmatrix} x_{12} \\ x_{22} \end{pmatrix}$$

と書くと，ベクトル $\boldsymbol{x}_i\,(i=1,2)$ の長さは

$$|\boldsymbol{x}_i| = \sqrt{x_{1i}{}^* x_{1i} + x_{2i}{}^* x_{2i}} \qquad (5.9.7)$$

で定義できますから，その長さが1であるためには

$$\sum_{k=1}^{2} x_{ki}{}^* x_{ki} = 1 \qquad (i=1,2) \qquad (5.9.8)$$

が規格化の条件です．(5.9.6)を

$$\begin{aligned}\lambda_1 = \alpha+\beta: &\quad x_{11} = x_{21}\\ \lambda_2 = \alpha-\beta: &\quad x_{12} = -x_{22}\end{aligned}$$

と書き直して，それぞれ，(5.9.8)を使うと

$$\boldsymbol{x}_1 = \begin{pmatrix} x_{11} \\ x_{21} \end{pmatrix} = \begin{pmatrix} 1/\sqrt{2} \\ 1/\sqrt{2} \end{pmatrix}, \qquad \boldsymbol{x}_2 = \begin{pmatrix} x_{12} \\ x_{22} \end{pmatrix} = \begin{pmatrix} 1/\sqrt{2} \\ -1/\sqrt{2} \end{pmatrix} \qquad (5.9.9)$$

が得られます．この固有ベクトル $\boldsymbol{x}_1, \boldsymbol{x}_2$ はたしかに長さが1に規格化されたベクトルになっています．

A が $n\times n$ 行列の場合には(5.9.2)に対応して

$$
\begin{aligned}
&(A_{11}-\lambda)x_1+A_{12}x_2+\cdots+A_{1n}x_n=0\\
&A_{21}x_1+(A_{22}-\lambda)x_2+\cdots+A_{2n}x_n=0\\
&\cdots\cdots\cdots\cdots\cdots\cdots\\
&A_{n1}x_1+A_{n2}x_2+\cdots+(A_{nn}-\lambda)x_n=0
\end{aligned}
\tag{5.9.10}
$$

この連立1次方程式が $x_1=x_2=\cdots=x_n=0$ 以外の解を持つためには，左辺の係数で作った行列式 D が0でなければなりません：

$$
D=\begin{vmatrix} A_{11}-\lambda & A_{12} & \cdots & A_{1n} \\ A_{21} & A_{22}-\lambda & \cdots & A_{2n} \\ \vdots & \vdots & & \vdots \\ A_{n1} & A_{n2} & \cdots & A_{nn}-\lambda \end{vmatrix}=0 \tag{5.9.11}
$$

これは未知数 λ についての n 次の代数方程式です．$n=2$ の場合には2次の代数方程式(5.9.4)になりました．n 次の代数方程式は一般には n 個の根を持っていますが，実数の根もあれば複素数の根もあるでしょうし，また，同じ根が2つ以上含まれる，つまり，根が縮重する(degenerate) こともあります．この縮重の問題は後の章にまわして，ここでは縮重がないものとして議論をすすめます．n 個の根を $\lambda_1, \lambda_2, \cdots, \lambda_n$ とすると，それぞれに対応して固有ベクトル $\boldsymbol{x}_1, \boldsymbol{x}_2, \cdots \boldsymbol{x}_n$ が求められます．それらを

縮重

$$
\boldsymbol{x}_1=\begin{pmatrix} x_{11} \\ x_{21} \\ \vdots \\ x_{n1} \end{pmatrix}, \quad \boldsymbol{x}_2=\begin{pmatrix} x_{12} \\ x_{22} \\ \vdots \\ x_{n2} \end{pmatrix}, \quad \cdots\cdots, \quad \boldsymbol{x}_n=\begin{pmatrix} x_{1n} \\ x_{2n} \\ \vdots \\ x_{nn} \end{pmatrix} \tag{5.9.12}
$$

と書くと，固有ベクトルの規格化の条件は

$$
\sum_{k=1}^{n} x_{ki}{}^{*} x_{ki}=1 \qquad (i=1,2,\cdots,n) \tag{5.9.13}
$$

です．これからの便宜のため，**5.8** 節で定義したエルミート共役をとる操作を $n\times1$ 行列 $\boldsymbol{x}_i$ に対して行い，$1\times n$ 行列

$$\boldsymbol{x}_i^{\dagger} = (x_{1i}^* \quad x_{2i}^* \quad \cdots \quad x_{ni}^*) \qquad (5.9.14)$$

を用意すると，(5.9.13)は行列の積として

$$\boldsymbol{x}_i^{\dagger}\boldsymbol{x}_i = 1 \qquad (5.9.15)$$

の形に書くことができます．

固有値 λ_i とその固有ベクトル $\boldsymbol{x}_i$ の組のそれぞれについて(5.9.1)が書けるわけですから，全部で n 個の式

$$A\boldsymbol{x}_i = \lambda_i\boldsymbol{x}_i \qquad (i=1,2,\cdots,n) \qquad (5.9.16)$$

が成り立ちますが，この全体も次のようなたった1つの行列方程式に見事にまとめることが出来ます：

$$AX = X\Lambda \qquad (5.9.17)$$

ここで X は $\boldsymbol{x}_1, \boldsymbol{x}_2, \cdots, \boldsymbol{x}_n$ の成分を次のようにまとめた正方行列

$$X = \begin{pmatrix} x_{11} & x_{12} & \cdots & x_{1n} \\ x_{21} & x_{22} & \cdots & x_{2n} \\ \vdots & \vdots & & \vdots \\ x_{n1} & x_{n2} & \cdots & x_{nn} \end{pmatrix} \qquad (5.9.18)$$

また，Λ は X の各列に対応する固有値を対角線上に並べた対角行列

$$\Lambda = \begin{pmatrix} \lambda_1 & 0 & \cdots & 0 \\ 0 & \lambda_2 & \cdots & 0 \\ \vdots & \vdots & \ddots & \vdots \\ 0 & 0 & \cdots & \lambda_n \end{pmatrix} \qquad (5.9.19)$$

です．

(5.9.17)は興味深い形をしています．もし行列 X の逆行列 X^{-1} が得られたとすると，それを左から掛けて

$$X^{-1}AX = \Lambda \qquad (5.9.20)$$

この式は次のように読むことができます．与えられた正方行列 A を，ある行列 X とその逆行列 X^{-1} ではさんで対角行列にすることができれば，その対角線上には(5.9.19)のように，A の固有値 $\lambda_1, \lambda_2, \cdots, \lambda_n$ が並び，そのそれぞれ

に対応する固有ベクトルの成分は(5.9.18)の行列 X の第1列，第2列，…，第 n 列として求めることができる．このことから，行列 A の固有値問題を解くことを，行列 A を対角化(diagonalize)する，と表現することもあります． **対角化**

本書で対角化が問題になる正方行列は **5.8** 節で定義したエルミート行列です．例えば

$$A=\begin{pmatrix} 1 & 2i & e^{+i} \\ -2i & 3 & 4-i \\ e^{-i} & 4+i & 5 \end{pmatrix}$$

はエルミート行列で，その定義(5.8.12)の通り

$$A_{ji}{}^{*}=A_{ij} \qquad (5.9.21)$$

になっています．対角線上には実数が並びます．行列の記号では

$$A^{\dagger}=A \qquad (5.9.22)$$

で，このエルミート共役(†)をとる操作は

$$A^{\dagger}=(A^{T})^{*}=(A^{*})^{T} \qquad (5.9.23)$$

です．2つの行列の積については

$$(AB)^{\dagger}=B^{\dagger}A^{\dagger} \qquad (5.9.24)$$

の性質があります．これは転置の操作(T)について

$$(AB)^{T}=B^{T}A^{T} \qquad (5.9.25)$$

なので当然です．複素共役(*)の操作は順序に関係しません．(5.9.25)は

$$((AB)^{T})_{ij}=(AB)_{ji}=\sum_{k=1}^{n}A_{jk}B_{ki}$$

$$(B^{T}A^{T})_{ij}=\sum_{k=1}^{n}(B^{T})_{ik}(A^{T})_{kj}=\sum_{k=1}^{n}B_{ki}A_{jk}=\sum_{k=1}^{n}A_{jk}B_{ki}$$

とすれば確かめられます．これから

$$(ABC)^{\dagger}=C^{\dagger}B^{\dagger}A^{\dagger}$$

もすぐに確かめられます．これでエルミート行列の固有値問題についての次の2つの重要な定理を証明する準備が完了しました．

［定理 I］　エルミート行列の固有値は実数で，縮重がなければ，その固有ベクトルは互いに直交する．

証明　エルミート行列を A として(5. 9. 16)の式を

$$A\boldsymbol{x}_i = \lambda_i \boldsymbol{x}_i \tag{I. 1}$$

$$A\boldsymbol{x}_j = \lambda_j \boldsymbol{x}_j \tag{I. 2}$$

と書きます．(I. 1)の両辺のエルミート共役をとり，(5. 9. 24)を使うと

$$\boldsymbol{x}_i{}^\dagger A^\dagger = \lambda_i{}^* \boldsymbol{x}_i{}^\dagger$$

$A^\dagger = A$ を使い，右から $\boldsymbol{x}_i$ を掛けると

$$\boldsymbol{x}_i{}^\dagger A\boldsymbol{x}_i = \lambda_i{}^* \boldsymbol{x}_i{}^\dagger \boldsymbol{x}_i \tag{I. 3}$$

一方，(I. 1)の左から $\boldsymbol{x}_i{}^\dagger$ を掛けると

$$\boldsymbol{x}_i{}^\dagger A\boldsymbol{x}_i = \lambda_i \boldsymbol{x}_i{}^\dagger \boldsymbol{x}_i \tag{I. 4}$$

(I. 3)と(I. 4)から

$$(\lambda_i{}^* - \lambda_i)\, \boldsymbol{x}_i{}^\dagger \boldsymbol{x}_i = 0$$

$\boldsymbol{x}_i{}^\dagger \boldsymbol{x}_i$ は固有ベクトル $\boldsymbol{x}_i$ の長さの 2 乗ですから 0 ではないので

$$\lambda_i{}^* = \lambda_i \tag{5. 9. 26}$$

つまり，エルミート行列の固有値は実数であることがわかります．

次に(I. 1)に左から $\boldsymbol{x}_j{}^\dagger$ を，(I. 2)には左から $\boldsymbol{x}_i{}^\dagger$ を掛けると

$$\boldsymbol{x}_j{}^\dagger A\boldsymbol{x}_i = \lambda_i \boldsymbol{x}_j{}^\dagger \boldsymbol{x}_i \tag{I. 5}$$

$$\boldsymbol{x}_i{}^\dagger A\boldsymbol{x}_j = \lambda_j \boldsymbol{x}_i{}^\dagger \boldsymbol{x}_j \tag{I. 6}$$

(I. 5)の両辺のエルミート共役をとると

$$(L)^\dagger = \boldsymbol{x}_i{}^\dagger A^\dagger \boldsymbol{x}_j = \boldsymbol{x}_i{}^\dagger A\boldsymbol{x}_j$$

$$(R)^\dagger = \lambda_i{}^* \boldsymbol{x}_i{}^\dagger \boldsymbol{x}_j = \lambda_i \boldsymbol{x}_i{}^\dagger \boldsymbol{x}_j$$

したがって

$$\boldsymbol{x}_i{}^\dagger A\boldsymbol{x}_j = \lambda_i \boldsymbol{x}_i{}^\dagger \boldsymbol{x}_j$$

この左辺は(I.6)の左辺に等しいので

$$(\lambda_i - \lambda_j)\,\boldsymbol{x}_i{}^\dagger \boldsymbol{x}_j = 0$$

が得られますが，固有値は縮重がないとしていますから

$$\lambda_i - \lambda_j \neq 0$$

したがって

$$\boldsymbol{x}_i{}^\dagger \boldsymbol{x}_j = 0 \qquad \text{(I.7)}$$

が結論できます．つまり，ベクトル $\boldsymbol{x}_i$ とベクトル $\boldsymbol{x}_j$ は直交しています．

(I.7)と(5.9.15)をまとめると

$$\boldsymbol{x}_i{}^\dagger \boldsymbol{x}_j = \delta_{ij} \qquad (5.9.27)$$

となります． ■

[定理 II]　エルミート行列の固有ベクトルの成分を列として並べて作った行列 X はユニタリー行列である．

証明　[定理 I]で証明した(5.9.27)を使えば

$$X^\dagger X = \begin{pmatrix} x_{11}{}^* & x_{21}{}^* & \cdots & x_{n1}{}^* \\ x_{12}{}^* & x_{22}{}^* & \cdots & x_{n2}{}^* \\ \vdots & \vdots & & \vdots \\ x_{1n}{}^* & x_{2n}{}^* & \cdots & x_{nn}{}^* \end{pmatrix} \begin{pmatrix} x_{11} & x_{12} & \cdots & x_{1n} \\ x_{21} & x_{22} & \cdots & x_{2n} \\ \vdots & \vdots & & \vdots \\ x_{n1} & x_{n2} & \cdots & x_{nn} \end{pmatrix}$$

$$= \begin{pmatrix} 1 & 0 & \cdots & 0 \\ 0 & 1 & & 0 \\ \vdots & & \ddots & \vdots \\ 0 & 0 & \cdots & 1 \end{pmatrix} = E$$

ですから

$$X^\dagger = X^{-1}$$

が示されました．行列 X がユニタリー行列であることを意味します． ■

第5章 練習問題

(1) スカラー積の公式 $\boldsymbol{a}\cdot\boldsymbol{b}=|\boldsymbol{a}||\boldsymbol{b}|\cos\theta=a_1b_1+a_2b_2$ から，3角法の余弦の加減法公式

$$\cos(\alpha\pm\beta) = \cos\alpha\cos\beta\mp\sin\alpha\sin\beta$$

を導け．

(2) 平行4辺形の面積についての公式

$$|\boldsymbol{a}||\boldsymbol{b}|\sin\theta = a_1b_2-a_2b_1 = \begin{vmatrix} a_1 & b_1 \\ a_2 & b_2 \end{vmatrix}$$

を求め，さらに正弦の加減法公式

$$\sin(\alpha\pm\beta) = \sin\alpha\cos\beta\pm\cos\alpha\sin\beta$$

を導け．

(3) **5.5** 節の鏡映操作の行列表現

$$R = \begin{pmatrix} \cos 2\alpha & \sin 2\alpha \\ \sin 2\alpha & -\cos 2\alpha \end{pmatrix}$$

を導け． あとに解答あり

(4) (5.4.21)の $R(\alpha)$ の，行についての規格直交性(5.5.18)と，列についての規格直交性(5.5.25)の両方を確かめよ．

(5)〔1〕次の行列 A の転置行列 A^T を求めよ：

$$A = \begin{pmatrix} 1 & 2 & 3 \\ 4 & 5 & 6 \\ 7 & 8 & 9 \end{pmatrix}$$

〔2〕次の行列 B の複素共役行列 B^* を求めよ：

$$B = \begin{pmatrix} 1 & i & 2+i \\ 3 & e^{+i} & 4i \\ 5 & e^{-i} & 6 \end{pmatrix}$$

〔3〕上の行列 B のエルミート共役行列 $B^\dagger$ を求めよ．

〔4〕(5.4.21)の行列 R の転置行列は R^T として得られることを確かめよ．

(6) $(ABC)^\dagger=C^\dagger B^\dagger A^\dagger$ を確かめよ．

(3)の解：

$\beta = \dfrac{\pi}{2} - 2\alpha$

$\cos\beta = \sin 2\alpha$

$\sin\beta = \cos 2\alpha$

$\boldsymbol{e}_1' = \boldsymbol{e}_1 \cos 2\alpha + \boldsymbol{e}_2 \sin 2\alpha$

$\boldsymbol{e}_2' = \boldsymbol{e}_1 \cos\beta - \boldsymbol{e}_2 \sin\beta$

$\quad = \boldsymbol{e}_1 \sin 2\alpha - \boldsymbol{e}_2 \cos 2\alpha$

$\therefore \quad (\boldsymbol{e}_1' \quad \boldsymbol{e}_2') = (\boldsymbol{e}_1 \quad \boldsymbol{e}_2)\begin{pmatrix} \cos 2\alpha & \sin 2\alpha \\ \sin 2\alpha & -\cos 2\alpha \end{pmatrix}$

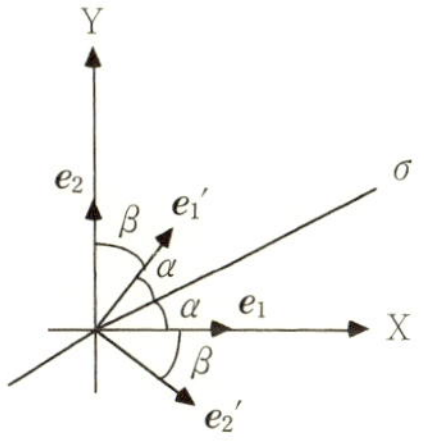

図 5.13

6

群を行列で表現する

第 **5** 章 **5.4** 節で空間対称操作(軸のまわりの回転)を行列で表現すると便利なことを予告しました．この章では，空間対称操作の集まりが作る群 $\boldsymbol{C}_{2v}$, $\boldsymbol{C}_{3v}$ の要素の表現行列を具体的に求めながら，ゆっくりと群の表現論に近づくことにします．

6.1　表現行列の具体例：$\boldsymbol{C}_s$, $\boldsymbol{C}_{2v}$, $\boldsymbol{C}_{3v}$

［1］　$\boldsymbol{C}_s = \{E, \sigma\}$

図 6.1(a)の SOF_2 分子の対称性を表わす点群です．S, O を含み，2 つの F 原子の中点に割り込んだ平面について鏡映をとる操作が σ で，それと，群には必ず含まれる単位元，対称操作で言えば，“何もしない” 操作 E とあわせて 1 つの群を作ります．E も σ も操作を表わしているので，それをはっきりさせるために，$\hat{E}, \hat{\sigma}$ と帽子を乗せた方がよいのですが，うるさいので，これから先とくに必要のない限り省略します．

点群の表現行列を具体的に作るには，3 次元空間の 1 つの直交座標系を基本ベクトルのセット $\{\boldsymbol{e}_1, \boldsymbol{e}_2, \boldsymbol{e}_3\}$ で指定し，そこに SOF_2 分子を置いて，その対称操作を表わします．簡単のため，XY 面は O, F, F を含むように取ります．まず，図 6.1(b)では，$\boldsymbol{e}_1$ を含む XZ 面を鏡映面に選びます．

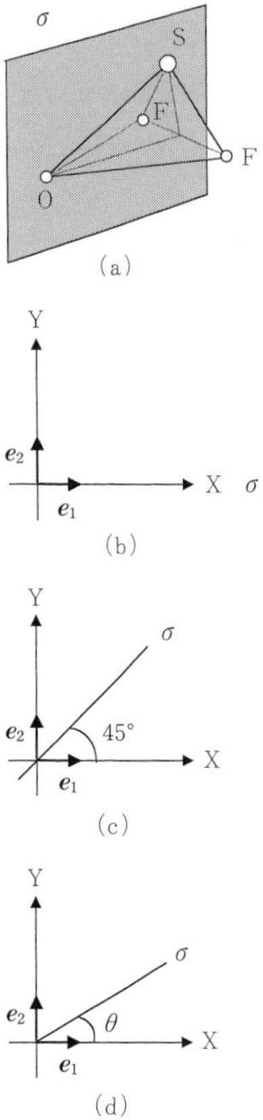

図 6.1

O, S が XZ 面内にあります．図は Z 軸の真上から見下ろした所です．図から明らかなように

$$\sigma \boldsymbol{e}_1 = \boldsymbol{e}_1$$

$$\sigma \boldsymbol{e}_2 = -\boldsymbol{e}_2$$

ですから

$$\sigma(\boldsymbol{e}_1 \quad \boldsymbol{e}_2) = (\boldsymbol{e}_1 \quad \boldsymbol{e}_2) D(\sigma)$$

$$D(\sigma) = \begin{pmatrix} 1 & 0 \\ 0 & -1 \end{pmatrix}$$

何もしない操作 E については

$$E\boldsymbol{e}_1 = \boldsymbol{e}_1$$

$$E\boldsymbol{e}_2 = \boldsymbol{e}_2$$

ですから

$$E(\boldsymbol{e}_1 \quad \boldsymbol{e}_2) = (\boldsymbol{e}_1 \quad \boldsymbol{e}_2) D(E)$$

$$D(E) = \begin{pmatrix} 1 & 0 \\ 0 & 1 \end{pmatrix}$$

以上をまとめて表現 Γ_1 と呼ぶと

$$\Gamma_1 : D^{(1)}(E) = \begin{pmatrix} 1 & 0 \\ 0 & 1 \end{pmatrix}, \quad D^{(1)}(\sigma) = \begin{pmatrix} 1 & 0 \\ 0 & -1 \end{pmatrix} \quad (6.1.1)$$

$\boldsymbol{C}_s$ の 2 つの元の間の積

$$EE = E, \quad E\sigma = \sigma, \quad \sigma E = \sigma, \quad \sigma\sigma = E$$

に対応して，確かに

$$D^{(1)}(E)D^{(1)}(E) = D^{(1)}(E), \quad D^{(1)}(E)D^{(1)}(\sigma) = D^{(1)}(\sigma)$$

$$D^{(1)}(\sigma)D^{(1)}(E) = D^{(1)}(\sigma), \quad D^{(1)}(\sigma)D^{(1)}(\sigma) = D^{(1)}(E)$$

になっています．これが，(6.1.1)の 2 つの行列の集まり Γ_1 が群 $\boldsymbol{C}_s$ の行列表現になっている，ということです．

分子の置き方を変えて，鏡映面を XZ 面ではなく $\boldsymbol{e}_2$ を含む YZ 面にとると，同様にして

$$\Gamma_2 : D^{(2)}(E) = \begin{pmatrix} 1 & 0 \\ 0 & 1 \end{pmatrix}, \quad D^{(2)}(\sigma) = \begin{pmatrix} -1 & 0 \\ 0 & 1 \end{pmatrix} \quad (6.1.2)$$

が得られます．$\boldsymbol{C}_s$ の行列表現としては Γ_1 も Γ_2 も同じ資

格を持っています．また，鏡映面を図 6.1(c)のように，Z 軸を含み XZ 面と YZ 面との真ん中に割り込む面にとると

$$\sigma \boldsymbol{e}_1 = \boldsymbol{e}_2$$
$$\sigma \boldsymbol{e}_2 = \boldsymbol{e}_1$$

となるので，もう 1 つの行列表現

$$\Gamma_3 : D^{(3)}(E) = \begin{pmatrix} 1 & 0 \\ 0 & 1 \end{pmatrix}, \qquad D^{(3)}(\sigma) = \begin{pmatrix} 0 & 1 \\ 1 & 0 \end{pmatrix} \quad (6.1.3)$$

が得られます．以上でわかったことは，分子の鏡映面と座標系の関係は好きなように取れるので，行列表現も無限に得られるということです．実際，図 6.1(d)のように XY 面で X 軸と θ の角度をなす直線と Z 軸を含む平面を鏡映面に選んだ場合の表現行列を作ると

$$\Gamma(\theta) : D^{(\theta)}(E) = \begin{pmatrix} 1 & 0 \\ 0 & 1 \end{pmatrix}$$
$$D^{(\theta)}(\sigma) = \begin{pmatrix} \cos 2\theta & \sin 2\theta \\ \sin 2\theta & -\cos 2\theta \end{pmatrix} \quad (6.1.4)$$

となります．この結果は前章の練習問題(3)で説明しました．任意の角度 θ についての表式が出来たので，

$$\Gamma_1 = \Gamma(0), \qquad \Gamma_2 = \Gamma(\pi/2), \qquad \Gamma_3 = \Gamma(\pi/4)$$

と表わすことができます．

［2］ $\boldsymbol{C_{2v}} = \{E, C_2, \sigma_v, \sigma_v'\}$

H_2O 分子の点群です．図 6.2 は図 1.1(a)に合わせて描かれています．ここでも直交ベクトルのセット $\{\boldsymbol{e}_1, \boldsymbol{e}_2, \boldsymbol{e}_3\}$ を使います．C_2 の回転軸は Z 軸，σ_v の鏡映面は XZ 面，σ_v' の鏡映面は YZ 面ですから

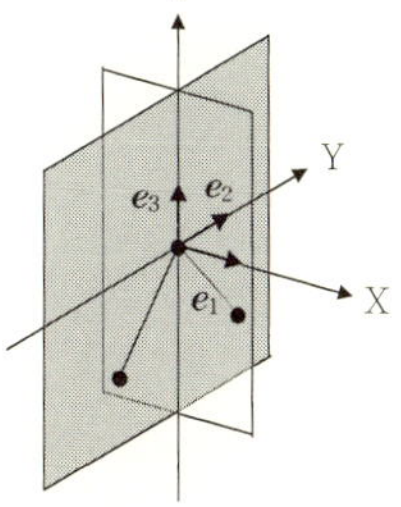

図 6.2

$$E\boldsymbol{e}_1 = \boldsymbol{e}_1, \qquad E\boldsymbol{e}_2 = \boldsymbol{e}_2, \qquad E\boldsymbol{e}_3 = \boldsymbol{e}_3$$
$$C_2\boldsymbol{e}_1 = -\boldsymbol{e}_1, \qquad C_2\boldsymbol{e}_2 = -\boldsymbol{e}_2, \qquad C_2\boldsymbol{e}_3 = \boldsymbol{e}_3$$
$$\sigma_v\boldsymbol{e}_1 = \boldsymbol{e}_1, \qquad \sigma_v\boldsymbol{e}_2 = -\boldsymbol{e}_2, \qquad \sigma_v\boldsymbol{e}_3 = \boldsymbol{e}_3$$
$$\sigma_v'\boldsymbol{e}_1 = -\boldsymbol{e}_1, \qquad \sigma_v'\boldsymbol{e}_2 = \boldsymbol{e}_2, \qquad \sigma_v'\boldsymbol{e}_3 = \boldsymbol{e}_3$$

となり，例えば C_2 の表現行列は

$$D(C_2)=\begin{pmatrix}-1 & 0 & 0\\ 0 & -1 & 0\\ 0 & 0 & 1\end{pmatrix}$$

です．すべての元に対する表現行列は表 6.1 に示してあります．これら 4 つの行列の積をとると，$\boldsymbol{C}_{2v}$ の積表(表 1.1 (b))が忠実に再現されます．

表 6.1　$\boldsymbol{C}_{2v}$ の 1 つの 3 次元行列表現

$D(E)$	$D(C_2)$	$D(\sigma_v)$	$D(\sigma_v')$
$\begin{pmatrix}1 & 0 & 0\\ 0 & 1 & 0\\ 0 & 0 & 1\end{pmatrix}$	$\begin{pmatrix}-1 & 0 & 0\\ 0 & -1 & 0\\ 0 & 0 & 1\end{pmatrix}$	$\begin{pmatrix}1 & 0 & 0\\ 0 & -1 & 0\\ 0 & 0 & 1\end{pmatrix}$	$\begin{pmatrix}-1 & 0 & 0\\ 0 & 1 & 0\\ 0 & 0 & 1\end{pmatrix}$

[3]　$\boldsymbol{C}_{3v}=\{E, C_3, C_3^2, \sigma_v, \sigma_v', \sigma_v''\}$

これは NH_3 や NF_3 などの分子の対称性を表わす点群で，群の例として本書でのペットのような群です．その表現行列をあれこれ作っているうちに，気になることが沢山でてきて，やがて，それらの疑問が私たちを群の表現論の核心へと導いてくれます．

図 1.1(b) にあわせて，座標系と基底ベクトルを図 6.3 のようにとります．C_3 は Z 軸($\boldsymbol{e}_3$ は紙面に垂直)のまわりの角度 $2\pi/3$ の回転ですから，図 6.3 から

$$\begin{aligned}C_3\boldsymbol{e}_1 &= \boldsymbol{e}_1' = \boldsymbol{e}_1(-\cos 60°)+\boldsymbol{e}_2(\sin 60°)\\ &= \boldsymbol{e}_1(-1/2)+\boldsymbol{e}_2(\sqrt{3}/2)\\ C_3\boldsymbol{e}_2 &= \boldsymbol{e}_2' = \boldsymbol{e}_1(-\cos 30°)+\boldsymbol{e}_2(-\sin 30°)\\ &= \boldsymbol{e}_1(-\sqrt{3}/2)+\boldsymbol{e}_2(-1/2)\\ C_3\boldsymbol{e}_3 &= \boldsymbol{e}_3' = \boldsymbol{e}_3\end{aligned}$$

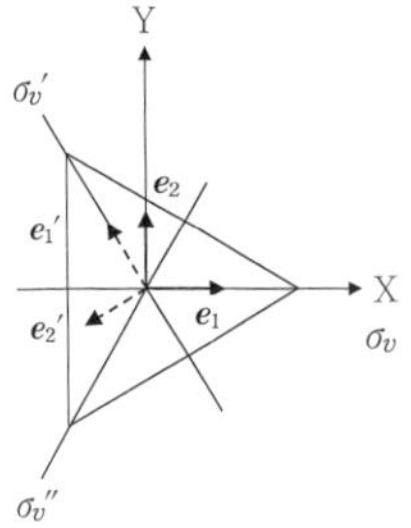

図 6.3

となり，まとめると

$$C_3(\boldsymbol{e}_1\quad \boldsymbol{e}_2\quad \boldsymbol{e}_3) = (\boldsymbol{e}_1\quad \boldsymbol{e}_2\quad \boldsymbol{e}_3)D(C_3)$$

$$D(C_3)=\begin{pmatrix}-1/2 & -\sqrt{3}/2 & 0\\ \sqrt{3}/2 & -1/2 & 0\\ 0 & 0 & 1\end{pmatrix}$$

が得られます．これは，実は(5.4.21)の $R(\alpha)$ で $\alpha=2\pi/3$ とすれば得られる結果です．

$C_3{}^2$ についても基底ベクトル $\{\boldsymbol{e}_1, \boldsymbol{e}_2, \boldsymbol{e}_3\}$ の行方を追うことで $D(C_3{}^2)$ が求められますが，$R(\alpha)$ で $\alpha=2\times(2\pi/3)$ または $\alpha=-2\pi/3$ としても得られます．結果は

$$D(C_3{}^2) = \begin{pmatrix} -1/2 & \sqrt{3}/2 & 0 \\ -\sqrt{3}/2 & -1/2 & 0 \\ 0 & 0 & 1 \end{pmatrix}$$

この行列は，また，上ですでに求めた $D(C_3)$ を使って $D(C_3)D(C_3)$ を計算しても得られます．

鏡映操作 σ_v の鏡映面は図 6.3 で XZ 面ですから

$$\sigma_v \boldsymbol{e}_1 = \boldsymbol{e}_1{}' = \boldsymbol{e}_1, \quad \sigma_v \boldsymbol{e}_2 = \boldsymbol{e}_2{}' = -\boldsymbol{e}_2, \quad \sigma_v \boldsymbol{e}_3 = \boldsymbol{e}_3{}' = \boldsymbol{e}_3$$

$$D(\sigma_v) = \begin{pmatrix} 1 & 0 & 0 \\ 0 & -1 & 0 \\ 0 & 0 & 1 \end{pmatrix}$$

となります．$D(\sigma_v{}'), D(\sigma_v{}'')$ はもう少し手間がかかりますが，結果は表 6.2 のようになります．

群 $\boldsymbol{C}_{3v}$ の表現行列を単位直交ベクトルの基底ではなく，図 6.4 のように $2\pi/3$ の角度で斜交するベクトル $\{\boldsymbol{a}_1, \boldsymbol{a}_2\}$ を使って求めてみます．2 つのベクトルは同じ長さであればよろしい．

$$C_3 \boldsymbol{a}_1 = \boldsymbol{a}_2, \qquad C_3 \boldsymbol{a}_2 = -(\boldsymbol{a}_1 + \boldsymbol{a}_2)$$

表 6.2　$\boldsymbol{C}_{3v}$ の 1 つの 3 次元行列表現

$D(E)$	$D(C_3)$	$D(C_3{}^2)$	$D(\sigma_v)$	$D(\sigma_v{}')$	$D(\sigma_v{}'')$
$\begin{pmatrix} 1 & 0 & 0 \\ 0 & 1 & 0 \\ 0 & 0 & 1 \end{pmatrix}$	$\begin{pmatrix} c & -s & 0 \\ s & c & 0 \\ 0 & 0 & 1 \end{pmatrix}$	$\begin{pmatrix} c & s & 0 \\ -s & c & 0 \\ 0 & 0 & 1 \end{pmatrix}$	$\begin{pmatrix} 1 & 0 & 0 \\ 0 & -1 & 0 \\ 0 & 0 & 1 \end{pmatrix}$	$\begin{pmatrix} c & -s & 0 \\ -s & -c & 0 \\ 0 & 0 & 1 \end{pmatrix}$	$\begin{pmatrix} c & s & 0 \\ s & -c & 0 \\ 0 & 0 & 1 \end{pmatrix}$

$c=\cos(2\pi/3)=-1/2, \qquad s=\sin(2\pi/3)=\sqrt{3}/2$

表 6.3　非直交基底ベクトルを使った $\boldsymbol{C}_{3v}$ 行列表現

$D(E)$	$D(C_3)$	$D(C_3{}^2)$	$D(\sigma_v)$	$D(\sigma_v{}')$	$D(\sigma_v{}'')$
$\begin{pmatrix}1 & 0\\0 & 1\end{pmatrix}$	$\begin{pmatrix}0 & -1\\1 & -1\end{pmatrix}$	$\begin{pmatrix}-1 & 1\\-1 & 0\end{pmatrix}$	$\begin{pmatrix}1 & -1\\0 & -1\end{pmatrix}$	$\begin{pmatrix}-1 & 0\\-1 & 1\end{pmatrix}$	$\begin{pmatrix}0 & 1\\1 & 0\end{pmatrix}$

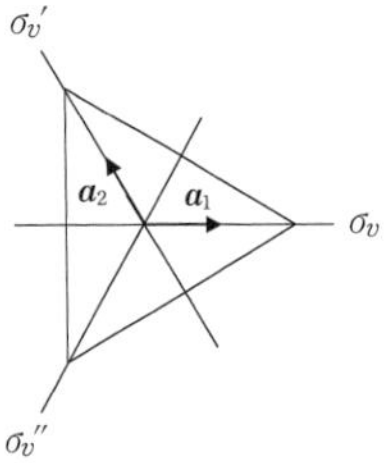

図 6.4

ですから

$$C_3(\boldsymbol{a}_1 \quad \boldsymbol{a}_2) = (\boldsymbol{a}_1 \quad \boldsymbol{a}_2)\begin{pmatrix}0 & -1\\1 & -1\end{pmatrix}$$

同様に

$$C_3{}^2\boldsymbol{a}_1 = -(\boldsymbol{a}_1+\boldsymbol{a}_2), \qquad C_3{}^2\boldsymbol{a}_2 = \boldsymbol{a}_1$$
$$\sigma_v\boldsymbol{a}_1 = \boldsymbol{a}_1, \qquad \sigma_v\boldsymbol{a}_2 = -(\boldsymbol{a}_1+\boldsymbol{a}_2)$$
$$\sigma_v{}'\boldsymbol{a}_1 = -(\boldsymbol{a}_1+\boldsymbol{a}_2), \qquad \sigma_v{}'\boldsymbol{a}_2 = \boldsymbol{a}_2$$
$$\sigma_v{}''\boldsymbol{a}_1 = \boldsymbol{a}_2, \qquad \sigma_v{}''\boldsymbol{a}_2 = \boldsymbol{a}_1$$

全体の結果をまとめると表 6.3 が出来上がります．

今までは群の表現行列を作る基底としてベクトルのセットを使ってきましたが，本書では群論の量子力学への応用が後半の主な話題になるので，分子の原子核の所に電子の状態を表わす関数を配置して，それらを基底として使ってみます．$\boldsymbol{C}_{3v}$ の対称性(底が正 3 角形のピラミッド)を持つ NF_3 分子を例にします．図 6.5(a)では，それぞれの原子核の所に $1s$ 関数：

$$\chi_1 = 1s(F_1), \qquad \chi_2 = 1s(F_2)$$
$$\chi_3 = 1s(F_3), \qquad \chi_4 = 1s(N) \tag{6.1.5}$$

が置いてあります．これらの関数は $\boldsymbol{C}_{3v}$ の元である空間対称操作 $\hat{G}$ に従ってその位置を変えます．その様子をまとめたのが表 6.4 です．それぞれの操作は 1 つの $1s$ 関数を他の $1s$ 関数に変える簡単な変換ですが，$\hat{G}$ の 1 つを $\hat{A}$ として変換を一般的な形に表わすと

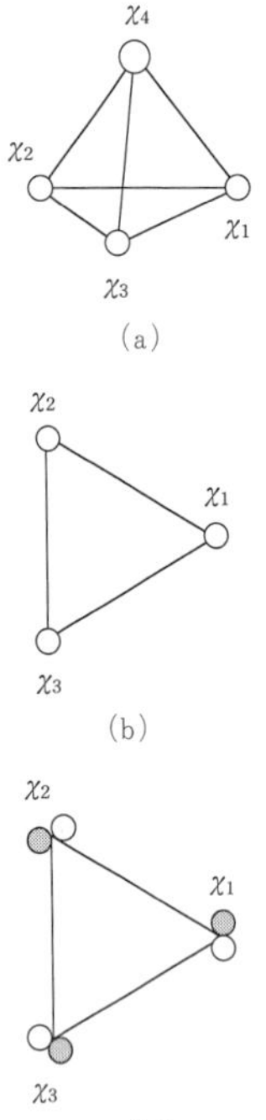

図 6.5

表 6.4 NF_3 の 4 つの 1s 関数の $\boldsymbol{C}_{3v}$ による変換

$\hat{G}$	E	C_3	C_3^2	σ_v	σ_v'	σ_v''
$\hat{G}\chi_1$	χ_1	χ_2	χ_3	χ_1	χ_3	χ_2
$\hat{G}\chi_2$	χ_2	χ_3	χ_1	χ_3	χ_2	χ_1
$\hat{G}\chi_3$	χ_3	χ_1	χ_2	χ_2	χ_1	χ_3
$\hat{G}\chi_4$	χ_4	χ_4	χ_4	χ_4	χ_4	χ_4

1s 関数はまん丸い風船のような形をしています．

$$
\begin{aligned}
\hat{A}\chi_1 &= \chi_1 A_{11} + \chi_2 A_{21} + \chi_3 A_{31} + \chi_4 A_{41} \\
\hat{A}\chi_2 &= \chi_1 A_{12} + \chi_2 A_{22} + \chi_3 A_{32} + \chi_4 A_{42} \\
\hat{A}\chi_3 &= \chi_1 A_{13} + \chi_2 A_{23} + \chi_3 A_{33} + \chi_4 A_{43} \\
\hat{A}\chi_4 &= \chi_1 A_{14} + \chi_2 A_{24} + \chi_3 A_{34} + \chi_4 A_{44}
\end{aligned}
\tag{6.1.6}
$$

便利な記法でまとめて書けば

$$\hat{A}\chi_\nu = \sum_{\mu=1}^{4} \chi_\mu A_{\mu\nu} \qquad (\nu=1, 2, 3, 4) \tag{6.1.7}$$

となります．4×4 個の係数 $\{A_{\mu\nu}\}$ は行列を作っていると考えると，関数のセット $\{\chi_1, \chi_2, \chi_3, \chi_4\}$ を基底ベクトルのセット $\{\boldsymbol{e}_1, \boldsymbol{e}_2, \boldsymbol{e}_3\}$ と同様に使って

$$\hat{A}(\chi_1 \quad \chi_2 \quad \chi_3 \quad \chi_4) = (\chi_1 \quad \chi_2 \quad \chi_3 \quad \chi_4)A \tag{6.1.8}$$

$$A = \begin{pmatrix} A_{11} & A_{12} & A_{13} & A_{14} \\ A_{21} & A_{22} & A_{23} & A_{24} \\ A_{31} & A_{32} & A_{33} & A_{34} \\ A_{41} & A_{42} & A_{43} & A_{44} \end{pmatrix}$$

と書けます．これは一般的な形ですが，表 6.4 の場合には行列要素 $\{A_{\mu\nu}\}$ の 4 分の 1 が 1，他は 0 という簡単さです．例えば，$\hat{A}$ が σ_v だとすると

$$
\begin{aligned}
\hat{A}\chi_1 &= \chi_1 \qquad (A_{11}=1) \\
\hat{A}\chi_2 &= \chi_3 \qquad (A_{32}=1) \\
\hat{A}\chi_3 &= \chi_2 \qquad (A_{23}=1) \\
\hat{A}\chi_4 &= \chi_4 \qquad (A_{44}=1)
\end{aligned}
$$

ですから，σ_v の表現行列は次のように与えられます．

$$D(\sigma_v) = \begin{pmatrix} 1 & 0 & 0 & 0 \\ 0 & 0 & 1 & 0 \\ 0 & 1 & 0 & 0 \\ 0 & 0 & 0 & 1 \end{pmatrix}$$

一般式に戻って，$\boldsymbol{C}_{3v}$ のもう1つの元を $\hat{B}$ とすると，(6.1.7)に対応して

$$\hat{B}\chi_\mu = \sum_{\lambda=1}^{4} \chi_\lambda B_{\lambda\mu} \qquad (\mu=1,2,3,4) \quad (6.1.9)$$

です．この $\hat{B}$ を(6.1.6)の左から作用させます．作用する相手は基底にとった関数(基底関数) $\{\chi_1, \chi_2, \chi_3, \chi_4\}$ であり，$\{A_{\mu\nu}\}$ はただの数ですから

基底関数

$$\hat{B}\hat{A}\chi_1 = (\hat{B}\chi_1)A_{11} + (\hat{B}\chi_2)A_{21} + (\hat{B}\chi_3)A_{31} + (\hat{B}\chi_4)A_{41}$$
$$\hat{B}\hat{A}\chi_2 = (\hat{B}\chi_1)A_{12} + (\hat{B}\chi_2)A_{22} + (\hat{B}\chi_3)A_{32} + (\hat{B}\chi_4)A_{42}$$
$$\hat{B}\hat{A}\chi_3 = (\hat{B}\chi_1)A_{13} + (\hat{B}\chi_2)A_{23} + (\hat{B}\chi_3)A_{33} + (\hat{B}\chi_4)A_{43}$$
$$\hat{B}\hat{A}\chi_4 = (\hat{B}\chi_1)A_{14} + (\hat{B}\chi_2)A_{24} + (\hat{B}\chi_3)A_{34} + (\hat{B}\chi_4)A_{44}$$

これを全部ほどくと長くなるので，(6.1.7)と(6.1.9)を使って手際よくまとめます：

$$\hat{B}\hat{A}\chi_\nu = \sum_{\mu=1}^{4} (\hat{B}\chi_\mu) A_{\mu\nu} = \sum_{\mu=1}^{4}\left(\sum_{\lambda=1}^{4} \chi_\lambda B_{\lambda\mu}\right) A_{\mu\nu}$$
$$= \sum_{\lambda=1}^{4} \chi_\lambda \left(\sum_{\mu=1}^{4} B_{\lambda\mu} A_{\mu\nu}\right) \qquad (6.1.10)$$

ここで，群 $\boldsymbol{C}_{3v}$ の元として $\hat{A}$ と $\hat{B}$ の積が $\hat{C}$ になる：

$$\hat{C} = \hat{B}\hat{A} \qquad (6.1.11)$$

とします．例えば，$\hat{A}=\sigma_v$，$\hat{B}=\sigma_v{}'$ であれば，$\hat{C}=\sigma_v{}'\sigma_v=C_3{}^2$ です．$\hat{C}$ も基底関数 $\{\chi_1, \chi_2, \chi_3, \chi_4\}$ に作用すると

$$\hat{C}\chi_\nu = \sum_{\lambda=1}^{4} \chi_\lambda C_{\lambda\nu} \qquad (\nu=1,2,3,4) \quad (6.1.12)$$

と書けるはずですから，これを(6.1.10)とくらべると

$$C_{\lambda\nu} = \sum_{\mu=1}^{4} B_{\lambda\mu} A_{\mu\nu} \qquad (6.1.13)$$

これは2つの行列の掛け算のルール(**4.3**節[4])，つまり，3つの行列 A, B, C の関係式

$$C = BA \qquad (6.1.14)$$

を行列の要素で書き表した式に他なりません．

(6.1.5)の4つの1s関数を基底として表6.4から得られる$\boldsymbol{C}_{3v}$の4次元表現行列をまとめたのが表6.5です．これまで$\boldsymbol{C}_{3v}$を具体例として使いましたが，(6.1.7)，(6.1.9)，(6.1.10)などは一般的な式であり，基底関数の数も4つに限られるわけではなく，行列要素が1か0である必要もありません．しかし，議論の一般化は次の節までお預けにして，$\boldsymbol{C}_{3v}$についての話を続けます．

表6.5　$\boldsymbol{C}_{3v}$の1つの4次元行列表現

$D(E)$	$D(C_3)$	$D(C_3^2)$
$\begin{pmatrix}1&0&0&0\\0&1&0&0\\0&0&1&0\\0&0&0&1\end{pmatrix}$	$\begin{pmatrix}0&0&1&0\\1&0&0&0\\0&1&0&0\\0&0&0&1\end{pmatrix}$	$\begin{pmatrix}0&1&0&0\\0&0&1&0\\1&0&0&0\\0&0&0&1\end{pmatrix}$

$D(\sigma_v)$	$D(\sigma_v')$	$D(\sigma_v'')$
$\begin{pmatrix}1&0&0&0\\0&0&1&0\\0&1&0&0\\0&0&0&1\end{pmatrix}$	$\begin{pmatrix}0&0&1&0\\0&1&0&0\\1&0&0&0\\0&0&0&1\end{pmatrix}$	$\begin{pmatrix}0&1&0&0\\1&0&0&0\\0&0&1&0\\0&0&0&1\end{pmatrix}$

図6.5(b)は3つのF原子の1s関数$\{\chi_1, \chi_2, \chi_3\}$を基底関数にとることを意味します．$\chi_4$はこの3つの関数と，$\boldsymbol{C}_{3v}$の対称操作では，混ざり合いません．この事情を反映して，表6.5のすべての行列は

$$\begin{pmatrix}* & * & * & 0\\ * & * & * & 0\\ * & * & * & 0\\ 0 & 0 & 0 & 1\end{pmatrix}$$

の形をしています．図6.5(b)の基底関数から得られる3次元の表現行列は$*$で示された部分になることは明らかで，これをまとめると表6.6になります．これとは別の3

表 6.6　$\boldsymbol{C}_{3v}$ の 1 つの 3 次元表現

$D(E)$	$D(C_3)$	$D(C_3^2)$	$D(\sigma_v)$	$D(\sigma_v')$	$D(\sigma_v'')$
$\begin{pmatrix}1&0&0\\0&1&0\\0&0&1\end{pmatrix}$	$\begin{pmatrix}0&0&1\\1&0&0\\0&1&0\end{pmatrix}$	$\begin{pmatrix}0&1&0\\0&0&1\\1&0&0\end{pmatrix}$	$\begin{pmatrix}1&0&0\\0&0&1\\0&1&0\end{pmatrix}$	$\begin{pmatrix}0&0&1\\0&1&0\\1&0&0\end{pmatrix}$	$\begin{pmatrix}0&1&0\\1&0&0\\0&0&1\end{pmatrix}$

次元の表現行列を得るために，基底関数として図 6.5(c)のように 3 つの F 原子の $2p$ 関数を置き，この基底を使って表 6.4 にあたる表を作ると次のようになります．

$2p$ 関数は白い風船と黒い風船を組にしたような形をしています．数学的な説明は 7.2 節にあります．

$\hat{G}$	E	C_3	C_3^2	σ_v	σ_v'	σ_v''
$\hat{G}\chi_1$	χ_1	χ_2	χ_3	$-\chi_1$	$-\chi_3$	$-\chi_2$
$\hat{G}\chi_2$	χ_2	χ_3	χ_1	$-\chi_3$	$-\chi_2$	$-\chi_1$
$\hat{G}\chi_3$	χ_3	χ_1	χ_2	$-\chi_2$	$-\chi_1$	$-\chi_3$

この表に基づいて作った 3 次元表現行列が表 6.7 に示されています．

こうして見てくると，群 $\boldsymbol{C}_{3v}$ の表現は基底ベクトル，基底関数の取り方で，いくらでも作れる感じです．これは前に $\boldsymbol{C}_s$ についても明らかになった事柄でした．このように無数にある行列表現がお互いに無関係ではあるまいとは誰もが思うに違いありません．$\boldsymbol{C}_s$ の所で触れたことですが，$\boldsymbol{C}_s$ の対称性を持った図形(例えば図 6.1(a)の SOF_2)の鏡映面はその図形についてはきまっていますが，座標系(基底ベクトル)は，便，不便の差を気にしなければ勝手に取れ

表 6.7　$\boldsymbol{C}_{3v}$ のもう 1 つの 3 次元表現

$D(E)$	$D(C_3)$	$D(C_3^2)$	$D(\sigma_v)$	$D(\sigma_v')$	$D(\sigma_v'')$
$\begin{pmatrix}1&0&0\\0&1&0\\0&0&1\end{pmatrix}$	$\begin{pmatrix}0&0&1\\1&0&0\\0&1&0\end{pmatrix}$	$\begin{pmatrix}0&1&0\\0&0&1\\1&0&0\end{pmatrix}$	$\begin{pmatrix}-1&0&0\\0&0&-1\\0&-1&0\end{pmatrix}$	$\begin{pmatrix}0&0&-1\\0&-1&0\\-1&0&0\end{pmatrix}$	$\begin{pmatrix}0&-1&0\\-1&0&0\\0&0&-1\end{pmatrix}$

ます．このあたりに無数に作れる行列表現を整理する手掛かりがありそうですが，それを探る前にこれまでのことを一般的に整理することにします．

6.2 群の行列表現

1つの群

$$\boldsymbol{G} = \{G_1, G_2, \cdots, G_g\} \quad (6.2.1)$$

に対応して，行列の集まり

$$\Gamma = \{D(G_1), D(G_2), \cdots, D(G_g)\} \quad (6.2.2)$$

D は“表現”に相当するドイツ語の Darstellung から来ています．

があり，群の元の間の積

$$G_k = G_j G_i \quad (6.2.3)$$

に対応して，行列の間に

$$D(G_k) = D(G_j)D(G_i) \quad (6.2.4)$$

が成り立つ時，行列の集まり Γ を群 $\boldsymbol{G}$ の行列表現，または，たんに表現(representation)と言います．

行列表現

表現

群 $\boldsymbol{G}$ には単位元 E が必ずあり，任意の元 G_i について

$$G_i E = E G_i = G_i$$

ですから，(6.2.4)から

$$D(G_i)D(E) = D(E)D(G_i) = D(G_i)$$

でなければなりませんが，行列でこの性質を持っているのは単位行列 E ((4.2.6)式参照)ですから

$$D(E) \text{ はいつも単位行列 } E \quad (6.2.5)$$

E は“単位”に相当するドイツ語の Einheit から．

ということになります．また群の逆元の定義

$$G_i G_i^{-1} = G_i^{-1} G_i = E$$

から

$$D(G_i)D(G_i^{-1}) = D(G_i^{-1})D(G_i) = E$$

したがって

$$D(G_i^{-1}) = [D(G_i)]^{-1} \quad (6.2.6)$$

です．つまり，G_i の表現行列 $D(G_i)$ の逆行列が G_i の逆元 G_i^{-1} の表現行列 $D(G_i^{-1})$ になります．そして，これは群の

表現 Γ の行列はすべて逆行列をもつ行列であることを意味します．

表現の基底

一般論を始めたついでに，表現の基底についてもまとめます．

基底としてはベクトルのセットと関数のセットの両方を使いますが，本書では数学的にやかましいことは言わない方針ですから，どちらも同じ様なものだと考えて結構です．**5.7** 節で1次独立な基底ベクトルのセット $\{\boldsymbol{a}_1, \boldsymbol{a}_2, \cdots, \boldsymbol{a}_n\}$ を考えたのと同じように，1次独立な d 個の関数

$$\{\psi_1, \psi_2, \cdots, \psi_d\} \tag{6.2.7}$$

を d 次元の関数空間の基底関数にとることにします．1次独立とは(6.2.7)のどの関数もセットの中の残りの $d-1$ 個の関数の1次結合の形に表わすことが出来ないことを意味します．そして，この d 個の関数に任意の数係数(複素数を含む)を掛けて1次結合をとって得られる関数

$$\varphi = c_1\psi_1 + c_2\psi_2 + \cdots + c_d\psi_d = \sum_{\mu=1}^{d} \psi_\mu c_\mu \tag{6.2.8}$$

関数空間

の全体を基底関数のセット(6.2.7)が張る(span)関数空間と呼びます．

群 $\boldsymbol{G}$ の元 G_i (演算子です)が関数 ψ_v に作用して得られる関数が，(6.2.7)の張る関数空間に属する場合には，言い換えると，そのような性質を持つ演算子 G_i については

$$G_i\psi_\nu = \sum_{\mu=1}^{d} \psi_\mu D_{\mu\nu}(G_i) \tag{6.2.9}$$

関数に対称操作(演算子)が作用した時のことは次章で説明します．

と書けるはずです．これは(6.1.7)と同じ種類の式で，$\hat{A}$ の代わりに演算子 G_i が作用しているだけの違いです．

群 $\boldsymbol{G}$ の元，G_i, G_j, G_k の間に(6.2.3)の関係があるとして，G_j, G_k についても

$$G_j\psi_\mu = \sum_{\lambda=1}^{d} \psi_\lambda D_{\lambda\mu}(G_j) \tag{6.2.10}$$

$$G_k\psi_\nu = \sum_{\lambda=1}^{d} \psi_\lambda D_{\lambda\nu}(G_k) \qquad (6.2.11)$$

と書いておいて，(6.2.9)の左から G_j を作用させると

$$\begin{aligned} G_jG_i\psi_\nu &= \sum_{\mu=1}^{d}(G_j\psi_\mu)D_{\mu\nu}(G_i) \\ &= \sum_{\lambda=1}^{d}\sum_{\mu=1}^{d}\psi_\lambda D_{\lambda\mu}(G_j)D_{\mu\nu}(G_i) \\ &= \sum_{\lambda=1}^{d}\psi_\lambda[D(G_j)D(G_i)]_{\lambda\nu} \end{aligned}$$

これを(6.2.11)と較べると

$$[D(G_k)]_{\lambda\nu} = [D(G_j)D(G_i)]_{\lambda\nu}$$

つまり

$$D(G_k) = D(G_j)D(G_i) \qquad (6.2.12)$$

が成立していて，(6.1.14)に対応しています．これが群の表現(6.2.4)ということです．

6.3 同型表現，準同型表現，恒等表現

(6.2.2)の Γ は行列の集まりとしてありますが，Γ が群だとはしてありません．群 $\boldsymbol{G}$ には同じ元が繰り返し含まれることはありませんが，その表現 Γ には同じ行列が含まれていてもよいのです．

6.1 節[2]で $\boldsymbol{C}_{2v}$ の表現として $\boldsymbol{C}_{2v}$ の 4 つの元 $\{E, C_2, \sigma_v, \sigma_v'\}$ に 1 対 1 に対応する 4 つの異なる 3 次元行列を作りましたが，いま，4 つの元のどれにも数 1，つまり 1 次元の単位行列 (1) を対応させて

$$\Gamma_1 = \{1, 1, 1, 1\}$$

という“行列”の集まりを作ると，(6.2.3)と(6.2.4)との対応が成立することが群の表現であることの判定条件である限り，Γ_1 は $\boldsymbol{C}_{2v}$ の表現として合格です．同様に次の行列の集まり

$$\Gamma_2 = \{1, 1, -1, -1\}$$

$$\Gamma_3 = \{1, -1, 1, -1\}$$
$$\Gamma_4 = \{1, -1, -1, 1\}$$

も $\boldsymbol{C}_{2v}$ の表現として合格です．実際，これら 4 つの 1 次元行列表現には，順に A_1, A_2, B_1, B_2 という名前がちゃんと付けられて表 6.8 にまとめて示されています．

表 6.8 $\boldsymbol{C}_{2v}$ の行列表現

	E	C_2	σ_v	σ_v'
A_1	1	1	1	1
A_2	1	1	-1	-1
B_1	1	-1	1	-1
B_2	1	-1	-1	1

点群 $\boldsymbol{C}_{2v}$ の元と表現 A_1 との対応は 4 つの元が同じ 1 つの行列(つまり 1)で表わされているので，4 対 1 の対応です．A_2, B_1, B_2 では 2 対 1 の対応で，どれも 1 対 1 には対応していません．このような関係を準同型(homomorphic)な関係，もし 1 対 1 の対応がつけば同型(isomorphic)な関係と呼びます．表 6.1 の 3 次元行列表現は同型表現の 1 例です．

準同型

同型

点群 $\boldsymbol{C}_{3v}$ について，$\boldsymbol{C}_{2v}$ の表 6.8 にあたるのは表 6.9 で，2 つの 1 次元行列表現 A_1, A_2 と 1 つの 2 次元行列表現 E (この記号は群の単位元 E とは無関係)が示されています．この表でも群のすべての元に 1 を対応させる行列表現には A_1 という記号が使われています．これはすべての点群に

表 6.9 $\boldsymbol{C}_{3v}$ の行列表現

	E	C_3	C_3^2	σ_v	σ_v'	σ_v''
A_1	1	1	1	1	1	1
A_2	1	1	1	-1	-1	-1
E	$\begin{pmatrix}1 & 0\\0 & 1\end{pmatrix}$	$\begin{pmatrix}c & -s\\s & c\end{pmatrix}$	$\begin{pmatrix}c & s\\-s & c\end{pmatrix}$	$\begin{pmatrix}1 & 0\\0 & -1\end{pmatrix}$	$\begin{pmatrix}c & -s\\-s & -c\end{pmatrix}$	$\begin{pmatrix}c & s\\s & -c\end{pmatrix}$

$c=\cos(2\pi/3)=-1/2$,　　$s=\sin(2\pi/3)=\sqrt{3}/2$

ついて必ず作れる表現で恒等表現(identity representation)と呼ばれます．何の芸もない無用の表現のようにも見えますが決してそうではありません．表 6.9 の 2 次元表現 E は，実は **6.1** 節で作った 3 次元表現(表 6.2)に顔を出しています．表 6.2 の 3 次元行列はどれも

恒等表現

$$\begin{pmatrix} * & * & 0 \\ * & * & 0 \\ 0 & 0 & 1 \end{pmatrix}$$

の形であり，＊印の 2×2 部分を 6 つの行列から拾ってみると，表 6.9 の表現 E と同じで，また，右下の隅の 1 だけを 6 つ拾うと $\{1,1,1,1,1,1\}$ となって A_1 と呼ぶにふさわしい表現が得られます．この 6 つの 3 次元行列のどの 2 つの積をとっても，＊印の 2 次元行列と 1 とは混ざりあわず，別々に積がとられることは明らかですから，表 6.2 の 3 次元表現は表 6.9 の E と A_1 に分解できる，または，E と A_1 から出来ていると言えそうです．これに気がつけば表 6.1 の $\boldsymbol{C}_{2v}$ の 3 次元行列表現を見る目も違ってきます．その 4 つの 3 次元行列で，まず $(1,1)$ 要素だけを拾うと，$\{1,-1,1,-1\}$，つまり表 6.8 の B_1 が得られます．次に $(2,2)$ 要素を拾えば，同様に B_2 が得られ，$(3,3)$ 要素を 4 つ拾うと A_1 に他なりません．したがって，表 6.1 の 3 次元表現は A_1, B_1, B_2 から出来ていると考えてよいのです．表現 A_2 が欠けているのが気になりますが，次の節で，こうした事をもっと一般的に考えてみると疑問はすんなりと解けます．

6.4 直和表現

A が 2×2 行列，B が 3×3 行列の場合，A と B の直和は

直和

$$A \oplus B = \begin{pmatrix} A_{11} & A_{12} \\ A_{21} & A_{22} \end{pmatrix} \oplus \begin{pmatrix} B_{11} & B_{12} & B_{13} \\ B_{21} & B_{22} & B_{23} \\ B_{31} & B_{32} & B_{33} \end{pmatrix}$$

$$= \begin{pmatrix} A_{11} & A_{12} & 0 & 0 & 0 \\ A_{21} & A_{22} & 0 & 0 & 0 \\ 0 & 0 & B_{11} & B_{12} & B_{13} \\ 0 & 0 & B_{21} & B_{22} & B_{23} \\ 0 & 0 & B_{31} & B_{32} & B_{33} \end{pmatrix}$$

で定義されます．行列 A, B を対角的に並べ，空いた部分は 0 で埋めます．この例では $A \oplus B$ は 5×5 行列になります．行列の普通の和(**4.3** 節[2])と区別するために，直和は記号 ⊕ で表わしますが，群の表現論では直和の方が普通の和より度々出てくるので，ただの + 記号を使うこともよくあります．

ブロック対角型

一般に対角線上に正方行列が並んだ形の行列をブロック対角型(block diagonal)の行列と呼びます．これから先，簡単のため，上式を

$$A \oplus B = \begin{pmatrix} A & \\ & B \end{pmatrix} \tag{6.4.1}$$

のように書くことにします．同じ構造の 2 つのブロック対角型の行列の間の積をとると

$$\begin{pmatrix} A' & \\ & B' \end{pmatrix}\begin{pmatrix} A & \\ & B \end{pmatrix} = \begin{pmatrix} A'A & \\ & B'B \end{pmatrix} \tag{6.4.2}$$

となり，同じ構造の行列になります．直和記号を使うと次のように書けます．

$$(A' \oplus B')(A \oplus B) = A'A \oplus B'B \tag{6.4.3}$$

群 $\boldsymbol{G}$ の 2 つの行列表現を

$$\Gamma_1 = \{D^{(1)}(G_1), D^{(1)}(G_2), \cdots, D^{(1)}(G_i), \cdots\}$$

$$\Gamma_2 = \{D^{(2)}(G_1), D^{(2)}(G_2), \cdots, D^{(2)}(G_i), \cdots\}$$

とすると

$$D^{(1)}(G_j)D^{(1)}(G_i) = D^{(1)}(G_jG_i)$$

$$D^{(2)}(G_j)D^{(2)}(G_i) = D^{(2)}(G_jG_i)$$

ですから，群 $\boldsymbol{G}$ のすべての元について 2 つの表現行列の直和

$$D^{(3)}(G_i) = D^{(1)}(G_i) \oplus D^{(2)}(G_i) \qquad (G_i \in \boldsymbol{G})$$

をとり，$D^{(3)}(G_i)$ の集まり

$$\Gamma_3 = \{D^{(3)}(G_1), D^{(3)}(G_2), \cdots, D^{(3)}(G_i), \cdots\}$$

を作ると，(6.4.3)から

$$\begin{aligned} &D^{(3)}(G_j)D^{(3)}(G_i) \\ &\quad = [D^{(1)}(G_j) \oplus D^{(2)}(G_j)][D^{(1)}(G_i) \oplus D^{(2)}(G_i)] \\ &\quad = D^{(1)}(G_j)D^{(1)}(G_i) \oplus D^{(2)}(G_j)D^{(2)}(G_i) \\ &\quad = D^{(1)}(G_jG_i) \oplus D^{(2)}(G_jG_i) \\ &\quad = D^{(3)}(G_jG_i) \end{aligned}$$

となり，これは Γ_3 もまた群 $\boldsymbol{G}$ の 1 つの表現になっていることを意味します．

このように 2 つの表現 Γ_1, Γ_2 の各行列の直和をとって，もう 1 つの表現 Γ_3 が得られますが，このことを行列の直和記号 $\oplus$ を借りて

$$\Gamma_3 = \Gamma_1 \oplus \Gamma_2 \tag{6.4.4}$$

と書くことにします．さらに一般的に，$\Gamma_1, \Gamma_2, \cdots, \Gamma_n$ がどれも群 $\boldsymbol{G}$ の表現であれば

$$\Gamma = c_1\Gamma_1 \oplus c_2\Gamma_2 \oplus \cdots \oplus c_n\Gamma_n \tag{6.4.5}$$

もまた群 $\boldsymbol{G}$ の表現になります．係数 $c_1, c_2, \cdots, c_n$ はそれぞれの表現行列が Γ の行列の(ブロック)対角線上に現われる度数を表わしています．同じ行列がいくつ含まれても構いません．このようにして，好きな表現行列を好きなだけ直和をとることで，いくらでも新しい表現が得られます．例えば，$\boldsymbol{C}_{3v}$ の場合，表 6.9 の 3 つの表現を好きなように対角型に連ねることで，いくらでも $\boldsymbol{C}_{3v}$ の表現を作ることができます．しかし，この節の議論が目指すのはその逆の方向，つまり，大きな次元をもつ表現を小さな次元の

簡約

直和の形に分解すること，表現論の言葉で言えば，簡約(reduce)することにあります．このことは**6.3**節の終りで匂わせておきました．表6.2の$\boldsymbol{C}_{3v}$の3次元表現をΓとすると，直和記号を使えば

$$\Gamma = A_1 \oplus E$$

と表わしてよいでしょうし，また$\boldsymbol{C}_{2v}$の表6.1の3次元表現行列はすべて

$$\begin{pmatrix} * & 0 & 0 \\ 0 & * & 0 \\ 0 & 0 & * \end{pmatrix}$$

のような対角構造を持っていますから，**6.3**節で述べたことを直和記号で書けば

$$B_1 \oplus B_2 \oplus A_1$$

と簡約できます．

この章の始めに調べた$\boldsymbol{C}_s$について，$\boldsymbol{C}_{2v}$の表6.8，$\boldsymbol{C}_{3v}$の表6.9にあたるのは表6.10です．この表を見ながら(6.1.1)のΓ_1，(6.1.2)のΓ_2を簡約すると

$$\Gamma_1 = A' \oplus A'', \qquad \Gamma_2 = A'' \oplus A'$$

となり，どちらもA'とA''から成っているので本質的に同じ表現です．このことは，鏡映面がXZ面になるかYZ面になるかは座標系の取り方の問題なので，当り前のように思えます．とすれば，(6.1.3)のΓ_3も同じくA'とA''に分解することが期待されますが，$D^{(3)}(\sigma)$が対角型でないので，このままでは話が進みません．この問題は次の節で取り上げます．

表6.10　$\boldsymbol{C}_s$の2つの1次元表現

	E	σ
A'	1	1
A''	1	-1

6.5 同値な表現，同値でない表現，指標

6.1 節で求めた $\boldsymbol{C}_s$ の表現 Γ_3 では鏡映面と基底ベクトル $\{\boldsymbol{e}_1, \boldsymbol{e}_2\}$ の関係は図 6.1(c) に示されていて，それに基づいた表現行列は(6.1.3)の

$$\Gamma_3 : D^{(3)}(E) = \begin{pmatrix} 1 & 0 \\ 0 & 1 \end{pmatrix}, \qquad D^{(3)}(\sigma) = \begin{pmatrix} 0 & 1 \\ 1 & 0 \end{pmatrix} \quad (6.5.1)$$

でした．ここで $\{\boldsymbol{e}_1, \boldsymbol{e}_2\}$ を 1 つの変換操作 $\hat{T}$ で図 6.6 の $\{\boldsymbol{e}_1', \boldsymbol{e}_2'\}$ に移すと $D^{(3)}(\sigma)$ がどう変わるかを調べます．**5.6** 節の相似変換の議論に当てはめると，鏡映操作 $\hat{\sigma}$ は $\hat{A}$ に，$\hat{T}$ は **5.5** 節の $\hat{R}$ に当たりますから，(5.6.11)の

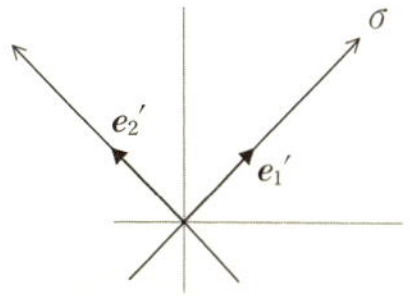

図 6.6

$$A' = T^{-1}AT \qquad (6.5.2)$$

に対応して

$$D'(\sigma) = R^{-1}D^{(3)}(\sigma)R \qquad (6.5.3)$$

を計算すればよいことになります．**5.5** 節から，角度 α の回転操作では

$$R(\alpha) = \begin{pmatrix} \cos\alpha & -\sin\alpha \\ \sin\alpha & \cos\alpha \end{pmatrix}$$

$$R^{-1}(\alpha) = R(-\alpha) = \begin{pmatrix} \cos\alpha & \sin\alpha \\ -\sin\alpha & \cos\alpha \end{pmatrix}$$

今の場合は $\alpha=\pi/4$ の回転ですから，(6.5.3)は

$$D'(\sigma) = \begin{pmatrix} 1/2 & 1/2 \\ -1/2 & 1/2 \end{pmatrix}\begin{pmatrix} 0 & 1 \\ 1 & 0 \end{pmatrix}\begin{pmatrix} 1/2 & -1/2 \\ 1/2 & 1/2 \end{pmatrix} = \begin{pmatrix} 1 & 0 \\ 0 & -1 \end{pmatrix}$$

となり，$D^{(3)}(\sigma)$ は対角化されて，$D'(\sigma)$ は Γ_1 の $D^{(1)}(\sigma)$ と同じになりました．つまり，Γ_1 と Γ_3 は

$$D^{(1)}(E) = T^{-1}D^{(3)}(E)T, \qquad D^{(1)}(\sigma) = T^{-1}D^{(3)}(\sigma)T$$

の関係にあることがわかりました．これは，鏡映面と基底ベクトルの関係が図 6.6 と図 6.1(b)とでは同じであることに気がつけば，計算しなくともわかることだったとも言えます．

一般に１つの群 $\boldsymbol{G}=\{G_1, G_2, \cdots, G_g\}$ の１つの表現

$$\Gamma = \{D(G_1), D(G_2), \cdots, D(G_g)\} \quad (6.5.4)$$

がある時，任意の正則行列（逆行列のある行列）T を使って

$$D'(G_i) = T^{-1}D(G_i)T \qquad (i=1, 2, \cdots, g) \quad (6.5.5)$$

を作り，その集まりを

$$\Gamma' = \{D'(G_1), D'(G_2), \cdots, D'(G_g)\} \quad (6.5.6)$$

とすると，Γ' もまた $\boldsymbol{G}$ の表現になります．確かめるのは簡単です．それには

$$D'(G_j)D'(G_i) = D'(G_jG_i)$$

が成り立つことを示せばよいのです．(6.5.5)から

$$\begin{aligned} D'(G_j)D'(G_i) &= T^{-1}D(G_j)TT^{-1}D(G_i)T \\ &= T^{-1}D(G_j)D(G_i)T \\ &= T^{-1}D(G_jG_i)T = D'(G_jG_i) \end{aligned}$$

したがって，Γ' は $\boldsymbol{G}$ の表現になっています．

これで群 $\boldsymbol{G}$ の１つの行列表現から，相似変換で，見かけの違う行列表現をいくらでも作れることがわかりましたが，私たちが目指すのは事態の複雑化ではなく，整理して簡単にすることですから，相似変換で結ばれる表現は“同じようなもの”と見る立場をとります．群の表現論では(6.5.5)の関係で結ばれる表現 Γ と Γ' は同値(equivalent)であると言い，もし１つの群の２つの表現を結ぶ相似変換が存在しない時には，その２つの表現は同値でない(non-equivalent)と言います．$\boldsymbol{C}_s$ の例でいえば，Γ_1, Γ_2, Γ_3 は同値，さらに一般には(6.1.4)の $\Gamma(\theta)$ で θ に任意の値を与えて得られる表現はすべて同値です．２つの表現が同値であることは，これらの例のように，(6.5.5)の変換行列が見つかれば確立できますが，２つの表現が同値でないことを断言するには，２つの表現を結ぶ変換行列が色々やってみても見つからないだけでは駄目です．無限に有り得る同値表現に，それを見分ける母斑（生まれつきの痣，birth-

同値

同値でない

mark)のようなものがあれば大助かりですが，表現行列の指標と呼ばれる量がまさにその役割を果たしてくれます．

1つの正方行列

$$D = \begin{pmatrix} D_{11} & D_{12} & \cdots & D_{1n} \\ D_{21} & D_{22} & \cdots & D_{2n} \\ \vdots & & & \vdots \\ D_{n1} & D_{n2} & \cdots & D_{nn} \end{pmatrix}$$

の対角要素の和を跡(トレース trace, ドイツ語は Spur)と呼び，Tr または Sp で表わします： 跡

$$Tr(D) = D_{11}+D_{22}+\cdots+D_{nn} = \sum_{i=1}^{n} D_{ii} \qquad (6.5.7)$$

2つの行列の積の跡については

$$Tr(BA) = Tr(AB) \qquad (6.5.8)$$

が成立します：

$$Tr(BA) = \sum_{i=1}^{n}(BA)_{ii} = \sum_{i=1}^{n}\sum_{k=1}^{n} B_{ik}A_{ki} = \sum_{i=1}^{n}\sum_{k=1}^{n} A_{ki}B_{ik}$$

$$= \sum_{k=1}^{n}(AB)_{kk} = Tr(AB)$$

また(6.5.8)が成り立てば3つの行列の積について

$$Tr(CBA) = Tr(ACB) = Tr(BAC) \qquad (6.5.9)$$

もすぐ確かめられます．そこで(6.5.2)の両辺の跡をとると

$$Tr(A') = Tr(T^{-1}AT) = Tr(TT^{-1}A) = Tr(A) \qquad (6.5.10)$$

これを(6.5.5)に当てはめれば

$$Tr(D'(G_i)) = Tr(D(G_i)) \qquad (i=1, 2, \cdots, g) \qquad (6.5.11)$$

つまり，もし1つの群の2つの同次元の行列表現が(6.5.5)の相似変換で結ばれるならば，(6.5.11)が成立します．ですから，もし，2つの表現の間で(6.5.11)が成立しないならば，その2つの表現は同値ではない，と結論できます．

指標

このように行列の跡は同値な表現を特徴づける大切な目印を与えるので，群の表現論ではこの量に表現の指標(character)という特別の名を与えます．

点群 $\boldsymbol{C}_{3v}$ の表現としてこれまで出てきた表 6.2，表 6.3，表 6.5，表 6.6，表 6.7，表 6.9 の表現について，指標を計算してみると，例外なく

$D(C_3)$ と $D(C_3{}^2)$ の指標は等しく，また

$D(\sigma_v), D(\sigma_v{}'), D(\sigma_v{}'')$ の指標も等しい

ことに気がつきます．**2.6** 節に戻って群の元の類のことを復習すると，$\boldsymbol{C}_{3v}$ は $\{E\}$, $\{C_3, C_3{}^2\}$, $\{\sigma_v, \sigma_v{}', \sigma_v{}''\}$ の 3 つの類から出来ていて，類の定義である共役の関係式

$$Q = G^{-1}PG$$

を考えに入れると，表現行列の指標が 1 つの類に属する元の表現行列については共通の値になることが理解できます．表 6.9 の場合に $\boldsymbol{C}_{3v}$ の指標表(character table)(表 6.11)を作ると 1 つの類についての指標は同じなので，標準的な指標表の形は表 6.11 を縮めた表 6.12 のようになっています．$\{C_3, C_3{}^2\}$ には 2 つの元があるので $2C_3$，$\{\sigma_v, \sigma_v{}', \sigma_v{}''\}$ には 3 つの元があるので 3σ と記されています．ある表現 α の指標は類について決まっているので，指標は類の関数であると考え，

$$\chi^{(\alpha)}(\mathscr{C}_k) \qquad (k=1, 2, \cdots, n_c)$$

といったように記されることがあります．$\mathscr{C}_k$ は類を表わしています．n_c は 1 つの群が含む類の数で，$\boldsymbol{C}_{3v}$ では $n_c=3$ です．

$\boldsymbol{C}_{3v}$ では
$\mathscr{C}_1=\{E\}$
$\mathscr{C}_2=\{2C_3\}$
$\mathscr{C}_3=\{3\sigma_v\}$

表 6.11 $\boldsymbol{C}_{3v}$ の指標表(長い形)

	E	C_3	$C_3{}^2$	σ_v	$\sigma_v{}'$	$\sigma_v{}''$
A_1	1	1	1	1	1	1
A_2	1	1	1	−1	−1	−1
E	2	−1	−1	0	0	0

表 6.12　C_{3v} の指標表（短い形）

	E	$2C_3$	$3\sigma_v$
A_1	1	1	1
A_2	1	1	-1
E	2	-1	0

6.6　可約表現，既約表現

6.4 節で表現行列がブロック対角型ならば，そのブロックのそれぞれが独立に表現をつくることを学び，もとの表現をそのように分解することを簡約(reduction)と呼びました．群 $\boldsymbol{G}$ の 1 つの表現 $\Gamma=\{D(G_i)\}$ が適当な相似変換で，すべての $G_i\in\boldsymbol{G}$ について，ブロック対角型

$$D(G_i) \longrightarrow T^{-1}D(G_i)\,T = D'(G_i) = \begin{pmatrix} D^{(1)}(G_i) & \\ & D^{(2)}(G_i) \end{pmatrix} = D^{(1)}(G_i)\oplus D^{(2)}(G_i) \qquad (6.6.1)$$

になる時，表現 Γ は簡約できる，可約である(reducible)と言い，表現 Γ を可約表現(reducible representation)と呼びます．簡約できない表現は既約表現(irreducible representation)と呼ばれます．

可約　**可約表現**　**既約表現**

$\boldsymbol{C}_{3v}$ の 3 つの 3 次元表現を調べてみます．まず，表 6.2 の表現は始めから 2×2 と 1×1 のブロック対角型になっていて $E\oplus A_1$ と簡約できることは **6.4** 節ですでに学びました．表 6.6 の表現を Γ_1，表 6.7 の表現を Γ_2 と書くと，両方ともブロック対角型ではありません．可約か既約かを知りたいのですが，もし，これらの 3×3 行列をブロック対角型にする相似変換が見つかれば，可約だったことになります．ここでは天下り式に次の行列を使ってみます：

$$T = \begin{pmatrix} a & 2b & 0 \\ a & -b & c \\ a & -b & -c \end{pmatrix}, \quad T^{-1} = \begin{pmatrix} a & a & a \\ 2b & -b & -b \\ 0 & c & -c \end{pmatrix}$$
$$a = 1/\sqrt{3}, \quad b = 1/\sqrt{6}, \quad c = 1/\sqrt{2} \tag{6.6.2}$$

Γ_1 の 6 つの行列について，$T^{-1}D(G_i)T$ を計算すると，すべて同じ形のブロック対角型になり，直和記号で書けば，

$$\Gamma_1 = A_1 \oplus E$$

となりますから，表 6.6 の表現は可約で表 6.2 の表現と同値であると結論できます．Γ_2 についても (6.6.2) の行列で相似変換をやると，やはり 1 次元と 2 次元のブロック対角型になります．その結果を表 6.9 と較べて見ると，1 次元の部分は A_2 になっていますが，2 次元の部分は E と少し違っていて，表 6.13 に示された E' のようになっています：

$$\Gamma_2 = A_2 \oplus E'$$

このように調べてくると，いくつかの疑問が浮かんで来ます．

[1] A_1 と A_2 は同値かどうか？

同値かどうかの判定には指標が役に立ちます．1 次元“行列”ではその値そのものが指標ですから，表 6.9 から A_1 と A_2 は同値ではなく，1 次元表現ですから，もちろん，

表 6.13　C_{3v} のもう 1 つの 2 次元行列表現

	E	C_3	$C_3{}^2$	σ_v	σ_v'	σ_v''
E'	$\begin{pmatrix} 1 & 0 \\ 0 & 1 \end{pmatrix}$	$\begin{pmatrix} -1/2 & -\sqrt{3}/2 \\ \sqrt{3}/2 & -1/2 \end{pmatrix}$	$\begin{pmatrix} -1/2 & \sqrt{3}/2 \\ -\sqrt{3}/2 & -1/2 \end{pmatrix}$	$\begin{pmatrix} -1 & 0 \\ 0 & 1 \end{pmatrix}$	$\begin{pmatrix} 1/2 & \sqrt{3}/2 \\ \sqrt{3}/2 & -1/2 \end{pmatrix}$	$\begin{pmatrix} 1/2 & -\sqrt{3}/2 \\ -\sqrt{3}/2 & -1/2 \end{pmatrix}$

既約表現です．

［2］ E と E' は同値かどうか？

指標を調べると，E と E' はどちらも

E	C_3	C_3^2	σ_v	σ_v'	σ_v''
2	-1	-1	0	0	0

ですから，E と E' は見かけは少し違っていても同値だと結論できます．実際

$$T = \begin{pmatrix} 0 & 1 \\ -1 & 0 \end{pmatrix}, \qquad T^{-1} = \begin{pmatrix} 0 & -1 \\ 1 & 0 \end{pmatrix}$$

で E の行列を相似変換すると E' の表現行列が得られます．

［3］ E は可約か既約か？

いまの所，私たちに出来ることは，可約かもしれないと考えて，E の 6 つの 2 次元行列のすべてを対角化する相似変換を探してみることで，もし見つかれば可約だと結論できますが，散々やっても見つからない場合にも，もしかしたら，という可能性が残るので，既約だと断定は出来ません．ですから，可約か既約かを判定する別の方法が必要です．これについては次の章で学びます．答を先に言えば，E は，したがって E' も，既約表現です．ですから，対角化のための相似変換は絶対に見つかりません．

［4］ A_1, A_2, E のほかにも $\boldsymbol{C}_{3v}$ の既約表現があるか，ないか？

これは重要な疑問です．群の行列表現はいくらでも作れるというこの章での経験から，既約表現も無数にあるかも，という気にもなりますが，実は，$\boldsymbol{C}_{3v}$ の既約表現は A_1, A_2, E しかないのです！　どうしてそんなにキッパリと断定が下せるのか？　それを学ぶのも次章の大きな楽しみの 1 つです．

7

群の表現論——指標表

群の表現論の大黒柱は大直交性定理で，それを取り囲むいくつかの便利な定理があります．本章ではそれら大小の定理がどのようなものであるかを知ることに重点が置かれています．定理の証明を学ばなくても，群論を化学や物理学に応用するのに支障はありません．たとえ学んだとしても忘れてしまうのが普通です．それでもやはり一度は，と思う人は，この章を終りまで読んだあとで，本書のホームページにある証明をたどってみて下さい．

7.1　大直交性定理

ユニタリー性定理から話を始めます．ユニタリー行列については**5.8**節を復習して下さい．

ユニタリー行列でない行列を含む行列表現は，1つの相似変換で，すべてユニタリー行列からなる表現に変えることが出来る．つまり，1つの非ユニタリー行列表現にはそれと同値なユニタリー行列表現が必ずある．

この定理のおかげで，これから先，表現行列はすべてユニタリー行列と考えてよいことになります．非直交ベクトルを使った $\boldsymbol{C}_{3v}$ の表現(表 6.3)が非ユニタリー表現の 1 例

ですが，これをユニタリー表現に変えるにはどんな変換を使えばよいかを考えてみると，ユニタリー性定理が成り立つ理由が少し見えてきます．$\boldsymbol{C}_{3v}$ を例にして大直交性定理の内容を説明します．前章の終りで $\boldsymbol{C}_{3v}$ の同値でない既約表現は表6.9の表現 A_1, A_2, E しかないと述べましたが，この断定的結論は大直交性定理から出てくるのです．3つの既約表現行列の行列要素を $D_{ij}^{(A_1)}(G)$, $D_{ij}^{(A_2)}(G)$, $D_{ij}^{(E)}(G)$ と書くことにして，G を $E, C_3, C_3^2, \sigma_v, \sigma_v', \sigma_v''$ と変えながら表7.1を作ります．

表7.1　群 $\boldsymbol{C}_{3v}$ の3つの既約表現の行列要素

G	E	C_3	C_3^2	σ_v	σ_v'	σ_v''
$D_{11}^{(A_1)}(G)$	1	1	1	1	1	1
$D_{11}^{(A_2)}(G)$	1	1	1	-1	-1	-1
$D_{11}^{(E)}(G)$	1	$-1/2$	$-1/2$	1	$-1/2$	$-1/2$
$D_{12}^{(E)}(G)$	0	$-\sqrt{3}/2$	$\sqrt{3}/2$	0	$-\sqrt{3}/2$	$\sqrt{3}/2$
$D_{21}^{(E)}(G)$	0	$\sqrt{3}/2$	$-\sqrt{3}/2$	0	$-\sqrt{3}/2$	$\sqrt{3}/2$
$D_{22}^{(E)}(G)$	1	$-1/2$	$-1/2$	-1	$1/2$	$1/2$

A_1, A_2 は1次元，E は2次元の行列表現ですから，表7.1には全部で

$$1\times1+1\times1+2\times2 = 6 \tag{7.1.1}$$

の横の行があり，それぞれの行は群の元の数(群の位数)，$\boldsymbol{C}_{3v}$ では6つの数から成っています．その1つの行

$$(u_1 \quad u_2 \quad u_3 \quad u_4 \quad u_5 \quad u_6)$$

と，もう1つの行

$$(v_1 \quad v_2 \quad v_3 \quad v_4 \quad v_5 \quad v_6)$$

を6次元空間の2つのベクトル $\boldsymbol{u}, \boldsymbol{v}$ と見立てて，その間の内積(5.8.3)：

$$\begin{aligned}\boldsymbol{u}\cdot\boldsymbol{v} &= u_1{}^*v_1+u_2{}^*v_2+u_3{}^*v_3+u_4{}^*v_4+u_5{}^*v_5+u_6{}^*v_6 \\ &= \sum_{i=1}^{6} u_i{}^*v_i \end{aligned} \tag{7.1.2}$$

を計算してみます．表7.1の行列要素はすべて実数なので，

複素共役をとってもとらなくても同じですが，議論を一般的に進めるために(7.1.2)のようにしておきます．表 7.1 の第 1 行と第 2 行の内積をとると，

$$\sum_G [D_{11}^{(A_1)}(G)]^* D_{11}^{(A_2)}(G)$$
$$= 1\times1+1\times1+1\times1+1\times(-1)+1\times(-1)+1\times(-1)$$
$$= 0$$

和記号 $\sum_G$ は，$\boldsymbol{G}$ のすべての元についての和を意味します．

内積が 0 であることは 2 つのベクトルが直交していることを意味します．表 7.1 の 6 つの行の数の並びのそれぞれをベクトルと見立てると，上の第 1 行と第 2 行のように，どの 2 つの行をとってみても直交していることが確かめられます：

$$\sum_G [D_{11}^{(A_1)}(G)]^* D_{ij}^{(E)}(G) = 0$$
$$(i,j):(1,1),\ (1,2),\ (2,1),\ (2,2)$$
$$\sum_G [D_{11}^{(A_2)}(G)]^* D_{ij}^{(E)}(G) = 0$$
$$(i,j):(1,1),\ (1,2),\ (2,1),\ (2,2)$$
$$\sum_G [D_{ij}^{(E)}(G)]^* D_{kl}^{(E)}(G) = 0, \qquad (i,j) \neq (k,l)$$

次にベクトルの長さの自乗にあたる積

$$\boldsymbol{u}\cdot\boldsymbol{u} = \sum_{i=1}^{6} u_i^* u_i \qquad (7.1.3)$$

をとると

$$\sum_G [D_{11}^{(A_1)}(G)]^* D_{11}^{(A_1)}(G) = 6$$
$$\sum_G [D_{11}^{(A_2)}(G)]^* D_{11}^{(A_2)}(G) = 6$$
$$\sum_G [D_{ij}^{(E)}(G)]^* D_{ij}^{(E)}(G) = 3$$
$$(i,j):(1,1),\ (1,2),\ (2,1),\ (2,2)$$

となります．大直交性定理は有限群の既約表現の行列要素の間には，このような思いがけない美しい秩序があることを述べたものです．

[表現行列についての大直交性定理]

位数 g (元の数)の群 $\boldsymbol{G}$ の既約表現 α のユニタリー表現行列 $D^{(\alpha)}$ の行列要素を $D_{ij}^{(\alpha)}(G)$ と書くと，その間には

$$\sum_G [D_{ij}^{(\alpha)}(G)]^* D_{kl}^{(\alpha)}(G) = \frac{g}{d_\alpha}\delta_{ik}\delta_{jl} \qquad (7.1.4\,\mathrm{a})$$

直交関係

の直交関係がある．和記号は $\boldsymbol{G}$ のすべての元についての和を意味する．d_α は表現行列の次元である．

2つの同値でない既約表現 α, β のユニタリー表現行列 $D^{(\alpha)}, D^{(\beta)}$ については

$$\sum_G [D_{ij}^{(\alpha)}(G)]^* D_{kl}^{(\beta)}(G) = 0 \qquad (7.1.4\,\mathrm{b})$$

が成り立つ．

(7.1.4 a)と(7.1.4 b)をまとめて

$$\sum_G [D_{ij}^{(\alpha)}(G)]^* D_{kl}^{(\beta)}(G) = \frac{g}{d_\alpha}\delta_{\alpha\beta}\delta_{ik}\delta_{jl}$$

と書くことも出来ます．右辺を α と β について対称にしたければ

$$\frac{g}{d_\alpha} \longrightarrow \frac{g}{(d_\alpha d_\beta)^{1/2}}$$

とすればよろしい．$\boldsymbol{C}_{3v}$ では，$g=6$，$d_{A_1}=1$，$d_{A_2}=1$，$d_E=2$ で，前に表 7.1 を使って計算した結果は確かに上の定理の通りになっています．

(7.1.4 b)で α が恒等表現であれば

$$D_{11}^{(\alpha)}(G) = 1 \qquad (G \in \boldsymbol{G})$$

ですから，β が恒等表現でなければ，必ず

$$\sum_G D_{kl}^{(\beta)}(G) = 0 \qquad (7.1.4\,\mathrm{c})$$

であることが結論できます．大直交性定理の証明はホームページに譲り，次の定理に移ります．

[既約表現の次元数についての定理]

位数 g の群 $\boldsymbol{G}$ の同値でない既約表現が全部で n_r あり，表現 α の次元が d_α であるとすると

$$\sum_{\alpha=1}^{n_r} {d_\alpha}^2 = {d_1}^2 + {d_2}^2 + \cdots + {d_{n_r}}^2 = g \qquad (7.1.5)$$

の関係が成り立つ．

$\boldsymbol{C}_{3v}$ では $g=6$ で A_1, A_2 は 1 次元，E は 2 次元ですから，(7.1.1) は (7.1.5) に当たります．表 7.1 のヨコ並びの 6 つの行のそれぞれを 6 次元空間のベクトルと見立てると，大直交性定理によれば，それらは互いに直交しています．6 次元ベクトル空間では互いに直交するベクトルはたかだか 6 つしかとれないので，(7.1.5) はいかにももっともな関係式です．この定理の証明もホームページにあります．

(7.1.5) で g の値がわかっている場合に，n_r や d_α について，どれだけのことが言えるか考えてみます．有限群ではその元のすべてに 1 を対応させる恒等表現が必ずありますから，$d_1=1$ とすると (7.1.5) は

$$1^2 + (?)^2 + (??)^2 + \cdots = g$$

の形になるので，$g=2, 3, 4$ については

$$1^2+1^2 = 2, \qquad 1^2+1^2+1^2 = 3, \qquad 1^2+1^2+1^2+1^2 = 4$$

となる他はありません．$\boldsymbol{C}_{2v}$ は $g=4$ の群の 1 例ですが，表 6.8 の 4 つの 1 次元行列表現 A_1, A_2, B_1, B_2 が $\boldsymbol{C}_{2v}$ の同値でない既約表現のすべてであり，これ以外にはないことが (7.1.5) の定理から結論できるわけです．$\boldsymbol{C}_{2v}$ に限らず，$g=4$ の群については 4 つの 1 次元既約表現しか存在しません．こうした一網打尽の断定的結論が出てくるのが群の表現論の素晴しい所です．

表 6.8 でもう 1 つ面白いことは，そのヨコ並びの 4 つの行がベクトルとして直交しているだけでなく，タテ並びの

4つの列もベクトルとして直交していることです．$\boldsymbol{C}_{2v}$ の場合のように既約表現がすべて1次元であれば，既約表現行列の表はそのまま指標の表でもあります．表6.2に見られるヨコとタテのベクトルの直交性は指標の間の直交性の1例です．

$\boldsymbol{C}_{3v}$ について調べてみます．表6.11のヨコの3行は互いに直交しています．タテの6列のうち，異なる列は3つで，指標はそれぞれの類で決まる，つまり，指標は類の関数であることに対応しています．そこで，表6.12のように $\boldsymbol{C}_{3v}$ の指標表を縮小するのが普通です．しかし，この形にすると，タテの3列のベクトルは互いに直交していますが，ヨコの3行の直交性は成り立たなくなります．ヨコもタテも直交性が保たれるようにするには，類 i の中に含まれる元の数 g_i の平方根 $\sqrt{g_i}$ を重みとして指標に掛けてからベクトルの直積をとればよろしい．$\boldsymbol{C}_{3v}$ については表7.2のようになります．

表7.2

$\boldsymbol{C}_{3v}$	E	$2C_3$	$3\sigma_v$
A_1	1	$\sqrt{2}$	$\sqrt{3}$
A_2	1	$\sqrt{2}$	$-\sqrt{3}$
E	2	$-\sqrt{2}$	0

この表ではヨコの3行もタテの3列も互いに直交しています．ヨコの3行についての直交性は大直交性定理から直接に導くことが出来ます．群の1つの元 G に対する表現 α の指標は

$$\chi^{(\alpha)}(G)=\sum_i D_{ii}^{(\alpha)}(G)$$

ですから，(7.1.4 a)で $i=j$，$k=l$ とすると

$$\sum_G [D_{ii}^{(\alpha)}(G)]^* D_{kk}^{(\beta)}(G)=\frac{g}{d_\alpha}\delta_{\alpha\beta}\delta_{ik}\delta_{ik}$$

i と k で対角要素の和をとると

$$\sum_G \sum_{i=1}^{d_\alpha} [D_{ii}^{(\alpha)}(G)]^* \sum_{k=1}^{d_\beta} D_{kk}^{(\beta)}(G) = \frac{g}{d_\alpha}\delta_{\alpha\beta}\sum_{i=1}^{d_\alpha}\sum_{k=1}^{d_\beta}\delta_{ik}\delta_{ik}$$

もし $\alpha \neq \beta$ ならば $\delta_{\alpha\beta}=0$ ですから

$$\sum_G [\chi^{(\alpha)}(G)]^* \chi^{(\beta)}(G) = 0$$

もし $\alpha=\beta$ ならば

$$\sum_{i=1}^{d_\alpha}\sum_{k=1}^{d_\beta}\delta_{ik}\delta_{ik} = d_\alpha$$

ですから

$$\sum_G [\chi^{(\alpha)}(G)]^* \chi^{(\alpha)}(G) = \frac{g}{d_\alpha} d_\alpha = g$$

以上をまとめると

$$\sum_G [\chi^{(\alpha)}(G)]^* \chi^{(\beta)}(G) = g\delta_{\alpha\beta}$$

指標は類の関数，つまり，1つの類 $\mathscr{C}_i$ に属するすべての元の表現行列の指標は同じ値ですから，それを

$$\chi^{(\alpha)}(\mathscr{C}_i)$$

のような形に書くことにすると，上の式は類についての和

$$\sum_{i=1}^{n_c} g_i [\chi^{(\alpha)}(\mathscr{C}_i)]^* \chi^{(\beta)}(\mathscr{C}_i) = g\delta_{\alpha\beta}$$

と書けます．g_i は類 $\mathscr{C}_i$ に属する元の数(位数)であり，n_c は1つの群 $\boldsymbol{G}$ が含む類の数です．指標表のヨコの行についての直交性をまとめると次のようになります．

$\mathscr{C}_i$ の定義は134頁にあります．

[指標の間の第1直交関係]

1つの群 $\boldsymbol{G}=\{G\}$ の既約表現 $D^{(\alpha)}(G), D^{(\beta)}(G)$ の指標を $\chi^{(\alpha)}(G), \chi^{(\beta)}(G)$ とすると，次の直交関係がある：

$$\sum_G [\chi^{(\alpha)}(G)]^* \chi^{(\beta)}(G) = g\delta_{\alpha\beta} \qquad (7.1.6)$$

または，指標は類の関数だから，類についての和で表わせば

$$\sum_{i=1}^{n_c} g_i [\chi^{(\alpha)}(\mathscr{C}_i)]^* \chi^{(\beta)}(\mathscr{C}_i) = g\delta_{\alpha\beta} \qquad (7.1.6')$$

$$\sum_{i=1}^{n_c}[\sqrt{g_i}\,\chi^{(\alpha)}(\mathscr{C}_i)]^*\sqrt{g_i}\,\chi^{(\beta)}(\mathscr{C}_i) = g\delta_{\alpha\beta} \qquad (7.1.6'')$$

とも書ける．n_c は群 $\boldsymbol{G}$ に含まれる類の数，g_i は類 $\mathscr{C}_i$ に属する元の数である．

(7.1.6″)は表 7.2 のヨコの 3 行のベクトルの直交関係とその“長さ”の自乗を表わしています．このベクトル空間の次元は類の数 n_c ($\boldsymbol{C}_{3v}$ では $n_c=3$，$\boldsymbol{C}_{2v}$ では $n_c=4$) で与えられます．ところで，直交するベクトルの数(ヨコの行の数)は表 7.2 からもわかるように，その群が持っている同値でない既約表現の数 n_r だけあるはずで，一方，n_c 次元空間で互いに直交するベクトルはたかだか n_c 個しかとれないわけですから，

$$n_r \leqq n_c \qquad (7.1.7)$$

であるはずです．次に表 6.8($\boldsymbol{C}_{2v}$)や表 6.12($\boldsymbol{C}_{3v}$)で気付いたタテの列の間の直交性を説明する，もう 1 つの直交関係の定理があります．

[指標の間の第 2 直交関係]

$$\sum_{\alpha=1}^{n_r}[\chi^{(\alpha)}(\mathscr{C}_i)]^*\chi^{(\alpha)}(\mathscr{C}_j) = \frac{g}{g_i}\delta_{ij} \qquad (7.1.8)$$

和($\alpha=1,2,\cdots,n_r$)は同値でない既約表現のすべてについてとる．n_r は既約表現の総数，g_i は類 $\mathscr{C}_i$ に属する元の数(位数)．

(7.1.8)は(7.1.6)と違って，(7.1.4)から直ぐには出てきません．証明はホームページにあります．タテのベクトルの空間の次元は既約表現の数 n_r で与えられ，(7.1.8)の直交ベクトルの数は類の総数 n_c だけありますから，

$$n_c \leqq n_r \qquad (7.1.9)$$

の関係があるはずです．(7.1.7)と(7.1.9)とを合わせると大変重要な結論

$$n_c = n_r \qquad (7.1.10)$$

が得られます．(群の類の総数)＝(群の同値でない既約表現の総数) ということです．例えば，$\boldsymbol{C}_{3v}$ の類の数(n_c)は3ですから，同値でない既約表現の数(n_r)も3であることが結論できます．

次に，指標の直交性を使って可約な表現を既約表現に簡約する方法を学ぶことにします．

群 $\boldsymbol{G}$ の可約な表現$\{D(G)\}$がその群の既約表現$\{D^{(\alpha)}(G)\}$の直和

$$D(G) = \sum_\alpha c_\alpha D^{(\alpha)}(G) \qquad (G \in \boldsymbol{G}) \qquad (7.1.11)$$

に簡約されるとすると，表現 α が含まれる数 c_α は

$$c_\alpha = \frac{1}{g}\sum_G [\chi^{(\alpha)}(G)]^* \chi(G) \qquad (7.1.12)$$

で与えられる．ここで，g は群 $\boldsymbol{G}$ の位数，$\chi(G)$ は可約表現 $D(G)$ の指標，$\chi^{(\alpha)}(G)$ は既約表現 $D^{(\alpha)}(G)$ の指標である．

(7.1.11)を指標の関係に移せば

$$\chi(G) = \sum_\beta c_\beta \chi^{(\beta)}(G) \qquad (G \in \boldsymbol{G}) \quad (7.1.13)$$

α を β に変えたのはただ便宜のためで，α または β は1から n_r までを走ります．この式に左から $[\chi^{(\alpha)}(G)]^*$ を掛けて G について和をとれば，(7.1.6)から

$$\sum_G [\chi^{(\alpha)}(G)]^* \chi(G) = \sum_\beta c_\beta \sum_G [\chi^{(\alpha)}(G)]^* \chi^{(\beta)}(G)$$
$$= \sum_\beta c_\beta \cdot g \cdot \delta_{\alpha\beta} = g \cdot c_\alpha$$

となるので(7.1.12)が得られます．

指標の第1直交定理(7.1.6)のもう1つの応用として，1

つの表現が可約か既約かの判定法が得られます．ある表現 Γ の指標を $\{\chi(G)\}$ とすると

$$\begin{aligned}\sum_G|\chi(G)|^2 &= \sum_G[\chi(G)]^*\chi(G)\\ &= \sum_G\left[\sum_\alpha c_\alpha\chi^{(\alpha)}(G)\right]^*\sum_\beta c_\beta\chi^{(\beta)}(G)\\ &= \sum_\alpha\sum_\beta c_\alpha\cdot c_\beta\cdot g\cdot\delta_{\alpha\beta} = g\sum_\alpha {c_\alpha}^2\end{aligned} \tag{7.1.14}$$

となるので，もし Γ が既約ならば，(7.1.6)から

$$\sum_\alpha {c_\alpha}^2 = 1$$

が結論されます．逆に

$$\sum_G|\chi(G)|^2 = g \tag{7.1.15}$$

で，しかも Γ が可約だとすると，(7.1.11)に戻って考えれば，1つ以上の c_α が1か，1より大きい整数であるはずですから

$$\sum_\alpha {c_\alpha}^2 > 1$$

したがって，(7.1.14)から

$$\sum_G|\chi(G)|^2 > g$$

となって，はじめの仮定(7.1.15)と矛盾します．ですから(7.1.15)は Γ が既約表現であるための必要で十分な条件になっています．

群 $\boldsymbol{G}$ の1つの表現 $\Gamma=\{D(G)\}$ の指標を $\{\chi(G)\}$ とすると

$$\sum_G|\chi(G)|^2 = mg \qquad (m\text{ は正整数，}g\text{ は }\boldsymbol{G}\text{ の位数}) \tag{7.1.16}$$

となり，もし $m=1$ ならば Γ は既約表現，もし $m>1$ ならば Γ は可約表現である．

これで**6.6**節で未解決のままの問題[3],[4]に答えることが出来るようになりました．[3]は$\boldsymbol{C}_{3v}$の2次元表現Eは既約か可約かという問いでしたが，(7.1.16)を表6.11の表現Eに適用すると

$$2^2+(-1)^2+(-1)^2=6$$

となり，Eは既約であると判定できます．[4]は，A_1, A_2, Eの他に，これらと同値でない既約表現が$\boldsymbol{C}_{3v}$にあるか，という疑問でしたが，$\boldsymbol{C}_{3v}$では$n_c=3$ですから，(7.1.10)によれば，$n_r=3$，したがって，A_1, A_2, Eが$\boldsymbol{C}_{3v}$の既約表現のすべてであると結論できます．

富士の山頂で

大直交性定理とそれをめぐるいくつかの定理は群の表現論の中核であり，山頂でもあります．途中の式の沢山の添字の石コロにつまずきながら夢中で登って来た読者は，もう一度，表7.1をよく眺めて，そのヨコの6行の間，タテの6列の間の直交性を確かめて，その美しさを味わって下さい．表7.2についても同じです．また，(7.1.5)や(7.1.10)の明快な結論も振り返って下さい．証明を通らずに先に進むのを後ろめたく思う必要はありません．それよりも，この節の諸定理から引き出される多くの歯切れの良い結論が化学や物理学でどのように生かされるかを理解することの方が楽しくもあり，群論を道具として使う立場にある人たちには，より大切なことです．

7.2 関数の変換

私たちが1つの群に興味を持った場合，その群についての最も重要なインフォーメーションは，どのような類，どのような既約表現があるか，ということであり，それは群の指標表に示されています．ところで，**6.5**節の終りで$\boldsymbol{C}_{3v}$の指標表としては表6.12が標準的だと述べましたが，群論の教科書でよく見かけるものはもっと複雑で表7.3のような形です．

表 7.3　群 C_{3v} の指標表

C_{3v}	E	$2C_3$	$3\sigma_v$		
A_1	1	1	1	z	$x^2+y^2,\ z^2$
A_2	1	1	-1	R_z	
E	2	-1	0	$(x, y), (R_x, R_y)$	$(x^2-y^2, xy), (xz, yz)$

表 6.12 の内容は左側にあり，その右に 2 つの箱が付いていて，この部分を理解するには C_3 や σ_v のような空間操作で一般の関数が変換する様子を調べる必要があります．

図 7.1 は造成中のゴルフ場の 1 つの丘 $h(\boldsymbol{r})$ の位置の設計変更の説明図だと考えます．初めの設計に従って造成した丘 $h(\boldsymbol{r})$ を Z 軸(座標原点を通り紙面に垂直)のまわりに，ある角度回転させた位置に移したいのです．この操作を $\hat{T}$ で表わすと，$\hat{T}$ は XY 面上にあるベクトル $\boldsymbol{r}$ を $\boldsymbol{r}'$ に移す操作

$$\hat{T}\boldsymbol{r} = \boldsymbol{r}' \tag{7.2.1}$$

として定義できます．この操作を丘(関数) $h(\boldsymbol{r})$ に作用させると，丘の全体は新しい位置に移って，丘(関数) $g(\boldsymbol{r})$ になります：

$$\hat{T}h(\boldsymbol{r}) = g(\boldsymbol{r}) \tag{7.2.2}$$

新しい丘と古い丘の高さ(関数の値)の関係は

$$g(\boldsymbol{r}') = h(\boldsymbol{r}) \tag{7.2.3}$$

であることは図 7.1(a)から明らかです．(7.2.1)から

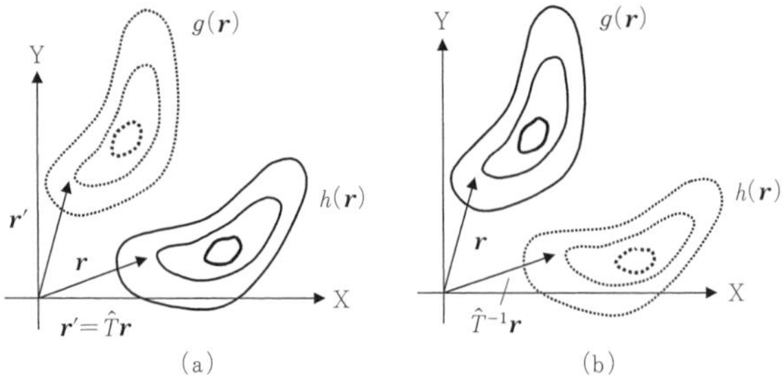

図 7.1

$$\boldsymbol{r} = \hat{T}^{-1}\boldsymbol{r}'$$

ですから，これを(7.2.3)に代入すると

$$g(\boldsymbol{r}') = h(\hat{T}^{-1}\boldsymbol{r}') \qquad (7.2.4)$$

この $\boldsymbol{r}'$ は任意の地点を表わす位置ベクトルと考えなおしてもよいので，$\boldsymbol{r}'$ を改めて $\boldsymbol{r}$ と書けば

$$g(\boldsymbol{r}) = h(\hat{T}^{-1}\boldsymbol{r}) \qquad (7.2.5)$$

です(図7.1(b))．つまり，新しい丘の位置 $\boldsymbol{r}$ での高さは，古い丘に戻って考えると，$\hat{T}^{-1}\boldsymbol{r}$ の所の高さに等しいわけです．(7.2.2)とあわせて

$$g(\boldsymbol{r}) = \hat{T}h(\boldsymbol{r}) = h(\hat{T}^{-1}\boldsymbol{r}) \qquad (7.2.6)$$

が得られます．

上の公式の使い方を理解するために，$h(\boldsymbol{r})$ が次の式で与えられる原子の p_x 型関数の場合(図7.2(b))を考えます．

$$h(\boldsymbol{r}) = p_x = xf(r) = r\sin\theta\cos\varphi\cdot f(r) \qquad (7.2.7)$$

ここで $f(r)$ は原点からの距離 r だけの関数で球対称です．簡単のため，$\hat{T}$ はZ軸のまわりの角度 $\pi/2$ の回転だとすると，変わるのは r, θ, φ (図7.2(a))のうち φ だけで

$$\hat{T}\varphi = \varphi + \frac{\pi}{2}, \qquad \hat{T}^{-1}\varphi = \varphi - \frac{\pi}{2}$$

ですから

$$\begin{aligned}\hat{T}p_x = \hat{T}h(\boldsymbol{r}) &= h(\hat{T}^{-1}\boldsymbol{r}) = rf(r)\sin\theta\cos(\hat{T}^{-1}\varphi) \\ &= rf(r)\sin\theta\cos\left(\varphi - \frac{\pi}{2}\right) = rf(r)\sin\theta\sin\varphi \\ &= yf(r) = p_y\end{aligned}$$

この結果，つまり，p_x 関数を90°まわせば p_y 関数になるという結果は，上のような面倒な計算をしなくても，図7.2の(b),(c)を見れば分かり切ったことだとも言えますが，公式(7.2.6)の有難い所は幾何学的な想像や図に頼らずに機械的に適用できることにあります．

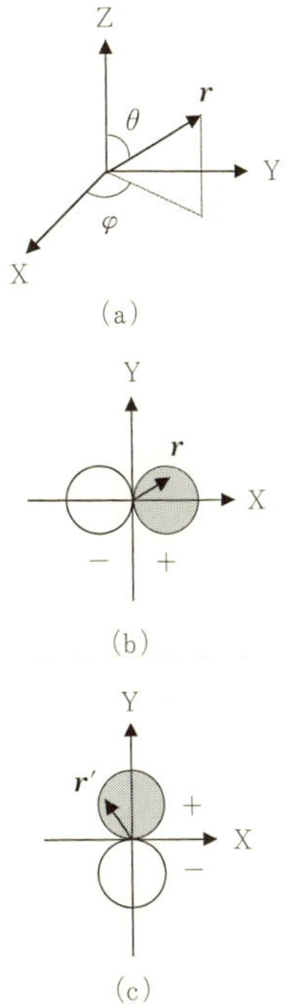

図7.2

［例1］　図7.2(a)のZ軸を回転軸として，点群 $\boldsymbol{C}_4=\{E, C_4, C_4^2=C_2, C_4^3\}$ の2次元表現を基底関数 $\{\chi_1=x, \chi_2=y\}$ を使って作ってみます．x と y はXY面上の点の座標，またはこの点を指定する位置ベクトル $\boldsymbol{r}$ の成分と考えるのが普通ですが，ここでは，x と y を空間関数と考え，これを基底関数 $\{\chi_1, \chi_2\}$ とみなします．極座標 (r, θ, φ) の関数として

極座標

$$\chi_1 = x = r\sin\theta\cos\varphi, \qquad \chi_2 = y = r\sin\theta\sin\varphi$$

と表わせますが，これでもまだ関数として考えにくければ，原子の p_x, p_y 関数のように，r だけの関数 $f(r)$ が x と y にかかっていると思って下さい．

C_4 はZ軸のまわりの $\pi/2$ の回転ですから

$$\begin{aligned} C_4\chi_1 = C_4x &= r\sin\theta\cos(C_4^{-1}\varphi) \\ &= r\sin\theta\cos\left(\varphi-\frac{\pi}{2}\right) \\ &= r\sin\theta\sin\varphi = y \\ C_4\chi_2 = C_4y &= r\sin\theta\sin\left(\varphi-\frac{\pi}{2}\right) \\ &= -r\sin\theta\cos\varphi = -x \end{aligned}$$

したがって

$$C_4(x \quad y) = (y \quad -x) = (x \quad y)\begin{pmatrix} 0 & -1 \\ 1 & 0 \end{pmatrix}$$

です．同様に

$$\begin{aligned} C_2x &= C_4C_4x = C_4y = -x \\ C_2y &= C_4C_4y = -C_4x = -y \\ C_4^3x &= C_4(-x) = -y \\ C_4^3y &= C_4(-y) = x \end{aligned}$$

以上の結果をまとめると表7.4の2次元表現が得られます．

［例2］　基底関数として

表 7.4　群 C_4 の 1 つの 2 次元表現

E	C_4	C_2	C_4^3
$\begin{pmatrix}1 & 0\\0 & 1\end{pmatrix}$	$\begin{pmatrix}0 & -1\\1 & 0\end{pmatrix}$	$\begin{pmatrix}-1 & 0\\0 & -1\end{pmatrix}$	$\begin{pmatrix}0 & 1\\-1 & 0\end{pmatrix}$

$$\chi_1 = x = r\sin\theta\cos\varphi$$
$$\chi_2 = y = r\sin\theta\sin\varphi$$
$$\chi_3 = z = r\cos\theta$$

をとり(図 7.2(a))，まず，Z 軸のまわりの角度 α の回転操作 $\hat{R}(\alpha)$ の 3 次元表現を求めます．[例 1]と同じように，x, y, z を (r, θ, φ) の関数と考えると公式(7.2.6)が使えます．$\hat{R}(\alpha)$ は $\hat{R}(\alpha)\varphi = \varphi + \alpha$，$\hat{R}^{-1}(\alpha)\varphi = \varphi - \alpha$ を意味しますから

$$\begin{aligned}\hat{R}\chi_1 &= r\sin\theta\cos(\varphi-\alpha)\\ &= r\sin\theta\,(\cos\varphi\cos\alpha+\sin\varphi\sin\alpha)\\ &= x\cos\alpha+y\sin\alpha\\ \hat{R}\chi_2 &= r\sin\theta\sin(\varphi-\alpha)\\ &= r\sin\theta\,(\sin\varphi\cos\alpha-\cos\varphi\sin\alpha)\\ &= x(-\sin\alpha)+y\cos\alpha\\ \hat{R}\chi_3 &= z\end{aligned}$$

したがって

$$\hat{R}(\alpha)(\chi_1\quad\chi_2\quad\chi_3) = (x\quad y\quad z)D^{(P)}(\hat{R}(\alpha))$$

$$D^{(P)}(\hat{R}(\alpha)) = \begin{pmatrix}\cos\alpha & -\sin\alpha & 0\\ \sin\alpha & \cos\alpha & 0\\ 0 & 0 & 1\end{pmatrix}$$

D の肩の記号 (P) の意味の説明はあとで出てきます．

次に Z 軸を含む平面で，XY 面との交線が X 軸と α の角度をなす平面についての鏡映操作 $\hat{\sigma}_v(\alpha)$ の，基底関数 (x, y, z) による 3 次元表現行列を求めます．図 7.3 から

$$\hat{\sigma}_v(\alpha)\varphi = \varphi+2(\alpha-\varphi) = 2\alpha-\varphi$$

であり，鏡映操作については常に

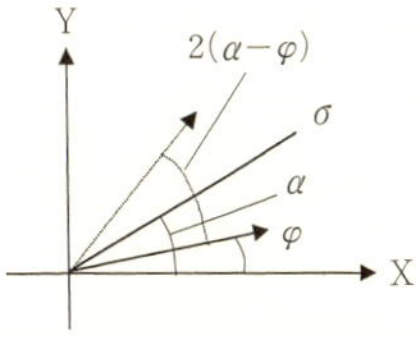

図 7.3

表 7.5 極性(P)ベクトルと軸性ベクトル(A)の3次元行列表現の比較

	$\hat{R}(\alpha)$	$\hat{\sigma}_v(\alpha)$	$\hat{\sigma}_h$	$\hat{S}(\alpha)$	$\hat{I}$
$D^{(P)}$	$\begin{pmatrix}\cos\alpha & -\sin\alpha & 0\\ \sin\alpha & \cos\alpha & 0\\ 0 & 0 & 1\end{pmatrix}$	$\begin{pmatrix}\cos 2\alpha & \sin 2\alpha & 0\\ \sin 2\alpha & -\cos 2\alpha & 0\\ 0 & 0 & 1\end{pmatrix}$	$\begin{pmatrix}1 & 0 & 0\\ 0 & 1 & 0\\ 0 & 0 & -1\end{pmatrix}$	$\begin{pmatrix}\cos\alpha & -\sin\alpha & 0\\ \sin\alpha & \cos\alpha & 0\\ 0 & 0 & -1\end{pmatrix}$	$\begin{pmatrix}-1 & 0 & 0\\ 0 & -1 & 0\\ 0 & 0 & -1\end{pmatrix}$
$D^{(A)}$	$\begin{pmatrix}\cos\alpha & -\sin\alpha & 0\\ \sin\alpha & \cos\alpha & 0\\ 0 & 0 & 1\end{pmatrix}$	$\begin{pmatrix}-\cos 2\alpha & -\sin 2\alpha & 0\\ -\sin 2\alpha & \cos 2\alpha & 0\\ 0 & 0 & -1\end{pmatrix}$	$\begin{pmatrix}-1 & 0 & 0\\ 0 & -1 & 0\\ 0 & 0 & 1\end{pmatrix}$	$\begin{pmatrix}-\cos\alpha & \sin\alpha & 0\\ -\sin\alpha & -\cos\alpha & 0\\ 0 & 0 & 1\end{pmatrix}$	$\begin{pmatrix}1 & 0 & 0\\ 0 & 1 & 0\\ 0 & 0 & 1\end{pmatrix}$

$$\hat{\sigma}^2 = \hat{E}, \qquad \hat{\sigma}^{-1} = \hat{\sigma}$$

ですから，公式(7.2.6)から

$$\begin{aligned}
\hat{\sigma}_v(\alpha)\,x &= r\sin\theta\cos(2\alpha-\varphi)\\
&= r\sin\theta\,(\cos 2\alpha\cos\varphi+\sin 2\alpha\sin\varphi)\\
&= x\cos 2\alpha+y\sin 2\alpha\\
\hat{\sigma}_v(\alpha)\,y &= r\sin\theta\sin(2\alpha-\varphi)\\
&= r\sin\theta\,(\sin 2\alpha\cos\varphi-\cos 2\alpha\sin\varphi)\\
&= x\sin 2\alpha+y\,(-\cos 2\alpha)\\
\hat{\sigma}_v(\alpha)\,z &= z
\end{aligned}$$

したがって，3次元表現行列 $D^{(P)}(\hat{\sigma}_v(\alpha))$ は表7.5のようになります．

XY面での鏡映 $\hat{\sigma}_h$ については，公式(7.2.6)を使うまでもなく

$$x \longrightarrow x, \qquad y \longrightarrow y, \qquad z \longrightarrow -z$$

ですから，3次元表現はすぐに得られます(表7.5)．この $\hat{\sigma}_h$ と $\hat{R}(\alpha)$ を組み合わせると，Z軸のまわりの角度 α の回映操作 $\hat{S}(\alpha)$ の3次元表現が得られます：

$$\hat{S}(\alpha) = \hat{\sigma}_h\hat{R}(\alpha)$$

これに対応して，表7.5の行列 $D^{(P)}(\hat{\sigma}_h)$ と $D^{(P)}(\hat{R}(\alpha))$ の積をとれば

$$D^{(P)}(\hat{S}(\alpha)) = \begin{pmatrix}1 & 0 & 0\\ 0 & 1 & 0\\ 0 & 0 & -1\end{pmatrix}\begin{pmatrix}\cos\alpha & -\sin\alpha & 0\\ \sin\alpha & \cos\alpha & 0\\ 0 & 0 & 1\end{pmatrix}$$

$$= \begin{pmatrix} \cos\alpha & -\sin\alpha & 0 \\ \sin\alpha & \cos\alpha & 0 \\ 0 & 0 & -1 \end{pmatrix}$$

が得られます．座標原点についての反転操作 $\hat{I}$ は

$$x \longrightarrow -x, \quad y \longrightarrow -y, \quad z \longrightarrow -z$$

に対応するので $D^{(P)}(\hat{I})$ はすぐに得られます(表 7.5)が，$\hat{I}=\hat{S}(\pi)$ の関係からも求められます．

［例 3］ **5.3** 節で 2 つのベクトル $\boldsymbol{r}_1(x_1, y_1, z_1)$，$\boldsymbol{r}_2(x_2, y_2, z_2)$ の間のスカラー積

$$\boldsymbol{r}_1 \cdot \boldsymbol{r}_2 = |\boldsymbol{r}_1||\boldsymbol{r}_2| \cos\theta$$

を定義しました．θ は $\boldsymbol{r}_1$ と $\boldsymbol{r}_2$ の間の角度です．2 つのベクトルの積としてはベクトル積と呼ばれるものもよく使われます．積の結果は 1 つのベクトルとなり，記号としては

ベクトル積

$$\boldsymbol{R} = \boldsymbol{r}_1 \times \boldsymbol{r}_2$$

がよく用いられ，その大きさは

$$|\boldsymbol{R}| = |\boldsymbol{r}_1||\boldsymbol{r}_2| \sin\theta$$

で定義されます．これは $\boldsymbol{r}_1$ と $\boldsymbol{r}_2$ を 2 辺とする平行 4 辺形の面積です．しかし，ベクトルであるからには，正負を持つ方向も定義する必要があります．普通のベクトル量である位置ベクトル，変位ベクトル，力，などをベクトルとして考える場合には，その向きも正負も自然に決まりますが，ベクトル積については，このままでははっきりしないので，次のような約束によって定義します．図 7.4 で，$\boldsymbol{R}$ は $\boldsymbol{r}_1$ と $\boldsymbol{r}_2$ がつくる平行 4 辺形の面に垂直で，$\boldsymbol{r}_1$ から $\boldsymbol{r}_2$ に向かって右ネジを回す時，ネジの進む向きを正にとります．この約束ではベクトル積の順序を変えると符号が変わります：

ベクトル積についての詳しい説明はホームページにあります．

$$\boldsymbol{r}_2 \times \boldsymbol{r}_1 = -\boldsymbol{R} = -(\boldsymbol{r}_1 \times \boldsymbol{r}_2)$$

ベクトル $\boldsymbol{R}$ の x, y, z 方向の成分は次のようになります：

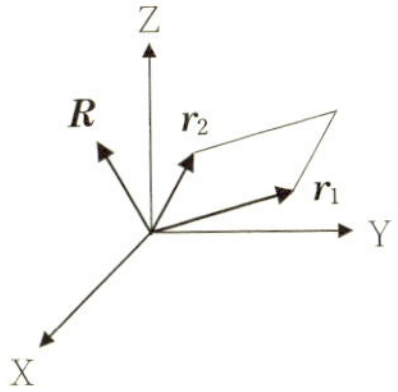

図 7.4

$$R_x = y_1z_2 - y_2z_1$$
$$R_y = z_1x_2 - z_2x_1$$
$$R_z = x_1y_2 - x_2y_1$$

さて，この[例 3]の目的は上記の $\{R_x, R_y, R_z\}$ を基底関数のセットとして使って[例 2]で取り上げた空間操作 $\hat{R}(\alpha)$, $\hat{\sigma}(\alpha)$, $\hat{S}(\alpha)$, $\hat{I}$ の 3 次元表現行列をつくり，その結果を $\{x, y, z\}$ を基底関数とした場合と比較することです．まず $\hat{R}(\alpha)$ から始めます．個々の x, y, z に対する $\hat{R}(\alpha)$ の働きは[例 2]で求めてありますから，$i=1,2$ として

$$\hat{R}(\alpha)x_i = x_i' = x_i \cos\alpha + y_i \sin\alpha$$
$$\hat{R}(\alpha)y_i = y_i' = x_i(-\sin\alpha) + y_i \cos\alpha$$
$$\hat{R}(\alpha)z_i = z_i' = z_i$$

これらを使って整理すると，結局

$$\hat{R}(\alpha)R_x = y_1'z_2' - y_2'z_1' = R_x \cos\alpha + R_y \sin\alpha$$
$$\hat{R}(\alpha)R_y = z_1'x_2' - z_2'x_1' = R_x(-\sin\alpha) + R_y \cos\alpha$$
$$\hat{R}(\alpha)R_z = x_1'y_2' - x_2'y_1' = R_z$$

が得られます．まとめると

$$\hat{R}(\alpha)(R_x \quad R_y \quad R_z) = (R_x \quad R_y \quad R_z)D^{(A)}(\hat{R}(\alpha))$$

$$D^{(A)}(\hat{R}(\alpha)) = \begin{pmatrix} \cos\alpha & -\sin\alpha & 0 \\ \sin\alpha & \cos\alpha & 0 \\ 0 & 0 & 1 \end{pmatrix}$$

この表現行列は[例 2]に示した $\{x, y, z\}$ を基底とした $D^{(P)}(\hat{R}(\alpha))$ と同じです．しかし鏡映 $\hat{\sigma}_v(\alpha)$, $\hat{\sigma}_h$ については違った結果になり，したがって，$\hat{S}(\alpha)$ についても異なります．$\{x, y, z\}$ と $\{R_x, R_y, R_z\}$ の変換性の違いは表 7.5 でよく見えます．$\boldsymbol{r}(x, y, z)$ のようなベクトルを極性(polar)ベクトル，$\boldsymbol{R}(R_x, R_y, R_z)$ のようなベクトルを軸性(axial)ベクトルと呼び分けることがあります．表現の肩につけた (P), (A) はそれを意味しています．

極性ベクトル

軸性ベクトル

剛体の回転を表わすベクトルは軸性ベクトルの良い例で

す．簡単のため，軸を垂直(Z 軸方向)にした車のようなもの(図 7.5(a))を想像します．図の矢印の方向に車が回っているとして，回転の速さに比例して車軸の方向にベクトルをとり，車の回転に合わせて右ネジを回したときネジが進む方向をベクトルの正の方向とします．これは図 7.4 の $\boldsymbol{R}$ の正の方向の約束の仕方と同じです．さて，XY 面，XZ 面が鏡だとすると，車の映像の回り方は XY 面については車のそれと同じですが，XZ 面の映像では逆になります．これをベクトル $\boldsymbol{R}$ として解釈すると図 7.5(b)のようになります．一方，極性ベクトル $\boldsymbol{r}$ の場合には図 7.5(c)のようになります．$\boldsymbol{R}$ の方向が逆転するのは，XZ 面に限らず，Z 軸を含み XY 面に直交する任意の鏡面についても同じであることは明らかです．このようにして表 7.5 の $D^{(P)}$ と $D^{(A)}$ の違いが理解できます．

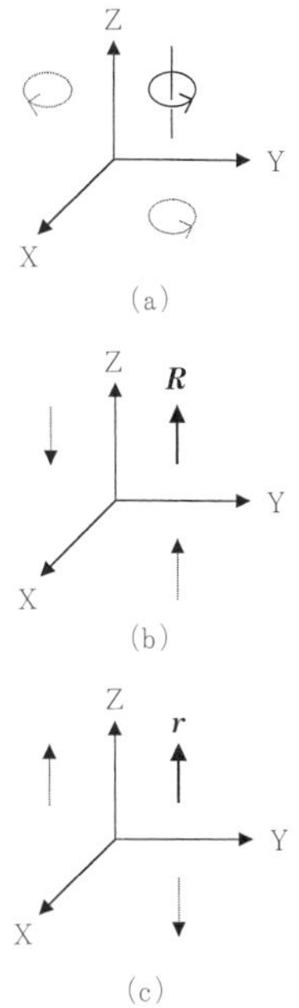

図 7.5

［例 4］［例 2］で見たように，変換 $\hat{T}$ を x, y, z に作用させた結果，

$$\hat{T}x = x', \qquad \hat{T}y = y', \qquad \hat{T}z = z'$$

はもとの x, y, z の 1 次結合で表わせますから，$\{x, y, z\}$ の 2 次同次式 $\{x^2, y^2, z^2, xy, yz, zx\}$ を基底関数系にとれば，例えば $\hat{T}x^2$ は 6 つの基底関数の 1 次結合として表わされます．他の関数についても同じですから，この基底関数のセットを使えば，空間対称操作の，一般には，可約の 6 次元表現が得られます．$\{x, y, z\}$ の 3 次以上の同次式のセットを使った場合も同様です．

これで $\boldsymbol{C}_{3v}$ の指標表(表 7.3)の右側の 2 つの箱の中を理解する準備が出来ました．［例 2］では $\{x, y, z\}$，［例 3］では $\{R_x, R_y, R_z\}$ を基底関数にして $\hat{R}(\alpha), \hat{\sigma}_v(\alpha)$ などの 3 次元(可約)表現を調べましたが，その結果を $\boldsymbol{C}_{3v}$ の $\hat{C}_3, \hat{\sigma}_v$ について使えば，z が A_1 に，R_z が A_2 に，$(x, y), (R_x, R_y)$ が

E に当てはまることを理解できると思います．右端の箱は，x^2+y^2 または z^2 が 1 次元表現 A_1 の基底関数，(x^2-y^2, xy) または (xz, yz) が 2 次元表現 E の基底関数になることを示しています．

7.3　既約表現の記号，巡回群 C_n の指標表

ここでは既約表現を示す記号 A_1, A_2, E などの説明をします．点群の既約表現にはこの他にも多くの種類があり，適当な記号を振り当てる必要がありますが，化学や物理学で広く用いられているマリケンの記法の主だった約束事をまとめておきます．これだけ心得ておけば，大抵の場合，間にあいますが，より詳しいことは原著に譲ります：

R. S. Mulliken, *J. Chem. Phys.*, **23** (1955), 1997.

(1) 1 次元表現は A または B，2 次元表現は E，3 次元表現は T で表わす．

(2) 1 次元表現で主役の回転軸(主回転軸)の回転 C_n の指標 $\chi(C_n)$ が $+1$ なら A，$\chi(C_n)$ が -1 ならば B とする．

(3) A と B には，主回転軸に直交する C_2 軸のまわりの回転 C_2 について $\chi(C_2)=1$ ならば添数字 1 を，$\chi(C_2)=-1$ ならば添数字 2 をつける．

(4) 鏡映操作 σ_h の指標 $\chi(\sigma_h)$ の正と負に応じて，プライム($'$)，ダブルプライム($''$)が A, B, E, T の肩につけられることがある．

(5) 反転操作 i の指標 $\chi(i)$ が正であれば g(ドイツ語の gerade)，負であれば u(ungerade)をつける．

(6) 群 $\boldsymbol{C}_1, \boldsymbol{C}_s, \boldsymbol{C}_i$ の 1 次元表現はすべて A で表わす．

(7) 群 $\boldsymbol{D}_2, \boldsymbol{D}_{2h}$ では C_2 軸が 3 本あり，それらのまわりの回転 C_2 はそれぞれ別の類になっていて，“主”回転軸がきめにくいので，3 つの C_2 について $\chi(C_2)=1$ であるものは A，それ以外は B とする．この B についての区別をす

表 7.6 群 C_3 の指標表

C_3	E	C_3	C_3^2	$\varepsilon=\exp(i(2\pi/3))$	
A	1	1	1	$z,\ R_z$	$x^2+y^2,\ z^2$
E	$\left\{\begin{matrix}1 \\ 1\end{matrix}\right.$	$\begin{matrix}\varepsilon \\ \varepsilon^*\end{matrix}$	$\left.\begin{matrix}\varepsilon^* \\ \varepsilon\end{matrix}\right\}$	$(x, y), (R_x, R_y)$	$(x^2-y^2, xy),\ (xz, yz)$

るために添数字 1, 2, 3 が用いられる．

(8) 群 C_n については，あとで別に説明する．

(9) E と T の添数字も区別のための番号と考えておく．

(10) 群 I, I_h では 4 次元既約表現(G)，5 次元既約表現(H)がある．

群 I, I_h の説明はホームページの「点群 I, I_h の説明」にあります．

以上で点群の指標表の内容の見方が大体わかったようですが，まだ，わからない場合の 1 例が群 C_3 の指標表 7.6 です．

2.4 節の巡回群，**2.6** 節の類のことを復習すれば，巡回群

$$C_n = \{C_n, C_n^2, C_n^3, \cdots, C_n^{n-1}, C_n^n=E\}$$

では元の 1 つ 1 つが類をなしていて，全部で n 個の類から出来ていることがわかります．したがって，既約表現の次元数についての定理(7.1.5)から

$$1^2+1^2+\cdots+1^2 = n$$

となって，C_n の既約表現はすべて 1 次元で総計 n 個あるはずです．1 次元表現では $\chi(E)=1$ であり，元 C_n の指標を $\chi(C_n)=z$ とすると

	E	C_n	C_n^2	C_n^3	C_n^4	$\cdots$	$C_n^n=E$
χ	1	z	z^2	z^3	z^4	$\cdots$	$z^n=1$

ですから，z は方程式 $z^n=1$ の根でなければなりません．この方程式は n 個の根を持っているはずですが，z を実数に制限すると，$z=1, -1$ の 2 つの可能性しかないので，z は一般的に複素数とする必要があります．

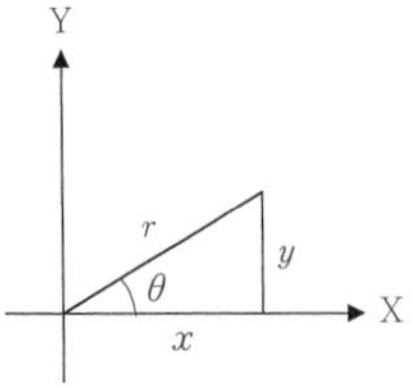

図 7.6

複素数を便利に扱うために複素平面表示を用いることにします．任意の複素数は2つの実数 x, y と虚数単位 $i=\sqrt{-1}$ を使って

$$z = x+iy \tag{7.3.1}$$

と表わせます．これが複素数の定義と思ってもよろしい．z は2つの実数 (x, y) で指定されるので，図7.6のように2次元の座標系で表わせます：

$$z = r\cos\theta+ir\sin\theta = r(\cos\theta+i\sin\theta) \tag{7.3.2}$$

$\cos\theta, \sin\theta$ と指数関数の関係式

$$\cos\theta+i\sin\theta = e^{i\theta} \tag{7.3.3}$$

を代入すると

$$z = re^{i\theta}$$

となります．$z^n=1$ の根を求めるのが私たちの目的ですから $r=1$ と置いて

$$z^n = (e^{i\theta})^n = e^{in\theta} = 1$$

を満たす θ の値を求めることにします．(7.3.3)で $\theta\to n\theta$ とすると

$$e^{in\theta} = \cos n\theta+i\sin n\theta = 1$$

これは実数部分が1，虚数部分が0：

$$\cos n\theta = 1, \quad \sin n\theta = 0 \tag{7.3.4}$$

を意味します．この方程式は

$$n\theta = 2\pi m, \quad \theta = \frac{2\pi}{n}m \quad (m=0, \pm1, \pm2, \pm3, \cdots) \tag{7.3.5}$$

で満たされます．これで見ると(7.3.4)を満足する θ の値は無数にあるように見えますが，図を描いてみると(図7.7)，θ の異なる値は n 個しかなく，

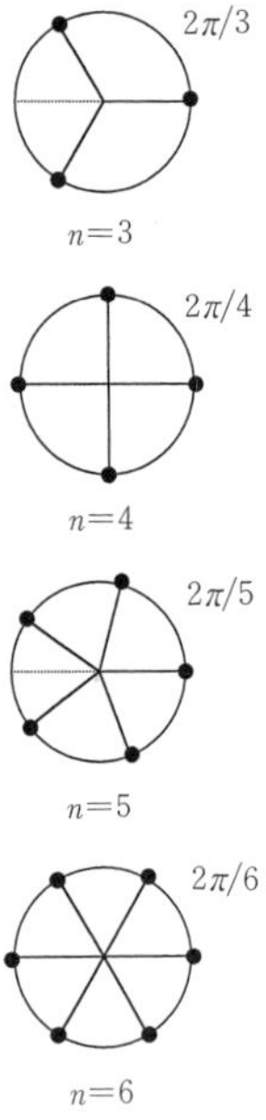

図 7.7

$$\theta = \frac{2\pi}{n}m \quad (m=0, 1, 2, \cdots, n-1) \tag{7.3.6}$$

表 7.7　巡回群 $\boldsymbol{C}_n$ の 1 次元既約表現の指標

$\boldsymbol{C}_n$	E	C_n	${C_n}^2$	${C_n}^3$	$\cdots$	${C_n}^{n-1}$
Γ_0	1	z_0	${z_0}^2$	${z_0}^3$	$\cdots$	${z_0}^{n-1}$
Γ_1	1	z_1	${z_1}^2$	${z_1}^3$	$\cdots$	${z_1}^{n-1}$
Γ_2	1	z_2	${z_2}^2$	${z_2}^3$	$\cdots$	${z_2}^{n-1}$
$\vdots$	$\vdots$	$\vdots$	$\vdots$	$\vdots$		$\vdots$
Γ_{n-1}	1	z_{n-1}	${z_{n-1}}^2$	${z_{n-1}}^3$	$\cdots$	${z_{n-1}}^{n-1}$

表 7.8　巡回群 $\boldsymbol{C}_3$ の 1 次元既約表現の指標

$\boldsymbol{C}_3$	E	C_3	C_3^2	$\varepsilon=\exp(i(2\pi/3))$
Γ_0	1	1	1	
Γ_1	1	ε	ε^2	
Γ_2	1	ε^2	ε^4	

となります．これに対応する $z^n=1$ の n 個の根 $z_0, z_1, z_2, \cdots, z_{n-1}$ は

$$z_m = e^{i(2\pi/n)m} \qquad (m=0, 1, 2, \cdots, n-1) \tag{7.3.7}$$

または複素数

$$\varepsilon = e^{i2\pi/n} = \exp\left(i\frac{2\pi}{n}\right) \tag{7.3.8}$$

を使って

$$z_m = \varepsilon^m \qquad (m=0, 1, 2, \cdots, n-1) \tag{7.3.9}$$

と書けます．この z_m を使えば $\boldsymbol{C}_n$ の指標表は表 7.7 のようになります．この表で $z_0=1$ ですから表現 Γ_0 は指標がすべて 1 の恒等表現です．しかし $\Gamma_1, \Gamma_2, \cdots, \Gamma_{n-1}$ は実際に見かける巡回群 $\boldsymbol{C}_n$ の指標表にある既約表現の記法ではありません．例えば，表 7.7 の記法で $\boldsymbol{C}_3$ の指標表を書けば表 7.8 のようになりますが，普通に見られる形は表 7.6 です．(7.3.8), (7.3.9) から

$$\varepsilon = e^{i2\pi/3}, \qquad z_0 = 1, \qquad z_1 = \varepsilon, \qquad z_2 = \varepsilon^2$$

ですから，$n=3$ の場合の表 7.7 は表 7.8 のようになりま

す．しかし図 7.7 から明らかなように

$$\varepsilon^2 = \varepsilon^*, \quad \varepsilon^3 = 1, \quad \varepsilon^4 = \varepsilon$$

ですから，表 7.6 に示されている指標は互いに共役関係にあることがはっきりします．わかりにくいのは，表 7.6 ではこの Γ_1 と Γ_2 をまとめてそれが 2 次元表現ででもあるかのように E と記してあることですが，これは，あとで分子の電子状態の問題に群論を応用する場合などに便利であることがわかります．次の第 **8** 章で議論するエネルギー状態の縮重と関係があります．

$\boldsymbol{C}_3$ の指標表の読み方がわかれば，$\boldsymbol{C}_4, \boldsymbol{C}_5, \cdots$ の指標表にも馴染めます．一般に

$$\varepsilon = e^{i2\pi/n}$$

ならば

$$\varepsilon^{n+m} = \varepsilon^m, \quad \varepsilon^{n-m} = \varepsilon^{-m} = (\varepsilon^m)^*$$

ですから，$\boldsymbol{C}_n$ の 1 次元表現で互いに複素共役な対をなすものは，まとめて次のような記号を用います(マリケンの記号)．

$A \qquad m=0$

$B \qquad m=\dfrac{n}{2} \qquad$ (n：偶数)

$E_1 \qquad m=1, n-1$

$E_2 \qquad m=2, n-2$

$E_3 \qquad m=3, n-3$

$\vdots \qquad\qquad \vdots$

8

群論と量子力学

原子や分子のような極微の世界のことを扱うのが量子力学の役目ですが，その基礎方程式を定量的に正確に解くのは，ほとんどの場合，絶望的に困難です．しかし，方程式が解けない場合でも，群論の助けを借りると，その解についての多くの重要な定性的または半定量的結論を引き出してくることが出来ます．これから先の章では，読者に量子力学の基礎知識があるものとして話を進めます．

この章では水分子を例にして，群論が量子力学的世界の理解にどのように役立つかを学びます．気体状態の H_2O を想像すると，クロワッサンのような格好をした H_2O 分子が互いにぶつかり合いながら飛んでいます．その多くは回転運動をしていますし，また，OH の腕の長さが変わる振動や ∠HOH の角度が蝶の羽根のはばたきのように変わる振動も行われています．もし外から光があたると，そのエネルギーを吸って H_2O の中の電子たちの状態が基底状態から励起状態に移ることもあります．

8.1　1個の水分子のシュレディンガー方程式

H_2O は 1 つの酸素原子核と 2 つの水素原子核，それら 3 つの原子核を取り巻く 10 個の電子から出来ています．そのシュレディンガー方程式は

$$\hat{H}\boldsymbol{\Psi}_\lambda = E_\lambda \boldsymbol{\Psi}_\lambda \tag{8.1.1}$$

$$\begin{aligned}\hat{H} = &\sum_{a=1}^{3}\left(-\frac{1}{2M_a}\Delta_a\right)+\sum_{a>b}^{3}\frac{Z_a Z_b}{|\boldsymbol{R}_a-\boldsymbol{R}_b|}\\ &+\sum_{i=1}^{10}\left(-\frac{1}{2}\Delta_i\right)+\sum_{i>j}^{10}\frac{1}{|\boldsymbol{r}_i-\boldsymbol{r}_j|}\\ &+\sum_{i=1}^{10}\left(-\sum_{a=1}^{3}\frac{Z_a}{|\boldsymbol{R}_a-\boldsymbol{r}_i|}\right)\end{aligned} \tag{8.1.2}$$

ハミルトニアン演算子

この $\hat{H}$ はシュレディンガーのハミルトニアン(ハミルトニアン演算子)と呼ばれ，ここでは原子単位(atomic units)で書かれています．この単位系では電子の電荷の絶対値$(e)=1$，電子の質量$(m)=1$，$\hbar=h/2\pi=1$．(8.1.2)の第1行は原子核の運動エネルギー演算子と原子核相互の間の位置エネルギー演算子，第2行は電子の運動エネルギー演算子と電子相互の間の位置エネルギー演算子，第3行は原子核と電子の間の位置エネルギー演算子です．

ハミルトニアン $\hat{H}$ は波動関数 $\boldsymbol{\Psi}_\lambda$ に作用します．$\boldsymbol{\Psi}_\lambda$ は10個の電子と3個の原子核の座標の関数です．E_λ はエネルギーの次元を持つスカラー量で方程式の固有値と呼ばれます．扱いたい量子系(ここでは水の分子)がきまると，$\hat{H}$ は一定の処方に従ってすぐに書き下せます．その $\hat{H}$ をある関数 $\boldsymbol{\Psi}_\lambda$ に作用させた結果が，その関数に1つのスカラー E_λ を掛けただけのことになるような $\boldsymbol{\Psi}_\lambda$ と E_λ を求めよ——というのがシュレディンガー方程式(8.1.1)です．

シュレディンガー方程式

このような問題を，演算子 $\hat{H}$ の固有値問題，$\boldsymbol{\Psi}_\lambda$ を固有関数，E_λ を固有値と呼びます．$\hat{H}$ が沢山の微分演算子と粒子の位置の関数を含む複雑な形をしているので，このような簡単な事情が成り立つのが不思議な気もしますが，シュレディンガー方程式(8.1.1)を満たす E_λ と $\boldsymbol{\Psi}_\lambda$ は一般には無数にあるので添字 λ をつけて E_λ の低い値の方から $\lambda=1, 2, 3, \cdots$ と番号をつけます．

実際には，(8.1.2)の $\hat{H}$ について(8.1.1)を正確に解くことは絶望的に困難なので，物理的内容がなるべく失われないように気をつけながら，(8.1.1)を近似的に解きます．その最も基本的な近似はボルン-オッペンハイマー近似と呼ばれ，それは次の2つの手順をとることを意味します．

ボルン-オッペンハイマー近似

[1] 原子核の質量は電子の質量より遥かに大きいので，その動きは電子よりもずっと鈍重だと考え，まず，原子核の位置 $\boldsymbol{R}_1, \boldsymbol{R}_2, \boldsymbol{R}_3$ を固定して，次のような電子たちについてのシュレディンガー方程式を解く：

$$\hat{H}^{(e)}\psi_\mu^{(e)} = E_\mu^{(e)}\psi_\mu^{(e)} \tag{8.1.3}$$

$$\begin{aligned}\hat{H}^{(e)} &= \sum_{i=1}^{10}\left(-\frac{1}{2}\Delta_i - \sum_{a=1}^{3}\frac{Z_a}{|\boldsymbol{R}_a - \boldsymbol{r}_i|}\right) \\ &\quad + \sum_{i>j}^{10}\frac{1}{|\boldsymbol{r}_i - \boldsymbol{r}_j|} + \sum_{a>b}^{3}\frac{Z_a Z_b}{|\boldsymbol{R}_a - \boldsymbol{R}_b|}\end{aligned} \tag{8.1.4}$$

$$\psi_\mu^{(e)} \equiv \psi_\mu^{(e)}(1, 2, 3, \cdots, 10\,;\, \boldsymbol{R}_1, \boldsymbol{R}_2, \boldsymbol{R}_3) \tag{8.1.5}$$

$$E_\mu^{(e)} \equiv E_\mu^{(e)}(\boldsymbol{R}_1, \boldsymbol{R}_2, \boldsymbol{R}_3) \tag{8.1.6}$$

ここで $\boldsymbol{R}_1, \boldsymbol{R}_2, \boldsymbol{R}_3$ はある値に固定されているので，$\psi_\mu^{(e)}$ と $E_\mu^{(e)}$ は $\boldsymbol{R}_1, \boldsymbol{R}_2, \boldsymbol{R}_3$ をパラメーターとして含んでいます．つまり，固定した原子核の位置を与える1組の $\{\boldsymbol{R}_1, \boldsymbol{R}_2, \boldsymbol{R}_3\}$ の値に対して，1組の $\{\psi_\mu^{(e)}, E_\mu^{(e)}\}$ が決まります．

[2] 方程式(8.1.3)を多数の $\{\boldsymbol{R}_1, \boldsymbol{R}_2, \boldsymbol{R}_3\}$ の値のセットについて解くと，$E_\mu^{(e)}(\boldsymbol{R}_1, \boldsymbol{R}_2, \boldsymbol{R}_3)$ は3つの原子核の位置が $\boldsymbol{R}_1, \boldsymbol{R}_2, \boldsymbol{R}_3$ である時の位置ポテンシャルと考えることができますから，3つの原子核についてのシュレディンガー方程式を

$$\hat{H}^{(n)}\psi^{(n)}(1, 2, 3) = E^{(n)}\psi^{(n)}(1, 2, 3) \tag{8.1.7}$$

$$\begin{aligned}\hat{H}^{(n)} &= \sum_{a=1}^{3}\left(-\frac{1}{2M_a}\Delta_a\right) + V(\boldsymbol{R}_1, \boldsymbol{R}_2, \boldsymbol{R}_3) \\ V(\boldsymbol{R}_1, \boldsymbol{R}_2, \boldsymbol{R}_3) &= E_\mu^{(e)}(\boldsymbol{R}_1, \boldsymbol{R}_2, \boldsymbol{R}_3)\end{aligned} \tag{8.1.8}$$

と書き，これを解けば原子核の運動状態がわかると考えます．

以上が，ボルン-オッペンハイマー近似に基づいて分子

のシュレディンガー方程式を解く基本的な手順です．しかし，電子の運動と原子核の運動とを分離して取り扱う近似を導入して得られたシュレディンガー方程式(8.1.3)，(8.1.7)を良い精度で解くのもやはり至難の業です．そこで物理学者はハミルトニアン演算子の持つ空間的対称性に着目し，それに群論を応用することで，方程式を解くことなしに，その解の持ついくつかの重要な性質を見事に取り出してくるのです．また，これは分子のシュレディンガー方程式を解くコンピュータープログラムを書けば良くわかることですが，解く手数の節約にも群論は大きく役立ちます．

8.2　分子の対称性とハミルトニアン演算子

H_2O はその基底状態と多くの励起状態で 2 つの OH の腕の長さが等しくクロワッサン風に曲がった形をしていることが，実験的に知られています．また(8.1.3)の最低のエネルギー状態($\mu=1$)について $E_1^{(e)}$ が最低の値をとるような $\boldsymbol{R}_1, \boldsymbol{R}_2, \boldsymbol{R}_3$ を，理論計算で求めても，2 つの腕の長さは等しく，∠HOH の角度がほぼ 104° の形になるという結果が得られます．このことは H_2O が $\boldsymbol{C}_{2v}$ の対称性を持つことを意味します．そこで(8.1.4)の $\hat{H}^{(e)}$ の空間的対称性を調べることにします．

この章では演算子にはそれとハッキリわかるように必要に応じて帽子をつけます．

$\boldsymbol{C}_{2v}$ の空間対称操作 $\{E, C_2, \sigma_v(xz), \sigma_v{}'(yz)\}$ が $\hat{H}^{(e)}$ の

$$\sum_{i=1}^{10}\left(-\sum_{a=1}^{3}\frac{Z_a}{|\boldsymbol{R}_a-\boldsymbol{r}_i|}\right),\qquad \sum_{i>j}^{10}\frac{1}{|\boldsymbol{r}_i-\boldsymbol{r}_j|},\qquad \sum_{a>b}^{3}\frac{Z_aZ_b}{|\boldsymbol{R}_a-\boldsymbol{R}_b|}$$

の各項に変化を与えないのは，粒子間の距離の性質から明らかで，ただ 1 つ気になるのは電子の運動エネルギー演算子

$$-\frac{1}{2}\Delta = -\frac{1}{2}\left(\frac{\partial^2}{\partial x^2}+\frac{\partial^2}{\partial y^2}+\frac{\partial^2}{\partial z^2}\right) \qquad (8.2.1)$$

ですが，この微分演算子も座標原点のまわりの任意の直交

変換について不変であることが確かめられるので，$\hat{H}^{(e)}$ は $\boldsymbol{C}_{2v}$ の空間対称操作について不変であると結論できます．しかし，この事実を数学的に表わす際には $\hat{H}^{(e)}$ が演算子であるために少し注意が必要です．

空間対称操作を $\hat{G}$ で表わします．回転操作 $\hat{R}(\alpha)$ がその例です．作用を受けるのが関数 f で，$\hat{G}$ の作用を受けても f が変わらないのであれば

$$\hat{G}f = f \tag{8.2.2}$$

と書けば話はすみますが，作用を受けるのが $\hat{H}^{(e)}$ のような演算子である場合には，ただ

$$\hat{G}\hat{H} = \hat{H} \tag{8.2.3}$$

と書いただけでは正しくありません．演算子の間の関係式では，普通，作用を受ける対象(operand)が省かれているので，それをはっきり書けば，$\hat{H}$ が作用する波動関数を ψ とすると(8.2.3)は

$$\hat{G}\hat{H}\psi = \hat{H}\psi$$

を意味すべきなのですが，左辺の空間操作 $\hat{G}$ は空間関数でもあるハミルトニアン演算子 $\hat{H}$ にも作用するので

$$\hat{G}\hat{H}\psi = (\hat{G}\hat{H})\,\hat{G}\psi = \hat{H}\hat{G}\psi \tag{8.2.4}$$

となって，$\hat{H}\hat{G}\psi$ は一般に $\hat{H}\psi$ とは等しくないので，空間関数としての $\hat{H}$ が空間操作 $\hat{G}$ によって不変に保たれることを表わす式として(8.2.3)は正しくありません．上の式で $(\hat{G}\hat{H})$ のカッコ(　)は $\hat{G}$ の作用が $\hat{H}$ だけに及ぶことをはっきり示すために使ってあります．

$\hat{H}$ が一般的な量子力学的演算子，$\hat{G}$ が一般的な空間操作を表わすとし，$\hat{H}$ が $\hat{G}$ の作用を受けて $\hat{H}'$ に変わるとすると，それは上で使ったカッコ記法を利用して

$$\hat{H}' = (\hat{G}\hat{H}) \tag{8.2.5}$$

と書くことができます．しかし，もっとエレガントで便利な記法は

$$\hat{H}' = \hat{G}\hat{H}\hat{G}^{-1} \tag{8.2.6}$$

です．なぜなら，

$$\hat{H}'\psi = \hat{G}\hat{H}\hat{G}^{-1}\psi = (\hat{G}\hat{H})\hat{G}\hat{G}^{-1}\psi = (\hat{G}\hat{H})\psi \tag{8.2.7}$$

となり，これはカッコを使った表現法(8.2.5)と同じ内容です．$\hat{H}$ が $\hat{G}$ の作用の下で不変ならば，(8.2.6)は

$$\hat{H} = \hat{G}\hat{H}\hat{G}^{-1} \tag{8.2.8}$$

となりますが，これを

$$\hat{H}\hat{G} = \hat{G}\hat{H} \tag{8.2.9}$$

と書き換えて，$\hat{H}$ が $\hat{G}$ と交換する(commute)，または，$\hat{H}$ は $\hat{G}$ と可換である(commutable)であると言い表わすことがよくあります．

話を先に進めるために少し数学的な準備をします．量子力学では2つの空間関数の積を全空間で積分した量

$$(\psi, \varphi) = \int \psi^* \varphi dv \tag{8.2.10}$$

をよく使い，重なり積分と呼ぶことがあります．もし

$$(\psi, \varphi) = 0 \tag{8.2.11}$$

ならば，ψ と φ は直交すると言います．この量と(5.8.3)の2つのベクトルのスカラー積 $\boldsymbol{u}\cdot\boldsymbol{v}$ との類似は明らかです．$\boldsymbol{u}\cdot\boldsymbol{v}$ の代りに $(\boldsymbol{u}, \boldsymbol{v})$ という記法もよく使われます．ψ と φ の両方に同じ操作 $\hat{G}$ を作用させると，(7.2.6)から

$$\hat{G}\psi(\boldsymbol{r}) = \psi(\hat{G}^{-1}\boldsymbol{r}), \quad \hat{G}\varphi(\boldsymbol{r}) = \varphi(\hat{G}^{-1}\boldsymbol{r})$$

ですが，$(\hat{G}\psi, \hat{G}\varphi)$ は全空間($\boldsymbol{r}$ のあらゆる位置)についての積分ですから，本書で考えてきた $\hat{G}$ については

$$(\hat{G}\psi, \hat{G}\varphi) = (\psi, \varphi) \tag{8.2.12}$$

と考えるのが当然です．この条件を満たす演算子(変換) $\hat{G}$ をユニタリー演算子(変換)と呼びます．**5.8** 節で論じた，2つのベクトルのスカラー積を変えない変換(ユニタリー変換)に対応しています．

シュレディンガー方程式(8.1.1), (8.1.3), (8.1.7)では1つのエネルギー固有値に1つの固有関数が対応するように書いてありますが，一般的には1つのエネルギー固有値に2つ以上の固有関数が属していることがあり，縮重(degeneracy)と呼ばれます．固有関数の縮重をはっきり示すためにシュレディンガー方程式を

縮重

$$\hat{H}\psi_m^{(\alpha)} = E^{(\alpha)}\psi_m^{(\alpha)} \quad (m=1, 2, \cdots, d_\alpha) \tag{8.2.13}$$

と書き，d_α 個の関数

$$\{\psi_1^{(\alpha)}, \psi_2^{(\alpha)}, \cdots, \psi_{d_\alpha}^{(\alpha)}\} \tag{8.2.14}$$

が固有値 $E^{(\alpha)}$ に属しているとします．縮重した関数に任意の数係数(複素数でもよい)を掛けて1次結合

$$\psi'^{(\alpha)} = c_1\psi_1^{(\alpha)} + c_2\psi_2^{(\alpha)} + \cdots = \sum_{m=1}^{d_\alpha} c_m\psi_m^{(\alpha)} \tag{8.2.15}$$

を作ると

$$\hat{H}\psi'^{(\alpha)} = \sum_{m=1}^{d_\alpha} c_m\hat{H}\psi_m^{(\alpha)} = E^{(\alpha)}\sum_{m=1}^{d_\alpha} c_m\psi_m^{(\alpha)} = E^{(\alpha)}\psi'^{(\alpha)}$$

ですから，$\psi'^{(\alpha)}$ もまた固有値 $E^{(\alpha)}$ に属します．つまり $E^{(\alpha)}$ に属する d_α 個の1次独立な固有関数のとり方には(8.2.15)の任意性があり，これを利用すれば，その d_α 個の固有関数を規格直交化することが出来ます．したがって，はじめから(8.2.14)の d_α 個の縮重した固有関数の間には

$$(\psi_m^{(\alpha)}, \psi_n^{(\alpha)}) = \delta_{mn} \quad (m, n=1, 2, \cdots, d_\alpha) \tag{8.2.16}$$

の規格直交性があると考えてよいことになります．これで数学的準備が出来ました．

ある分子のハミルトニアン $\hat{H}$ が点群 $\boldsymbol{G}=\{\hat{G}_1, \hat{G}_2, \cdots, \hat{G}_g\}$ の空間操作について不変に保たれるとすると，(8.2.9)から

$$\hat{G}_i\hat{H} = \hat{H}\hat{G}_i \quad (i=1, 2, \cdots, g) \tag{8.2.17}$$

(8.2.13)の左から $\hat{G}_i$ を作用させると

$$\hat{G}_i\hat{H}\psi_m^{(\alpha)} = \hat{H}\hat{G}_i\psi_m^{(\alpha)} = E^{(\alpha)}\hat{G}_i\psi_m^{(\alpha)}$$

となるので，$\psi_m^{(\alpha)}$ を $\hat{G}_i$ で変換して得られる関数 $\hat{G}_i\psi_m^{(\alpha)}$ もまた固有値 $E^{(\alpha)}$ に属します．$E^{(\alpha)}$ の状態が d_α 重に縮重しているとすると，$\hat{G}_i\psi_m^{(\alpha)}$ は(8.2.14)の d_α 個の関数の1次結合で表わされるはずです．これを

$$\hat{G}_i\psi_m^{(\alpha)} = \sum_{p=1}^{d_\alpha}\psi_p^{(\alpha)}D_{pm}^{(\alpha)}(\hat{G}_i) \qquad (8.2.18)$$

の形に書くと，これは(6.2.9)と内容的には全く同じです．したがって，(8.2.14)を基底関数として群 $\boldsymbol{G}$ の d_α 次元の行列表現が得られたことになります．(8.2.12)と(8.2.16)を使えば

$$\begin{aligned}(\hat{G}_i\psi_m^{(\alpha)}, \hat{G}_i\psi_n^{(\alpha)}) &= \left(\sum_{p=1}^{d_\alpha}\psi_p^{(\alpha)}D_{pm}^{(\alpha)}(\hat{G}_i), \sum_{q=1}^{d_\alpha}\psi_q^{(\alpha)}D_{qn}^{(\alpha)}(\hat{G}_i)\right)\\ &= \sum_{p=1}^{d_\alpha}\sum_{q=1}^{d_\alpha}(\psi_p^{(\alpha)}, \psi_q^{(\alpha)})[D_{pm}^{(\alpha)}(\hat{G}_i)]^*D_{qn}^{(\alpha)}(\hat{G}_i)\\ &= \sum_{p=1}^{d_\alpha}[D_{pm}^{(\alpha)}(\hat{G}_i)]^*D_{pn}^{(\alpha)}(\hat{G}_i) = \delta_{mn}\end{aligned}$$

したがって，表現

$$\Gamma^{(\alpha)} = \{D^{(\alpha)}(\hat{G}_i)\} \qquad (\hat{G}_i \in \boldsymbol{G})$$

はユニタリー表現(表現行列がユニタリー行列)です．

シュレディンガー方程式の固有値 $E^{(\alpha)}$ に属する d_α 個の固有関数を基底として得られた表現 $\Gamma^{(\alpha)}$ は可約でしょうか？　それとも既約でしょうか？　残念ながら，この問いに対する答えは $\hat{H}$ の対称性からは出てきません．しかし，$\Gamma^{(\alpha)}$ が可約だとすると，その表現行列は少なくとも2つの，より低い次元の表現行列の直和に簡約されるはずであり，したがって，それぞれの表現を張る基底関数のセットも互いに混り合わない2つのグループに分かれます．基底関数のセットとして独立な2つのグループが同じ1つのエネルギー固有値に属することは偶然にそうなるのだと考えて，

そのような縮重を偶然縮重(accidental degeneracy)と呼びます．ただ1個の粒子を含む系のシュレディンガー方程式では偶然縮重は珍しくありませんが，その他の場合には滅多におこらないようなので，一般的に

偶然縮重

ハミルトニアン $\hat{H}$ の1つの固有値 $E^{(\alpha)}$ に属する d_α 個の縮重固有関数を基底とする d_α 次元の表現は，$\hat{H}$ を不変に保つ点群の既約表現を与える

と仮定して，今後の議論を進めます．しかし，これが仮定であることを記憶しておいて下さい．

8.3　分子の電子状態を区別する記号

H_2O も NH_3 も10個の電子を含んでいます．ボルン-オッペンハイマー近似の下で，原子核の配置を，H_2O では $\boldsymbol{C}_{2v}$ の，NH_3 では $\boldsymbol{C}_{3v}$ の対称性に固定しても，原子核の引力の場の中で10個の電子は強いクーロン反発力で互いに影響しながら複雑な運動状態にあり，それを記述する波動関数は10個の電子の座標の複雑な関数になります．分子としては簡単な方の H_2O や NH_3 でも，その電子状態についてのシュレディンガー方程式(8.1.3)を高い精度で解くのは大変な仕事です．しかし，幸いにも，具体的に解いてみなければ何もわからないわけではなく，方程式を解かないままで，その解についてのいくつかの重要な知識が群論を応用することで得られます．

10個の電子についてのシュレディンガー方程式を

$$\hat{H}\psi_m^{(\alpha)}(1,2,\cdots,10) = E^{(\alpha)}\psi_m^{(\alpha)}(1,2,\cdots,10) \tag{8.3.1}$$

とし，まず，H_2O のハミルトニアン $\hat{H}$ は点群 $\boldsymbol{C}_{2v}$ の空間対称操作について不変だとすると，**8.2**節の議論からエネルギー固有値 $E^{(\alpha)}$ に属する固有関数

$$\{\psi_m^{(\alpha)}\} \qquad (m=1,2,\cdots,d_\alpha) \tag{8.3.2}$$

は C_{2v} の既約表現の基底になります．ところが C_{2v} の指標表(表 6.8)を見ると，この点群には 4 つの 1 次元既約表現しかありません．これは，H_2O の原子核の骨組みが C_{2v} の対称性を持っている限り，縮重した固有値はなく，A_1, A_2, B_1, B_2 の変換性を持った縮重のない解があるだけであることを意味します．10 個の電子が，どんなに飛び回り，飛び跳ねても，分子の骨格の対称性が C_{2v} に止まる限り，基底状態，励起状態の如何を問わず，A_1, A_2, B_1, B_2 の 4 つのラベルで区別されるという結論は動きません．なんとすばらしく歯切れの良い断定ではありませんか！

NH_3 の場合も同様な議論が可能です．分子の骨格が C_{3v} の対称性を持つ限り，そのシュレディンガー方程式の固有解は C_{3v} の指標表(表 6.12)から，既約表現 A_1, A_2, E のどれかの基底になるはずです．A_1, A_2 は 1 次元既約表現，E は 2 次元既約表現ですから，NH_3 のエネルギー固有状態の縮重度は，たかだか 2 重に止まり，3 重以上の縮重は現われませんし，その量子力学的状態は A_1, A_2, E の 3 つのラベルで区別でき，これ以外の性格を持つ電子状態は，NH_3 の骨格が C_{3v} の対称性を持つ限り，現われることはありません．

ここで原子の電子状態を区別する記号のことを思い出してみます．例えば，酸素原子の基底状態は ^3P 状態，そのすぐ上の 2 つの励起状態には $^5D, {}^1S$ という記号が使われます．この $S, P, D, \cdots$ の記号は，H_2O の A_1, A_2, B_1, B_2 や NH_3 の A_1, A_2, E に対応します．原子ではそのハミルトニアン演算子が中心(原子核)のまわりの 3 次元連続回転操作について不変なことが理由で，$S, P, D, F, G, \cdots$ と無限個の既約表現，したがって無限個の電子状態の種類がありますが，C_{2v} や C_{3v} は有限群なので，有限個の既約表現しかなく，したがって，これらの分子の電子状態の種類を表わす記号も有限個ですみます．

8.4　既約表現の基底関数の間の直交性

1つの点群 $\boldsymbol{G}$ の2つの既約表現とその基底関数

$$\left.\begin{aligned} &\Gamma^{(\alpha)} = \{D^{(\alpha)}(\hat{G})\} \qquad (\hat{G} \in \boldsymbol{G}) \\ &\quad \{\psi_1^{(\alpha)}, \psi_2^{(\alpha)}, \cdots, \psi_{d_\alpha}^{(\alpha)}\} \\ &\qquad \hat{G}\psi_m^{(\alpha)} = \sum_{p=1}^{d_\alpha} \psi_p^{(\alpha)} D_{pm}^{(\alpha)}(\hat{G}) \end{aligned}\right. \tag{8.4.1}$$

$$\left.\begin{aligned} &\Gamma^{(\beta)} = \{D^{(\beta)}(\hat{G})\} \qquad (\hat{G} \in \boldsymbol{G}) \\ &\quad \{\psi_1^{(\beta)}, \psi_2^{(\beta)}, \cdots, \psi_{d_\beta}^{(\beta)}\} \\ &\qquad \hat{G}\psi_n^{(\beta)} = \sum_{q=1}^{d_\beta} \psi_q^{(\beta)} D_{qn}^{(\beta)}(\hat{G}) \end{aligned}\right. \tag{8.4.2}$$

を考えます．これらの既約表現を張る基底関数のセットは(8.2.14)のように，あるシュレディンガーのハミルトニアンの固有関数であっても，そうでなくてもよろしい．それぞれの基底関数のセットの中では(8.2.16)の場合と同じように

$$(\psi_p^{(\alpha)}, \psi_q^{(\alpha)}) = \delta_{pq}, \qquad (\psi_p^{(\beta)}, \psi_q^{(\beta)}) = \delta_{pq} \tag{8.4.3}$$

であると始めから考えてよいのですが，セット (α) とセット (β) の間の重なり積分 $(\psi_m^{(\alpha)}, \psi_n^{(\beta)})$ についてはどうでしょうか．まず(8.2.12)に戻ると

$$(\hat{G}\psi, \hat{G}\varphi) = (\psi, \varphi) \qquad (\hat{G} \in \boldsymbol{G})$$

ですから，同じ積分を g($\boldsymbol{G}$ の位数)個だけ足し算して，g で割れば

$$(\psi, \varphi) = \frac{1}{g}\sum_{G}(\hat{G}\psi, \hat{G}\varphi) \tag{8.4.4}$$

と書けますから

$$\begin{aligned} (\psi_m^{(\alpha)}, \psi_n^{(\beta)}) &= \frac{1}{g}\sum_{G}(\hat{G}\psi_m^{(\alpha)}, \hat{G}\psi_n^{(\beta)}) \\ &= \frac{1}{g}\sum_{G}\sum_{p}\sum_{q}(\psi_p^{(\alpha)} D_{pm}^{(\alpha)}(\hat{G}), \psi_q^{(\beta)} D_{qn}^{(\beta)}(\hat{G})) \end{aligned}$$

$$= \sum_p \sum_q (\psi_p^{(\alpha)}, \psi_q^{(\beta)}) \frac{1}{d_\alpha} \delta_{pq}\delta_{mn}\delta_{\alpha\beta}$$

$$= \delta_{\alpha\beta}\delta_{mn} \frac{1}{d_\alpha} \sum_p (\psi_p^{(\alpha)}, \psi_p^{(\alpha)}) = \delta_{\alpha\beta}\delta_{mn} \qquad (8.4.5)$$

したがって

$$(\psi_m^{(\alpha)}, \psi_n^{(\beta)}) = \delta_{\alpha\beta}\delta_{mn} \qquad (8.4.6)$$

と結論できます．上の式の変形には大直交性定理(7.1.4)と(8.4.3)が使われています．直交関係(8.4.6)はシュレディンガー方程式の解の直交関係を含み，量子力学でよく出てくる各種の「選択則」と呼ばれるものの一般的な議論の基礎になりますが，「選択則」の一般論にかかるためには，もう少し数学的な準備が必要です．

8.5 行列の直積と直積表現

6.4 節では1つの群の2つの行列表現の直和をとってもう1つの行列表現を作りました．ここでは，1つの群の2つの基底関数セットの積をとって，もう1つの表現を作ります．

なお，この節では，簡便のため，$\hat{G}$ の帽子を取って G と書くこととします．

(8.4.1)で $d_\alpha=2$，(8.4.2)で $d_\beta=3$ という具体例を使って，積をとる手続きを説明します．2つの基底関数セット

$$\Gamma^{(\alpha)} : \{\psi_1^{(\alpha)}, \psi_2^{(\alpha)}\} \qquad (8.5.1)$$

$$\Gamma^{(\beta)} : \{\psi_1^{(\beta)}, \psi_2^{(\beta)}, \psi_3^{(\beta)}\} \qquad (8.5.2)$$

の間でその関数のすべての組み合わせの積をとって次の基底関数セットを作ります：

$$\Gamma^{(\alpha\times\beta)} : \{\psi_1^{(\alpha)}\psi_1^{(\beta)}, \psi_1^{(\alpha)}\psi_2^{(\beta)}, \psi_1^{(\alpha)}\psi_3^{(\beta)}, \psi_2^{(\alpha)}\psi_1^{(\beta)}, \psi_2^{(\alpha)}\psi_2^{(\beta)}, \psi_2^{(\alpha)}\psi_3^{(\beta)}\} \qquad (8.5.3)$$

これをまとめて

$$\Gamma^{(\alpha\times\beta)} : \{\Psi_{mn}\} \equiv \{\psi_m^{(\alpha)}\psi_n^{(\beta)}\} \qquad (m=1,2\,;\ n=1,2,3) \qquad (8.5.4)$$

と書くと

$$G\Psi_{mn} = G(\psi_m^{(\alpha)}\psi_n^{(\beta)}) = (G\psi_m^{(\alpha)})(G\psi_n^{(\beta)})$$
$$= \sum_{p=1}^{2}\psi_p^{(\alpha)}D_{pm}^{(\alpha)}(G)\sum_{q=1}^{3}\psi_q^{(\beta)}D_{qn}^{(\beta)}(G)$$
$$= \sum_{p=1}^{2}\sum_{q=1}^{3}\psi_p^{(\alpha)}\psi_q^{(\beta)}D_{pm}^{(\alpha)}(G)D_{qn}^{(\beta)}(G)$$
$$= \sum_{p=1}^{2}\sum_{q=1}^{3}\Psi_{pq}D_{pm}^{(\alpha)}(G)D_{qn}^{(\beta)}(G) \qquad (8.5.5)$$

ここで，スーパー行列の要素とでも呼ぶのにぴったりの量：

$$M_{pq,mn}(G) = D_{pm}^{(\alpha)}(G)D_{qn}^{(\beta)}(G) \qquad (8.5.6)$$

を定義すると(8.5.5)は

$$G\Psi_{mn} = \sum_{p=1}^{2}\sum_{q=1}^{3}\Psi_{pq}M_{pq,mn}(G) \qquad (m=1,2\,;\ n=1,2,3) \qquad (8.5.7)$$

となります．2つの添え字のペア (pq), (mn) をまとめて考えると，(8.5.7)は行列の定義(8.4.1)や(8.4.2)と本質的に同じ形の関係式なので，2つの表現行列 $\{D_{pm}^{(\alpha)}(G)\}$, $\{D_{qn}^{(\beta)}(G)\}$ から(8.5.6)で定義した新しい量 $\{M_{pq,mn}(G)\}$ も群 $\boldsymbol{G}$ の1つの表現になっているだろうと思われます．

実は，(8.5.6)は行列の演算で2つの行列の直積と呼ばれるものの定義にあたっています．行列 A と行列 B の直積(direct product) $A\otimes B=M$ を 2×2 行列と 3×3 行列の場合を例にして示せば　**直積**

$$A = \begin{pmatrix} A_{11} & A_{12} \\ A_{21} & A_{22} \end{pmatrix}, \qquad B = \begin{pmatrix} B_{11} & B_{12} & B_{13} \\ B_{21} & B_{22} & B_{23} \\ B_{31} & B_{32} & B_{33} \end{pmatrix}$$

に対して

$$A\otimes B = \begin{pmatrix} A_{11}B & A_{12}B \\ A_{21}B & A_{22}B \end{pmatrix}$$

$$
= \begin{pmatrix}
A_{11}B_{11} & A_{11}B_{12} & A_{11}B_{13} & A_{12}B_{11} & A_{12}B_{12} & A_{12}B_{13} \\
A_{11}B_{21} & A_{11}B_{22} & A_{11}B_{23} & A_{12}B_{21} & A_{12}B_{22} & A_{12}B_{23} \\
A_{11}B_{31} & A_{11}B_{32} & A_{11}B_{33} & A_{12}B_{31} & A_{12}B_{32} & A_{12}B_{33} \\
A_{21}B_{11} & A_{21}B_{12} & A_{21}B_{13} & A_{22}B_{11} & A_{22}B_{12} & A_{22}B_{13} \\
A_{21}B_{21} & A_{21}B_{22} & A_{21}B_{23} & A_{22}B_{21} & A_{22}B_{22} & A_{22}B_{23} \\
A_{21}B_{31} & A_{21}B_{32} & A_{21}B_{33} & A_{22}B_{31} & A_{22}B_{32} & A_{22}B_{33}
\end{pmatrix}
$$

一般化すれば

$$(A \otimes B)_{pq,mn} \equiv M_{pq,mn} = A_{pm}B_{qn} \quad (8.5.8)$$

がそのスーパー行列要素の定義です．

直積 $A \otimes B$ と直積 $C \otimes D$ の間の“普通”の積をとると，次の性質があります：

$$(A \otimes B)(C \otimes D) = (AC) \otimes (BD) \quad (8.5.9)$$

左辺の pq 行 mn 列の行列要素をとると

$$
\begin{aligned}
[(A \otimes B)(C \otimes D)]_{pq,mn} &= \sum_i \sum_j (A \otimes B)_{pq,ij}(C \otimes D)_{ij,mn} \\
&= \sum_i \sum_j A_{pi}B_{qj}C_{im}D_{jn} \\
&= \sum_i A_{pi}C_{im} \sum_j B_{qj}D_{jn} \\
&= (AC)_{pm}(BD)_{qn} \\
&= [(AC) \otimes (BD)]_{pq,mn}
\end{aligned}
$$

となり，(8.5.9)が確かめられました．

直積の記法を使えば(8.5.5)は

$$G\Psi_{mn} = \sum_p \sum_q \Psi_{pq}[D^{(\alpha)}(G) \otimes D^{(\beta)}(G)]_{pq,mn} \quad (8.5.10)$$

となり，さらに

$$D^{(\alpha\times\beta)}(G) = D^{(\alpha)}(G) \otimes D^{(\beta)}(G) \quad (8.5.11)$$

を定義すると

$$G\Psi_{mn} = \sum_p \sum_q \Psi_{pq}[D^{(\alpha\times\beta)}(G)]_{pq,mn} \quad (8.5.12)$$

と書けます．Ψ_{mn} を $\psi_m^{(\alpha)}\psi_n^{(\beta)}$ に戻せば

$$G\psi_m^{(\alpha)}\psi_n^{(\beta)} = \sum_p \sum_q \psi_p^{(\alpha)}\psi_q^{(\beta)}[D^{(\alpha\times\beta)}(G)]_{pq,mn} \quad (8.5.13)$$

これは d_α, d_β が任意の値である場合の式として理解できます.

このａ $D^{(\alpha\times\beta)}(G)$ が群 $\boldsymbol{G}$ の1つの表現になっていることは

$$D^{(\alpha\times\beta)}(G_j)D^{(\alpha\times\beta)}(G_i) = D^{(\alpha\times\beta)}(G_jG_i) \tag{8.5.14}$$

が示されれば確かめられます. (8.5.11)と(8.5.9)から

$$\begin{aligned}&(D^{(\alpha)}(G_j)\otimes D^{(\beta)}(G_j))(D^{(\alpha)}(G_i)\otimes D^{(\beta)}(G_i))\\ &\quad= (D^{(\alpha)}(G_j)D^{(\alpha)}(G_i))\otimes(D^{(\beta)}(G_j)D^{(\beta)}(G_i))\\ &\quad= D^{(\alpha)}(G_jG_i)\otimes D^{(\beta)}(G_jG_i) = D^{(\alpha\times\beta)}(G_jG_i)\end{aligned}$$

したがって, 基底関数セット

$$\{\psi_m^{(\alpha)}\psi_n^{(\beta)}\} \qquad (m=1,2,\cdots,d_\alpha\,;\; n=1,2,\cdots,d_\beta) \tag{8.5.15}$$

は $\boldsymbol{G}$ の1つの表現

$$\Gamma^{(\alpha\times\beta)} = \{D^{(\alpha\times\beta)}(G)\} \tag{8.5.16}$$

を与えます. 以上の事情をシンボリックにまとめて

$$\Gamma^{(\alpha\times\beta)} = \Gamma^{(\alpha)}\otimes\Gamma^{(\beta)}$$

と表わし, これを2つの表現 $\Gamma^{(\alpha)}, \Gamma^{(\beta)}$ から作った直積表現と呼びます. 直積表現の指標は

直積表現

$$\begin{aligned}\chi^{(\alpha\times\beta)}(G) &= \sum_i\sum_j[D^{(\alpha\times\beta)}(G)]_{ij,ij}\\ &= \sum_i\sum_j D_{ii}^{(\alpha)}(G)D_{jj}^{(\beta)}(G)\\ &= \sum_i D_{ii}^{(\alpha)}(G)\sum_j D_{jj}^{(\beta)}(G)\\ &= \chi^{(\alpha)}(G)\chi^{(\beta)}(G)\end{aligned} \tag{8.5.18}$$

となります. $\Gamma^{(\alpha)}$ と $\Gamma^{(\beta)}$ がともに既約表現であっても, その直積表現は一般に可約表現になりますが, (8.5.18)を使えば簡約できます. $\chi^{(\alpha\times\beta)}(G)$ を(7.1.12)の $\chi(G)$ にとると

$$\Gamma^{(\alpha\times\beta)} = \sum_\lambda c_\lambda\Gamma^{(\lambda)}$$

の c_λ が計算されて $\Gamma^{(\alpha\times\beta)}$ が簡約されます．

8.6　量子力学の選択則

量子力学では 2 つの関数で量子力学の演算子 Ω を挟んで全空間で積分した量

$$(\psi, \Omega\varphi) = \int \psi^* \Omega \varphi dv \qquad (8.6.1)$$

が重要になることがよくあります．この節では ψ, Ω, φ の空間対称性に基づいて，この積分量が 0 になる場合を判定する方法を考えます．ψ, φ としては 1 つの点群 $\boldsymbol{G}=\{G_1, G_2, \cdots, G_g\}$ の 2 つの既約表現 $\Gamma^{(\alpha)}$ と $\Gamma^{(\beta)}$ の基底関数セット

$$\Gamma^{(\alpha)} : \{\psi_1^{(\alpha)}, \psi_2^{(\alpha)}, \cdots, \psi_{d_\alpha}^{(\alpha)}\} \qquad (8.6.2)$$

$$\Gamma^{(\beta)} : \{\psi_1^{(\beta)}, \psi_2^{(\beta)}, \cdots, \psi_{d_\beta}^{(\beta)}\} \qquad (8.6.3)$$

から選び，積分量

$$(\psi_m^{(\alpha)}, \Omega\psi_n^{(\beta)}) \qquad (8.6.4)$$

を取り扱います．まず，上の積分の特殊な場合として，$\Omega=1$，$\psi_m^{(\alpha)}=1$ の場合：

$$\int \psi_n^{(\beta)} dv = c \qquad (c \text{ は積分の値})$$

を考え，これに(8.2.12)と同じ考え方を当てはめると

$$\int G\psi_n^{(\beta)} dv = c$$

$G \in \boldsymbol{G}$ のすべての G についてこの式は成立するので

$$\frac{1}{g}\sum_G G\psi_n^{(\beta)} dv = \frac{1}{g} gc = c$$

です．(8.4.2)を使うと

$$c = \frac{1}{g}\sum_G \int \sum_{q=1}^{d_\beta} \psi_q^{(\beta)} D_{qn}^{(\beta)}(G)\, dv = \frac{1}{g}\sum_{q=1}^{d_\beta} \int \psi_q^{(\beta)} dv \sum_G D_{qn}^{(\beta)}(G)$$

ところで(7.1.4 c)から，$\Gamma^{(\beta)}$ が恒等表現でなければ

$$\sum_G D_{qn}^{(\beta)}(G) = 0 \qquad (8.6.5)$$

ですから，$c=0$ になります．つまり，$\psi_n^{(\beta)}$ が恒等表現でない表現の基底関数であれば，必ず

$$\int \psi_n^{(\beta)} dv = 0 \tag{8.6.6}$$

であることが結論できます．けれども，$\psi_n^{(\beta)}$ が恒等表現の基底関数の場合には何とも言えません．積分の値は 0 かもしれないし，そうでないかもしれません．

(8.6.4)で $\Omega=1$ ととると，(8.4.6)の直交関係で積分値が与えられます．また，$\Omega=\hat{H}$ で，$\hat{H}$ が $\boldsymbol{G}$ の空間操作の下で不変なハミルトニアンであれば，$\hat{H}\psi_n^{(\beta)}$ は $\psi_n^{(\beta)}$ と同じ変換性を持ちますから

$$(\psi_m^{(\alpha)}, \hat{H}\psi_n^{(\beta)}) = c\delta_{\alpha\beta}\delta_{mn} \tag{8.6.7}$$

になります．c は $\alpha=\beta$，$m=n$ の場合の積分の値です．ここで，$\psi_m^{(\alpha)}, \psi_n^{(\beta)}$ は $\boldsymbol{G}$ の既約表現の基底関数であればよく，$\hat{H}$ の固有関数である必要はありません．

分子分光学は分子がどのような性質の光を吸収したり放射したりするかを調べる学問ですが，その選択の規則に(8.6.1)の形の積分量が関係し，演算子 Ω としては

$$x,\ y,\ z\ ;\ x^2,\ y^2,\ z^2,\ xy,\ yz,\ zx$$

などの空間関数が登場します．これらの空間関数は，点群の指標表の右側の箱の中に現われていて，第**7**章では既約表現の基底関数として理解しました．例えば $\boldsymbol{C}_{2v}$ では

$$\begin{array}{ll} A_1 & z\ ;\ x^2,\ y^2,\ z^2 \\ A_2 & \quad xy \\ B_1 & x\ ;\ zx \\ B_2 & y\ ;\ yz \end{array} \tag{8.6.8}$$

であり，$\boldsymbol{C}_{3v}$ では

$$\begin{array}{ll} A_1 & z\ ;\ x^2+y^2,\ z^2 \\ A_2 & \\ E & (x, y)\ ;\ (x^2-y^2, xy),\ (zx, yz) \end{array} \tag{8.6.9}$$

です．既約表現 E を例にとれば，(x, y) はその基底関数としての変換性を持っているので，(8.5.1)に当てはめて

$$\Gamma^{(E)} : \psi_1^{(E)} = x, \quad \psi_2^{(E)} = y \tag{8.6.10}$$

と書けます．(x^2-y^2, xy), (zx, yz) についても同様です．これらの空間関数が演算子としても登場するとなれば，演算子としても既約表現に結び付いた変換性があることになります．空間関数が演算子として登場しても驚くには当たりません．シュレディンガーのハミルトニアン演算子 $\hat{H}$ の中味は，いかにも“演算子”らしい微分演算子の他はすべて空間関数であることを思い出して下さい．

一般の量子力学的演算子についても，その変換性が指定されるのが普通なので，(8.4.1)にならって

$$\{\Omega_1^{(\gamma)}, \Omega_2^{(\gamma)}, \cdots, \Omega_l^{(\gamma)}, \cdots\}$$

と書き

$$(G\Omega_1^{(\gamma)}) = \sum_k \Omega_k^{(\gamma)} D_{kl}^{(\gamma)}(G) \tag{8.6.11}$$

で演算子 $\Omega_l^{(\gamma)}$ の変換性が指定され，1つの表現

$$\Gamma^{(\gamma)} : \{D^{(\gamma)}(G)\} \tag{8.6.12}$$

が得られると考えることが出来ます．(8.6.10)に対応させると

$$\Omega_1^{(E)} = x, \quad \Omega_2^{(E)} = y$$

です．(8.6.11)の左辺のカッコ(　)は(8.2.5)の意味で使ってあります．今からは(8.6.4)を

$$(\psi_m^{(\alpha)}, \Omega_l^{(\gamma)} \psi_n^{(\beta)}) \tag{8.6.13}$$

と書き直して，その値が0になる条件を調べます．まず，

$$\{\Omega_l^{(\gamma)} \psi_n^{(\beta)}\} \tag{8.6.14}$$

の変換性は **8.5** 節の議論を当てはめると

$$\Gamma^{(\gamma\times\beta)} = \Gamma^{(\gamma)} \otimes \Gamma^{(\beta)} \tag{8.6.15}$$

で与えられます．この表現を簡約した結果を

$$\Gamma^{(\gamma)} \otimes \Gamma^{(\beta)} = c_\alpha \Gamma^{(\alpha)} \oplus c_\beta \Gamma^{(\beta)} \oplus \cdots$$

と書くと，もしこの簡約が $\Gamma^{(\alpha)}$ を含まない（$c_\alpha=0$）場合には，直交関係(8.4.6)から積分(8.6.13)は 0 になります．

積分 $(\psi_m^{(\alpha)}, \Omega_l^{(\gamma)}\psi_n^{(\beta)})$ は簡約

$$\Gamma^{(\gamma\times\beta)}=\Gamma^{(\gamma)}\otimes\Gamma^{(\beta)}=\sum_{\kappa}c_\kappa\Gamma^{(\kappa)}$$

が表現 $\Gamma^{(\alpha)}$ を含んでいない（$c_\alpha=0$）場合には 0 になる．

もし $\Gamma^{(\alpha)}$ が含まれている場合には，群論はその値について何も教えてくれません．しかし，積分の値が 0 になる場合には，この判定法は分子のスペクトル解析に重宝で重要な役割を果たすことが第 **10** 章で示されます．

9

分子の振動状態

分子の中の原子核はその平衡位置のあたりで小さい振幅の振動をしていると考えられ，それを古典力学で扱うと規準モードと規準座標という考えが得られます．規準座標で書いた古典力学のハミルトニアンはとても簡単な形になり，分子振動のモードと分子の点群の既約表現との対応も明らかで，量子力学への移行もすっきりした形で行われます．

9.1 分子振動の規準モードと規準振動

ニュートン力学での1次元調和振動子の運動方程式は

$$m\frac{d^2x}{dt^2} = -kx \quad \text{または} \quad m\ddot{x}+kx = 0$$

と書かれ，調和力(harmonic force) $-kx$ は位置エネルギー関数 $V(x)=(1/2)kx^2$ から

調和力

$$-\frac{dV}{dx} = -kx \tag{9.1.1}$$

として得られます．系の全エネルギー(ハミルトニアン)は

$$H = T+V = \frac{1}{2}m\dot{x}^2+\frac{1}{2}kx^2 \tag{9.1.2}$$

T は運動エネルギー

と書けます．変数の上のドットは時間微分を表わします．質量の重みを付けた座標を

$$q = \sqrt{m}x \tag{9.1.3}$$

で定義すると，運動方程式は

$$\ddot{q}+\frac{k}{m}q=0 \qquad (9.1.4)$$

ハミルトニアンは

$$H=\frac{1}{2}\dot{q}^2+\frac{1}{2}\frac{k}{m}q^2 \qquad (9.1.5)$$

と書けます．(9.1.4)の解を

$$q=a\sin(\omega t+\eta) \qquad (9.1.6)$$

の形で求めてみると

$$\omega^2=\frac{k}{m}, \qquad \omega=\left(\frac{k}{m}\right)^{1/2}=2\pi\nu \qquad (9.1.7)$$

として振動数 ν が決まります．振幅相 a と位相 η は運動の始まり方(初期条件)で決まります．これから先，分子の中の原子核の座標の色々な変換を行いますから，もとのニュートンの方程式より便利なラグランジュの方程式を使うことにします．N 個の原子核の座標に通し番号を付けて $\{\xi_1, \xi_2, \xi_3, \cdots, \xi_{3N}\}$ と書くと，大抵の場合，運動エネルギーは $T(\dot{\xi}_1, \dot{\xi}_2, \dot{\xi}_3, \cdots, \dot{\xi}_{3N})$，位置エネルギーは $V(\xi_1, \xi_2, \xi_3, \cdots, \xi_{3N})$ となり，ラグランジュの方程式は次の式で与えられます：

$$\frac{d}{dt}\left(\frac{\partial T}{\partial\dot{\xi}_i}\right)+\frac{\partial V}{\partial\xi_i}=0 \qquad (i=1,2,3,\cdots,3N) \qquad (9.1.8)$$

次には同じ原子が3つ直線的に並んだ A_3 型の直線分子がその直線の方向に1次元的に運動する場合(図9.1)を考えます．同じ質量 m の3つの質点が同等なバネで結ばれています．バネの自然の長さを L とし，3つの質点の平衡位置を $\underline{X}_1, \underline{X}_2, \underline{X}_3$ とすると

$$\underline{X}_2-\underline{X}_1=\underline{X}_3-\underline{X}_2=L$$

バネの長さが L から ΔL だけ変化することで生じる位置エネルギーは $(1/2)k(\Delta L)^2$ ですから，3つの質点が平衡位

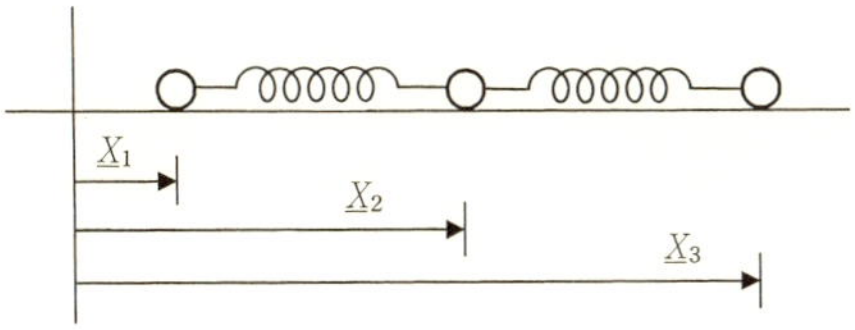

図 9.1

置からはなれて X_1, X_2, X_3 の位置をとると，系の位置エネルギーは(平衡位置での値を 0 ととって)

$$V = \frac{1}{2}k[(\Delta L_1)^2+(\Delta L_2)^2]$$
$$= \frac{1}{2}k[(X_2-X_1-L)^2+(X_3-X_2-L)^2]$$
$$= \frac{1}{2}k[(x_2-x_1)^2+(x_3-x_2)^2] \qquad (9.1.9)$$

となります．ここで

$$x_1 = X_1-\underline{X}_1, \quad x_2 = X_2-\underline{X}_2, \quad x_3 = X_3-\underline{X}_3 \qquad (9.1.10)$$

は 3 つの質点の平衡位置からのズレです．この x_1, x_2, x_3 を変位(displacement)座標と呼びます．この座標でラグランジュの運動方程式を書くと **変位座標**

$$m\ddot{x}_i+\frac{\partial V}{\partial x_i} = 0 \qquad (i=1, 2, 3)$$

となり，さらに質量の重みをつけた変位座標

$$q_i = \sqrt{m}x_i \qquad (i=1, 2, 3) \qquad (9.1.11)$$

に移ると，系の運動方程式は

$$\ddot{q}_1-\frac{k}{m}(q_2-q_1) = 0$$
$$\ddot{q}_2+\frac{k}{m}(q_2-q_1)-\frac{k}{m}(q_3-q_2) = 0 \qquad (9.1.12)$$
$$\ddot{q}_3+\frac{k}{m}(q_3-q_2) = 0$$

となります．この 3 つの方程式は互いに結合しあっていて

(coupled)，その一般解，つまり，一般的な運動は複雑なものであり得ますが，ここでは(9.1.6)からヒントを得て，

$$q_i = a_i \sin(\omega t + \eta) \qquad (i=1,2,3) \qquad (9.1.13)$$

という特別の形の解を求めてみます．3 つの質点が，振幅は異なったとしても，同じ振動数で調和振動するという解を求めてみるのです．(9.1.13)を(9.1.12)に代入して $\varepsilon = \omega^2(m/k)$ と置くと

$$\begin{aligned} (1-\varepsilon)a_1 \quad -a_2 \qquad\qquad &= 0 \\ -a_1 + (2-\varepsilon)a_2 \quad -a_3 &= 0 \\ -a_2 + (1-\varepsilon)a_3 &= 0 \end{aligned} \qquad (9.1.14)$$

が得られます．この a_1, a_2, a_3 についての連立方程式が $a_1 = a_2 = a_3 = 0$ という興味のない解以外の解を持つための条件は

$$\begin{vmatrix} 1-\varepsilon & -1 & 0 \\ -1 & 2-\varepsilon & -1 \\ 0 & -1 & 1-\varepsilon \end{vmatrix} = 0 \qquad (9.1.15)$$

であり，これをほどいてみると ε についての代数方程式

$$\varepsilon(1-\varepsilon)(\varepsilon-3) = 0$$

になるので，3 つの根として

$$\varepsilon_1 = 0, \quad \varepsilon_2 = 1, \quad \varepsilon_3 = 3 \qquad (9.1.16)$$

ω について書けば

$$\omega_1 = 0, \quad \omega_2 = \sqrt{\frac{k}{m}}, \quad \omega_3 = \sqrt{\frac{3k}{m}} \qquad (9.1.17)$$

が得られます．$\varepsilon_1, \varepsilon_2, \varepsilon_3$ を(9.1.14)に代入すると，それぞれの値について

$$\begin{aligned} &a_1 = a_2 = a_3 && (\varepsilon_1 = 0) \\ &a_1 = -a_3, \quad a_2 = 0 && (\varepsilon_2 = 1) \\ &a_1 = a_3, \quad a_2 = -2a_1 && (\varepsilon_3 = 3) \end{aligned} \qquad (9.1.18)$$

のように振幅の比が決まります．振動数ゼロ$(\omega_1 = 0)$に対応する $a_1 = a_2 = a_3$ は，図 9.2(a)のように，3 つの質点が同

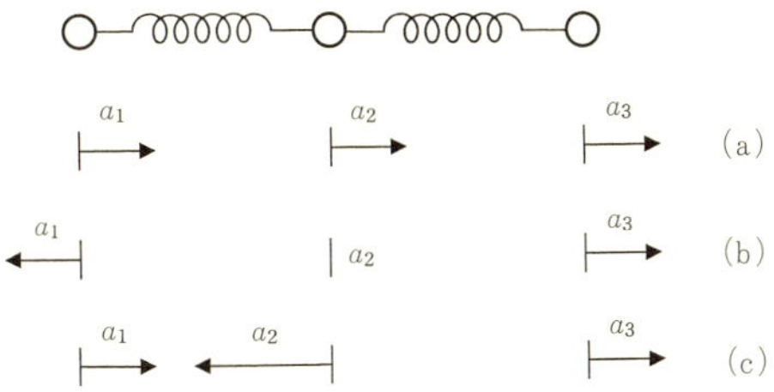

図 9.2

じ方向に同じ距離だけ動く並進運動にあたり，振動ではありません．$\varepsilon_2=1$ に対応するのは，図 9.2(b)のように，中央の質点は動かず，両端の質点は反対方向に同じ距離だけ動く角振動数 $\omega_2=\sqrt{k/m}$ の振動運動です．$\omega_3=\sqrt{3k/m}$ の場合は，図 9.2(c)のようになり，(b)と(c)は系の質量中心が不動の振動運動です．これらの解は運動のモード(mode)と呼ばれます．$\{a_i\}$ の値は運動の初期条件で決まるわけですが，私たちは各モードの空間対称性に興味があるので，次の条件

モード

$$a_1^2+a_2^2+a_3^2=1$$

の下で規準化(normalize)すると，個々の a_i の値は

規準化

$$a_1=a_2=a_3=\frac{1}{\sqrt{3}} \qquad (\omega_1=0)$$

$$a_1=-a_3=\frac{1}{\sqrt{2}}, \quad a_2=0 \qquad \left(\omega_2=\sqrt{\frac{k}{m}}\right)$$

$$a_1=a_3=\frac{1}{\sqrt{6}}, \quad a_2=-\frac{2}{\sqrt{6}} \qquad \left(\omega_3=\sqrt{\frac{3k}{m}}\right)$$

(9.1.19)

のように定まります．これが直線 A_3 型分子の 3 つの規準モードです．この $\{a_i\}$ の値をタテに並べて次の行列

規準モード

$$U=\begin{pmatrix} 1/\sqrt{3} & 1/\sqrt{2} & 1/\sqrt{6} \\ 1/\sqrt{3} & 0 & -2/\sqrt{6} \\ 1/\sqrt{3} & -1/\sqrt{2} & 1/\sqrt{6} \end{pmatrix} \qquad (9.1.20)$$

を作ると，U は直交行列，つまり，$U^T=U^{-1}$ になってい

ます．この U を使って(9.1.11)の $\{q_i\}$ と次の関係にある新しい座標 $\{Q_i\}$ を定義します：

$$q = UQ$$

$$q = \begin{pmatrix} q_1 \\ q_2 \\ q_3 \end{pmatrix}, \quad Q = \begin{pmatrix} Q_1 \\ Q_2 \\ Q_3 \end{pmatrix} \tag{9.1.21}$$

具体的に書けば

$$\begin{aligned} q_1 &= \frac{1}{\sqrt{3}}Q_1 + \frac{1}{\sqrt{2}}Q_2 + \frac{1}{\sqrt{6}}Q_3 \\ q_2 &= \frac{1}{\sqrt{3}}Q_1 \qquad\qquad\;\; - \frac{2}{\sqrt{6}}Q_3 \\ q_3 &= \frac{1}{\sqrt{3}}Q_1 - \frac{1}{\sqrt{2}}Q_2 + \frac{1}{\sqrt{6}}Q_3 \end{aligned} \tag{9.1.22}$$

これを逆に解けば，$Q = U^{-1}q$，つまり

$$\begin{aligned} Q_1 &= \frac{1}{\sqrt{3}}(q_1 + q_2 + q_3) \\ Q_2 &= \frac{1}{\sqrt{2}}(q_1 - q_3) \\ Q_3 &= \frac{1}{\sqrt{6}}(q_1 - 2q_2 + q_3) \end{aligned} \tag{9.1.23}$$

規準座標

この新しい座標 $\{Q_i\}$ は規準座標(normal coordinates)と呼ばれ，次のような素敵な性質を持っています．系のハミルトニアンは

$$\begin{aligned} H &= T + V \\ T &= \frac{1}{2}(\dot{q}_1^2 + \dot{q}_2^2 + \dot{q}_3^2) \\ V &= \frac{1}{2}\frac{k}{m}[(q_2 - q_1)^2 + (q_3 - q_2)^2] \\ &= \frac{1}{2}\frac{k}{m}[q_1^2 - 2q_1q_2 + 2q_2^2 - 2q_2q_3 + q_3^2] \end{aligned} \tag{9.1.24}$$

ですが，$\{q_i\}$ で表わされたこの H に(9.1.22)を代入すると

$$H=\frac{1}{2}[(\dot{Q}_1{}^2+\omega_1{}^2Q_1{}^2)+(\dot{Q}_2{}^2+\omega_2{}^2Q_2{}^2)+(\dot{Q}_3{}^2+\omega_3{}^2Q_3{}^2)] \tag{9.1.25}$$

の形に Q_1, Q_2, Q_3 についての項が綺麗に分離します．1次元調和振動子のハミルトニアン(9.1.5)に戻ってみると，上式(9.1.25)は3つの独立した1次元調和振動子の集まりと形式的には同じです．(9.1.25)の位置エネルギーの部分の表式

$$V=\frac{1}{2}(\omega_1{}^2Q_1{}^2+\omega_2{}^2Q_2{}^2+\omega_3{}^2Q_3{}^2) \tag{9.1.26}$$

と $\{q_i\}$ で書いた(9.1.24)の V を較べると，そこにある結合項 q_1q_2 と q_2q_3 が消えています．

実際，ハミルトニアン(9.1.25)から Q_1, Q_2, Q_3 が満たすラグランジュの運動方程式を導くと，$\{Q_i\}$ の間に結合のない(uncoupled) 3つの方程式

$$\begin{aligned}\ddot{Q}_1+\omega_1{}^2Q_1&=0\\ \ddot{Q}_2+\omega_2{}^2Q_2&=0\\ \ddot{Q}_3+\omega_3{}^2Q_3&=0\end{aligned} \tag{9.1.27}$$

が得られます．

これは物理的には素晴しい結論です．互いに結合している3つの質点系の振動運動が，その結合の強弱にかかわらず，座標をうまく変換すると3つの独立の振動運動として立ち現われるというのですから．しかし，線形代数の勉強をしたことのある読者は「なーんだ．2次形式を標準形に直しているだけじゃないか」とつぶやくに違いありません．

9.2　2次形式と行列の固有値問題

前節では規準モード(9.1.19)から，振幅の値から天下り式に行列 U を作り，これを使って(9.1.21)で座標 $\{q_i\}$ から座標 $\{Q_i\}$ に移ることで，全系のハミルトニアンが3つ

の独立した1次元調和振動子の集まりに見える形になりましたが，ここで数学的に何がおこったかを調べ直してみましょう．まず(9.1.24)の V は

$$\sum_i \sum_j B_{ij} q_i q_j = \sum_i \sum_j q_i B_{ij} q_j, \qquad B_{ij} = B_{ji} \tag{9.2.1}$$

の形であり，これは線形代数で一般に変数 $\{q_i\}$ についての

2次形式

2次形式(quadratic form)と呼ばれることに注目します．(9.1.21)の q, Q について

$$q^T = (q_1 \quad q_2 \quad q_3), \qquad Q^T = (Q_1 \quad Q_2 \quad Q_3) \tag{9.2.2}$$

を定義すると，(9.1.24)の T, V は

$$T = \frac{1}{2}\dot{q}^T\dot{q} \tag{9.2.3}$$

$$V = \frac{1}{2}q^T B q \tag{9.2.4}$$

と書けます．ここで B は(9.1.24)から

$$B = \begin{pmatrix} k/m & -k/m & 0 \\ -k/m & 2k/m & -k/m \\ 0 & -k/m & k/m \end{pmatrix} \tag{9.2.5}$$

です．次に，1つの直交行列

$$U = \begin{pmatrix} U_{11} & U_{12} & U_{13} \\ U_{21} & U_{22} & U_{23} \\ U_{31} & U_{32} & U_{33} \end{pmatrix} \tag{9.2.6}$$

を使って

$$q = UQ, \qquad Q = U^{-1}q = U^T q \tag{9.2.7}$$

の変換で q から Q に移るとします．この関係を(9.2.3)，(9.2.4)に入れると

$$T = \frac{1}{2}(U\dot{Q})^T(U\dot{Q}) = \frac{1}{2}\dot{Q}^T U^T U \dot{Q}$$

$$= \frac{1}{2}\dot{Q}^T\dot{Q} = \frac{1}{2}(\dot{Q}_1{}^2 + \dot{Q}_2{}^2 + \dot{Q}_3{}^2) \tag{9.2.8}$$

$$V = \frac{1}{2}(UQ)^T B(UQ) = \frac{1}{2}Q^T U^T B U Q \tag{9.2.9}$$

ですから，もし

$$U^T BU = U^{-1}BU = \Lambda \qquad (9.2.10)$$

で，行列 Λ が1つの対角行列

$$\Lambda = \begin{pmatrix} \lambda_1 & 0 & 0 \\ 0 & \lambda_2 & 0 \\ 0 & 0 & \lambda_3 \end{pmatrix} \qquad (9.2.11)$$

になるような直交行列 U を求めることが出来れば

$$V = \frac{1}{2} Q^T \Lambda Q = \frac{1}{2}(\lambda_1 Q_1{}^2 + \lambda_2 Q_2{}^2 + \lambda_3 Q_3{}^2) \qquad (9.2.12)$$

となり，ここで λ_i を(9.1.26)の $\omega_i{}^2$ と見ると，両式は全く同じになります．したがって，残る問題は(9.2.10)を満足する U を見つけることです．(9.2.10)を

$$BU = U\Lambda \qquad (9.2.13)$$

と書き直してみると，Λ は対角行列ですから，上の式は数学で行列の固有値問題と呼ばれ，**5.9** 節で論じた問題です．または，(9.2.10)のままで，行列 B の対角化問題とも呼びます．(9.2.6)の U のタテの列から3つの“ベクトル”

(9.2.13)は(5.9.17)に，(9.2.10)は(5.9.20)にあたります．

$$\boldsymbol{u}_1 = \begin{pmatrix} U_{11} \\ U_{21} \\ U_{31} \end{pmatrix}, \quad \boldsymbol{u}_2 = \begin{pmatrix} U_{12} \\ U_{22} \\ U_{32} \end{pmatrix}, \quad \boldsymbol{u}_3 = \begin{pmatrix} U_{13} \\ U_{23} \\ U_{33} \end{pmatrix} \qquad (9.2.14)$$

を定義すると，(9.2.13)は

$$B\boldsymbol{u}_i = \lambda_i \boldsymbol{u}_i \qquad (i=1,2,3) \qquad (9.2.15)$$

となります．これは行列 B の固有値と固有ベクトルを求める問題の普通の形です．上の式を連立方程式の形に書けば，$i=1,2,3$ に対し

$$\left(\frac{k}{m} - \lambda_i\right) U_{1i} - \frac{k}{m} U_{2i} = 0$$

$$-\frac{k}{m} U_{1i} + \left(\frac{2k}{m} - \lambda_i\right) U_{2i} - \frac{k}{m} U_{3i} = 0$$

$$-\frac{k}{m} U_{2i} + \left(\frac{k}{m} - \lambda_i\right) U_{3i} = 0 \qquad (9.2.16)$$

これは(9.1.14)と本質的に同じ式です．したがって，固有値は

$$\lambda_1 = 0, \quad \lambda_2 = \frac{k}{m}, \quad \lambda_3 = \frac{3k}{m} \qquad (9.2.17)$$

と求められ

$$U_{1i}{}^2 + U_{2i}{}^2 + U_{3i}{}^2 = 1 \qquad (i=1, 2, 3)$$

の条件で規準(格)化した固有ベクトルは

$$\boldsymbol{u}_1 = \begin{pmatrix} 1/\sqrt{3} \\ 1/\sqrt{3} \\ 1/\sqrt{3} \end{pmatrix}, \quad \boldsymbol{u}_2 = \begin{pmatrix} 1/\sqrt{2} \\ 0 \\ -1/\sqrt{2} \end{pmatrix}, \quad \boldsymbol{u}_3 = \begin{pmatrix} 1/\sqrt{6} \\ -2/\sqrt{6} \\ 1/\sqrt{6} \end{pmatrix} \qquad (9.2.18)$$

となり，ここから(9.2.6)の U に戻れば，結果は(9.1.20)の U に他なりません．

前の節では，古典力学の運動方程式を書き，それを正直に解くことから始めて，やがて規準座標にたどり着きましたが，この節では，3 つの質点がどのような力で結合されているかを指定することで定まる(9.2.5)の行列 B に着目し，これを対角化する直交行列 U を見出す，という数学的問題を解くことで規準座標に達したわけです．

9.3　一般化

前の節で行ったことは形式的に見通しがよいので，それを一般の分子の振動を取り扱う方法として一般化することが出来ます．その足場として **8.1** 節の H_2O の例に戻ります．水の分子の 3 つの原子核の空間座標 $\boldsymbol{R}_1, \boldsymbol{R}_2, \boldsymbol{R}_3$ の関数として(8.1.8)の位置ポテンシャル

$$V(\boldsymbol{R}_1, \boldsymbol{R}_2, \boldsymbol{R}_3) \qquad (9.3.1)$$

が得られているものとします．それは平衡位置 $\underline{\boldsymbol{R}}_1, \underline{\boldsymbol{R}}_2, \underline{\boldsymbol{R}}_3$ で極小値

$$V_0 \equiv V(\underline{\boldsymbol{R}}_1, \underline{\boldsymbol{R}}_2, \underline{\boldsymbol{R}}_3) \qquad (9.3.2)$$

をとり，平衡位置では C_{2v} の対称性を持ち，分子の振動はこの平衡位置から各原子核が小さな変位をするとして記述されると考えます．そこで(9.3.1)は平衡位置 $\underline{\boldsymbol{R}}_1, \underline{\boldsymbol{R}}_2, \underline{\boldsymbol{R}}_3$ と，それからの変位座標 $\boldsymbol{r}_1, \boldsymbol{r}_2, \boldsymbol{r}_3$ を使って

$$V \equiv V(\underline{\boldsymbol{R}}_1+\boldsymbol{r}_1, \underline{\boldsymbol{R}}_2+\boldsymbol{r}_2, \underline{\boldsymbol{R}}_3+\boldsymbol{r}_3) \qquad (9.3.3)$$

と表わすのが便利です(図 9.3)．もし変位 $\boldsymbol{r}_1, \boldsymbol{r}_2, \boldsymbol{r}_3$ が小さいとすると，V は V_0 の近くでテイラー展開して簡単化できます．1 変数の関数では

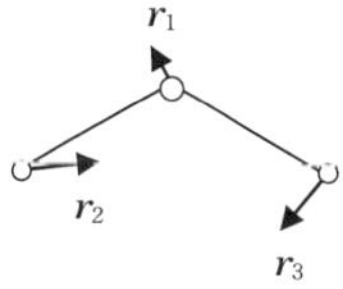

図 9.3

$$f(X+x)$$
$$= f_0+\left(\frac{df}{dx}\right)_0 x+\frac{1}{2}\left(\frac{d^2f}{dx^2}\right)_0 x^2+\frac{1}{6}\left(\frac{d^3f}{dx^3}\right)_0 x^3+\cdots$$

ここで

$$f_0 \equiv f(X),$$
$$\left(\frac{df}{dx}\right)_0 \equiv \left(\frac{df}{dx}\right)_{x=0}, \quad \left(\frac{d^2f}{dx^2}\right)_0 \equiv \left(\frac{d^2f}{dx^2}\right)_{x=0}, \quad \cdots\cdots$$

です．

一般化を始めます．N 個の原子核がその平衡位置の近くで運動している系を考えます．平衡位置からの変位座標としては，質量の重みをつけた次の $3N$ 個の通し番号付きの座標を使います：

$$q_1 = \sqrt{m_1}x_1, \quad q_2 = \sqrt{m_1}y_1, \quad q_3 = \sqrt{m_1}z_1,$$
$$q_4 = \sqrt{m_2}x_2, \quad q_5 = \sqrt{m_2}y_2, \quad q_6 = \sqrt{m_2}z_2,$$
$$\vdots$$
$$q_{3N-2} = \sqrt{m_N}\,x_N, \quad q_{3N-1} = \sqrt{m_N}\,y_N, \quad q_{3N} = \sqrt{m_N}\,z_N \qquad (9.3.4)$$

系の運動エネルギーは

$$T = \frac{1}{2}\sum_{i=1}^{3N}\dot{q}_i{}^2 \qquad (9.3.5)$$

(9.3.3)の V を $\boldsymbol{r}_1, \boldsymbol{r}_2, \boldsymbol{r}_3$ の関数と考えるのと同じ意味で，系の位置エネルギーは $\{q_i\}$ の関数として考えます：

$$V \equiv V(q_1, q_2, q_3, \cdots, q_{3N}) \qquad (9.3.6)$$

この V を多変数の場合のテイラー展開の公式で平衡位置の値からのずれについて展開すると

$$V = V_0+\sum_{i=1}^{3N}\left(\frac{\partial V}{\partial q_i}\right)_0 q_i+\frac{1}{2}\sum_{i=1}^{3N}\sum_{j=1}^{3N}\left(\frac{\partial^2 V}{\partial q_i\partial q_j}\right)_0 q_iq_j$$
$$+\frac{1}{6}\sum_{i=1}^{3N}\sum_{j=1}^{3N}\sum_{k=1}^{3N}\left(\frac{\partial^3 V}{\partial q_i\partial q_j\partial q_k}\right)_0 q_iq_jq_k+\cdots \tag{9.3.7}$$

ここで V_0 は(9.3.2)と同じように V の

$$q_1 = q_2 = q_3 = \cdots = q_{3N} = 0$$

での値，つまり，分子の平衡位置での位置エネルギーです．位置エネルギーの原点はどのようにとってもいいのですから，ここでは簡単のため $V_0=0$ ととってしまいます．また，そもそも平衡位置とは位置エネルギーの極小の位置に他ならないので，それを数学的に表わせば

$$\left(\frac{\partial V}{\partial q_i}\right)_0 = 0$$

であり，したがって，(9.3.7)のはじめの2項は消えます．第4項は小さい変位を表わす q_i の3乗の項ですから，これも無視してしまう近似をとると，結局(9.3.7)は

$$V = \frac{1}{2}\sum_{i=1}^{3N}\sum_{j=1}^{3N}\left(\frac{\partial^2 V}{\partial q_i\partial q_j}\right)_0 q_iq_j \tag{9.3.8}$$

の形になります．物理的には，原子核に働く力が調和力だけであるという近似になっています．ここで

$$B_{ij} = \left(\frac{\partial^2 V}{\partial q_i\partial q_j}\right)_0 = \left(\frac{\partial^2 V}{\partial q_j\partial q_i}\right)_0 = B_{ji} \tag{9.3.9}$$

と書くと

$$V = \frac{1}{2}\sum_{i=1}^{3N}\sum_{j=1}^{3N} q_iB_{ij}q_j \tag{9.3.10}$$

となり，これは(9.2.1)または(9.2.4)と同様な形の式です．行列 B の具体的な内容は個々の分子の事情で決まります．(9.2.5)がその1例です．

　これから先は前の節の議論の N 原子核系への一般化で

す．(9.3.10)を行列記法で書けば

$$V = \frac{1}{2} q^T B q$$

$$q = \begin{pmatrix} q_1 \\ q_2 \\ \vdots \\ q_{3N} \end{pmatrix}, \quad B = \begin{pmatrix} B_{11} & B_{12} & \cdots & B_{1,3N} \\ B_{21} & B_{22} & & B_{2,3N} \\ \vdots & & \ddots & \\ B_{3N,1} & B_{3N,2} & \cdots & B_{3N,3N} \end{pmatrix} \tag{9.3.11}$$

行列 B を対角化する直交行列 U を求める問題

$$U^{-1}BU = \Lambda = \begin{pmatrix} \lambda_1 & 0 & \cdots & 0 \\ 0 & \lambda_2 & & \\ \vdots & & \ddots & \\ 0 & & & \lambda_{3N} \end{pmatrix} \tag{9.3.12}$$

は行列 B の固有値問題

$$B\boldsymbol{u}_i = \lambda_i \boldsymbol{u}_i \qquad (i=1, 2, 3, \cdots, 3N) \tag{9.3.13}$$

と同じであり，これを解いて，固有値 $\{\lambda_i\}$ と規準化された固有ベクトル $\{\boldsymbol{u}_i\}$ が求められれば，直交行列 U が得られます．この U から $U^T = U^{-1}$ を作り，q に作用させて新しい座標

$$Q = U^{-1} q \tag{9.3.14}$$

を作れば，$\{Q_1, Q_2, \cdots, Q_{3N}\}$ が規準座標です．これで T と V を書けば

$$\begin{aligned} T &= \frac{1}{2} \dot{Q}^T \dot{Q} = \frac{1}{2} \sum_{i=1}^{3N} \dot{Q}_i^2 \\ V &= \frac{1}{2} Q^T \Lambda Q = \frac{1}{2} \sum_{i=1}^{3N} \lambda_i Q_i^2 \end{aligned} \tag{9.3.15}$$

したがって，全系のハミルトニアンは $3N$ 個の“結合のない”振動子の集まりとして

$$H = T + V = \frac{1}{2} \sum_{i=1}^{3N} (\dot{Q}_i^2 + \lambda_i Q_i^2) \tag{9.3.16}$$

の形に書けます．

9.4　分子の対称性と規準座標

分子の位置エネルギー

$$V = \frac{1}{2}\sum_{i=1}^{3N}\sum_{j=1}^{3N} B_{ij} q_i q_j = \frac{1}{2}\sum_{i=1}^{3N} \lambda_i Q_i^2 \qquad (9.4.1)$$

は原子核の平衡位置からの変位 $\{q_i\}$ の関数として表わされているので，等しい原子核の平衡位置を交換するだけなら，V の値は変わりません．つまり，原子核の平衡位置についての空間対称操作を V に作用させても，V は不変に保たれます．その操作を $\hat{R}$ と書けば

$$\hat{R}V = \frac{1}{2}\sum_{i=1}^{3N} \lambda_i (\hat{R}Q_i)^2 = V = \frac{1}{2}\sum_{i=1}^{3N} \lambda_i Q_i^2 \qquad (9.4.2)$$

もし，i 番目の固有値 λ_i が縮重していない，つまり，他のすべての固有値と異なる値であるとすると，上の式から

$$(\hat{R}Q_i)^2 = Q_i^2 \qquad (9.4.3)$$

であるより仕方がないので

$$\hat{R}Q_i = +Q_i \quad \text{または} \quad \hat{R}Q_i = -Q_i \qquad (9.4.4)$$

であることになり，これは Q_i がその分子の点群の 1 次元既約表現の基底になっていることを意味します．次に，d 個の固有値が等しい値(λ)である場合，つまり，d 重に縮重した固有値の場合には，それに対する規準座標も d 重に縮重していると言い表わしますが，(9.4.2)の和から，この部分だけを取り出して

$$\sum_{k=1}^{d} \lambda_k Q_k^2 = \lambda \sum_{k=1}^{d} Q_k^2 \qquad (9.4.5)$$

と書くと，この部分については(9.4.3)の一般化として

$$\sum_{k=1}^{d} (\hat{R}Q_k)^2 = \sum_{k=1}^{d} Q_k^2 \qquad (9.4.6)$$

が成り立つはずです．それで，$\hat{R}$ で Q_k を変換した $\hat{R}Q_k$ は d 個の $\{Q_k\}$ で表現されるはずです．いままでは $\{Q_k\}$ を座

標と考えてきましたが，ここで $\hat{R}$ の表現行列の基底関数と考え直して

$$\hat{R}Q_k = \sum_{m=1}^{d} Q_m D_{mk}(\hat{R}) \qquad (9.4.7)$$

と既にお馴染みの形に書くと

$$(\hat{R}Q_k)^2 = \left(\sum_{m=1}^{d} Q_m D_{mk}(\hat{R})\right)\left(\sum_{n=1}^{d} Q_n D_{nk}(\hat{R})\right)$$

$$= \sum_{m=1}^{d}\sum_{n=1}^{d} Q_m Q_n D_{mk}(\hat{R}) D_{nk}(\hat{R})$$

$$\sum_{k=1}^{d}(\hat{R}Q_k)^2 = \sum_{m=1}^{d}\sum_{n=1}^{d} Q_m Q_n \sum_{k=1}^{d} D_{mk}(\hat{R}) D_{nk}(\hat{R})$$

この右辺が(9.4.6)の右辺に等しくなるためには

$$\sum_{k=1}^{d} D_{mk}(\hat{R}) D_{nk}(\hat{R}) = \delta_{mn} \qquad (9.4.8)$$

これは表現 $D(\hat{R})$ が直交表現であることを意味しています．この表現が可約か既約かは，実は，対称性の議論からは決まらないのですが，**8.2** 節の既約表現についての仮定と同じ立場から，この場合も表現 $D(\hat{R})$ は既約であると考えます．以上をまとめると

点群 $\boldsymbol{G}$ の対称性を持つ分子の規準座標 $\{Q_i\}$ は，それを $\boldsymbol{G}$ の表現の基底関数と考えると，規準座標の縮重度に等しい次元の既約表現の基底になっている．

［例 1］ H_2O （$\boldsymbol{C}_{2v}$）

この分子は 3 つの原子核を含むので(9.3.15)は

$$V = \frac{1}{2}\sum_{i=1}^{9} \lambda_i Q_i^2 \qquad (9.4.9)$$

ですが，実際に $\{\lambda_i\}$ を求めてみると，異なる正の値のものが 3 つ，あとの 6 つはすべて 0 になります．0 でないものを $\lambda_1, \lambda_2, \lambda_3$ とすると，上の式は

$$V = \frac{1}{2}\sum_{i=1}^{3} \lambda_i Q_i^2 \qquad (9.4.10)$$

となります．$\lambda=0$ に対応する 6 つの Q_i を調べてみると，3

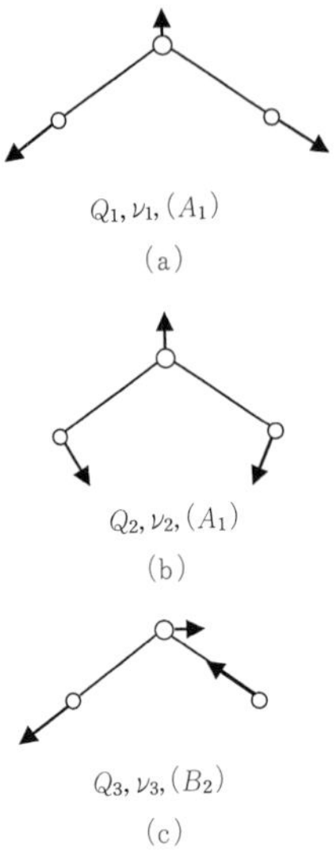

図 9.4

$\boldsymbol{C}_{\infty v}$ の説明はホームページの「点群のまとめ」にあります．

つは分子全体としての並進運動，残りの 3 つは剛体的回転運動にあたることがわかります．$\lambda_1, \lambda_2, \lambda_3$ に対応する Q_1, Q_2, Q_3 は分子の振動運動を記述し，その 3 つのモードを図 9.2 の(b), (c)と同じ具合に図示すると図 9.4 のようになります．$\sqrt{\lambda}=\omega=2\pi\nu$ です．この各モードの $\boldsymbol{C}_{2v}$ の操作についての対称性を調べると表 9.1 のようになります．Q_3 に C_2 を作用させた場合は図 9.5 に示されています．

表 9.1

$\boldsymbol{C}_{2v}$	E	C_2	$\sigma(xz)$	$\sigma(yz)$	
Q_1	1	1	1	1	A_1
Q_2	1	1	1	1	A_1
Q_3	1	-1	-1	1	B_2

［例 2］ HCN （$\boldsymbol{C}_{\infty v}$）

基底状態では直線形の分子です．位置エネルギーはやはり(9.4.9)の形ですが，ここでは 5 つの λ は 0，4 つの λ のうち 2 つは同じ値になるので，(9.4.10)にあたる式は

$$V=\frac{1}{2}[\lambda_1 Q_1^2+\lambda_2 Q_2^2+\lambda_3(Q_3^2+Q_4^2)] \qquad (9.4.11)$$

になります．2 重縮重の 1 例です．図 9.6 にはこの 4 つのモードが示されています．点群は $\boldsymbol{C}_{\infty v}$ で，Q_1 と Q_2 は A_1 に，Q_3 と Q_4 は 2 次元表現 E_1 に属します．

いままでは，古典力学の運動方程式を解くか，行列 B を対角化して $\{\lambda_i, Q_i\}$ を求めました．しかし，$\{Q_i\}$ が分子の既約表現の基底になっていること，その $\{Q_i\}$ は $\{x_i, y_i, z_i\}\to\{q_i\}\to\{Q_i\}$ という変換で得られることを併せて考えると，

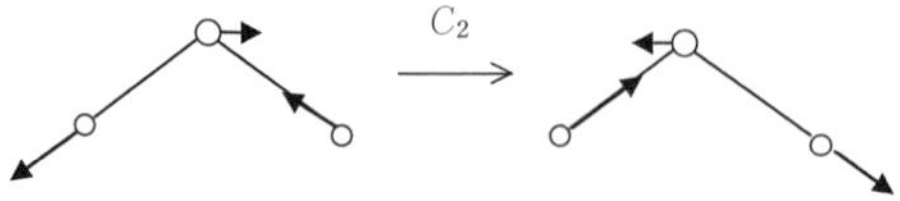

図 9.5

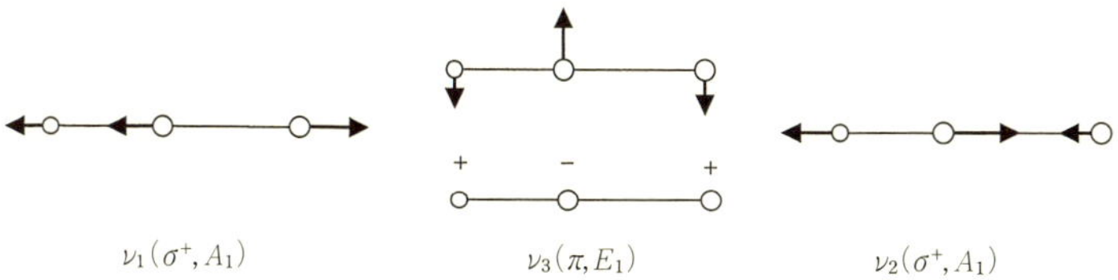

図 9.6

群論の立場から見ると，$\{q_i\}$ または $\{x_i, y_i, z_i\}$ を基底とする可約表現を簡約するという手段を通しても，分子の運動のモードの対称性について $\{Q_i\}$ を調べて得られたのと同じ結論に行き着けると思われます．$\boldsymbol{C}_{2v}$ の場合を例にして考えてみましょう．

$\boldsymbol{C}_{2v}$ の表現の基底として図 9.7 の直交単位ベクトルのセット

$$\boldsymbol{b} = (\boldsymbol{i}_1 \quad \boldsymbol{j}_1 \quad \boldsymbol{k}_1 \quad \boldsymbol{i}_2 \quad \boldsymbol{j}_2 \quad \boldsymbol{k}_2 \quad \boldsymbol{i}_3 \quad \boldsymbol{j}_3 \quad \boldsymbol{k}_3) \qquad (9.4.12)$$

を使います．

$$\hat{R}\boldsymbol{b} = \boldsymbol{b}D(\hat{R})$$

で $\hat{R}$ を $\boldsymbol{C}_{2v}$ の $E, C_2, \sigma(xz), \sigma(yz)$ として $D(\hat{R})$ を求め，それぞれの指標がわかれば，(7.1.12)を使って，この 9×9 行列による表現を簡約することが出来ます．$D(E)$ は 9 次元の単位行列ですから $\chi(E)=9$．$D(C_2)$ は C_2 の $\boldsymbol{b}$ に対する作用が

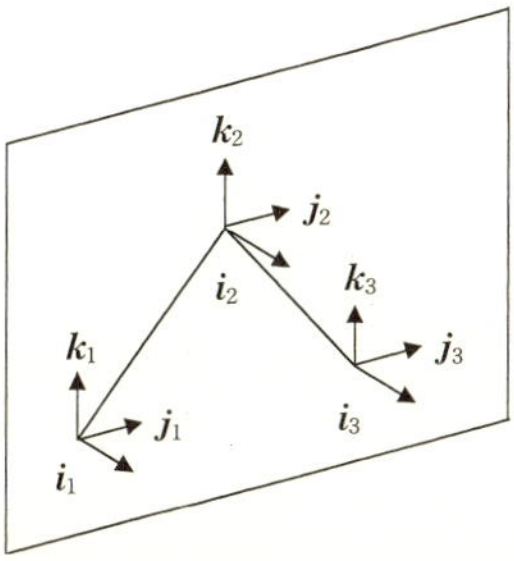

図 9.7

$$\boldsymbol{i}_1 \longrightarrow -\boldsymbol{i}_3, \quad \boldsymbol{i}_2 \longrightarrow -\boldsymbol{i}_2, \quad \boldsymbol{i}_3 \longrightarrow -\boldsymbol{i}_1$$
$$\boldsymbol{j}_1 \longrightarrow -\boldsymbol{j}_3, \quad \boldsymbol{j}_2 \longrightarrow -\boldsymbol{j}_2, \quad \boldsymbol{j}_3 \longrightarrow -\boldsymbol{j}_1$$
$$\boldsymbol{k}_1 \longrightarrow +\boldsymbol{k}_3, \quad \boldsymbol{k}_2 \longrightarrow +\boldsymbol{k}_2, \quad \boldsymbol{k}_3 \longrightarrow +\boldsymbol{k}_1 \tag{9.4.13}$$

ですから

$$D(C_2) = \begin{pmatrix} 0 & 0 & 0 & 0 & 0 & 0 & -1 & 0 & 0 \\ 0 & 0 & 0 & 0 & 0 & 0 & 0 & -1 & 0 \\ 0 & 0 & 0 & 0 & 0 & 0 & 0 & 0 & +1 \\ 0 & 0 & 0 & -1 & 0 & 0 & 0 & 0 & 0 \\ 0 & 0 & 0 & 0 & -1 & 0 & 0 & 0 & 0 \\ 0 & 0 & 0 & 0 & 0 & +1 & 0 & 0 & 0 \\ -1 & 0 & 0 & 0 & 0 & 0 & 0 & 0 & 0 \\ 0 & -1 & 0 & 0 & 0 & 0 & 0 & 0 & 0 \\ 0 & 0 & +1 & 0 & 0 & 0 & 0 & 0 & 0 \end{pmatrix}$$

したがって，$\chi(C_2)=-1$ です．$D(\sigma(xz)), D(\sigma(yz))$ についても，同様に 9×9 行列を書いてみると，$\chi(\sigma(xz))=1$, $\chi(\sigma(yz))=3$ が得られます．まとめると

$\boldsymbol{C}_{2v}$	E	C_2	$\sigma(xz)$	$\sigma(yz)$
$\chi(R)$	9	-1	1	3

(9.4.14)

この結果と $\boldsymbol{C}_{2v}$ の指標表(表 9.2)に(7.1.12)を適用すれば

表 9.2　$\boldsymbol{C}_{2v}$ の指標表

$\boldsymbol{C}_{2v}$	E	C_2	$\sigma(xz)$	$\sigma(yz)$		
A_1	1	1	1	1	z	x^2, y^2, z^2
A_2	1	1	-1	-1	R_z	xy
B_1	1	-1	1	-1	x, R_y	zx
B_2	1	-1	-1	1	y, R_z	yz
$\Gamma_{x,y,z}$	3	-1	1	1		
n. u. n.	3	1	1	3		
Γ	9	-1	1	3		

n. u. n.＝number of unmoved nuclei　不動原子核の数

$$c_{A_1}=\frac{1}{4}[9\cdot 1+(-1)\cdot 1+1\cdot 1+3\cdot 1]=\frac{12}{4}=3$$

$$c_{A_2}=\frac{1}{4}[9\cdot 1+(-1)\cdot 1+1\cdot(-1)+3\cdot(-1)]=\frac{4}{4}=1$$

$$c_{B_1}=\frac{1}{4}[9\cdot 1+(-1)\cdot(-1)+1\cdot 1+3\cdot(-1)]=\frac{8}{4}=2$$

$$c_{B_2}=\frac{1}{4}[9\cdot 1+(-1)\cdot(-1)+1\cdot(-1)+3\cdot 1]=\frac{12}{4}=3$$

となり，9×9 行列による表現 Γ の簡約の結果は

$$\Gamma=3A_1\oplus A_2\oplus 2B_1\oplus 3B_2 \qquad (9.4.15)$$

となります．

この簡約の結果には 3 つの並進運動モードと 3 つの回転運動モードが含まれているので，これらを除いた残りが振動運動モードになります．並進運動のモードの対称性を見つけるには $\boldsymbol{C}_{2v}$ の指標表(表 9.2)で x, y, z に対応する既約表現を取り出せばよろしい．x 方向の並進運動は B_1，y 方向は B_2，z 方向は A_1 です．回転運動については，x, y, z の代りに，R_x, R_y, R_z を見ます．R_x は B_2，R_y は B_1，R_z は A_2 ですから

$$\Gamma_{trans}=A_1\oplus B_1\oplus B_2, \qquad \Gamma_{rot}=A_2\oplus B_1\oplus B_2$$

したがって，振動運動モードは

$$\Gamma_{vib}=\Gamma-\Gamma_{trans}-\Gamma_{rot}=2A_1\oplus B_2 \qquad (9.4.16)$$

となり，これは[例 1]で得た結果と一致します．

(9.4.12)の $\boldsymbol{b}$ による 9 次元行列表現 Γ の指標(9.4.14)を求めるのに，実は，いちいち 9×9 行列を書き下ろす必要はありません．表現行列の対角線上に現われる数だけが必要なのですから，対称操作で動いてしまう原子核は対角要素には寄与しないので除いてしまってよろしい．

(9.4.14)の結果は表 9.3 にある対角要素だけについてのデータからすぐに求められます．さらに，この表で，E と $\sigma(yz)$ の場合に例示されているように，動かない原子核に

表 9.3

C_{2v}	i_1	j_1	k_1	i_2	j_2	k_2	i_3	j_3	k_3	$\chi(R)$
E	1	1	1	1	1	1	1	1	1	9
C_2	0	0	0	-1	-1	1	0	0	0	-1
$\sigma(xz)$	0	0	0	1	-1	1	0	0	0	1
$\sigma(yz)$	-1	1	1	-1	1	1	-1	1	1	3

ついての対角要素は同じであることに気がつけば，Γ の指標を求める仕事はなお簡単になります．表 9.2 の下部に $\Gamma_{x,y.z}$ と記された行があります．この行は $\{x, y, z\}$ または $\{\boldsymbol{i}, \boldsymbol{j}, \boldsymbol{k}\}$ を基底にした，群の各元の 3 次元表現の指標を示しています．まず各元の操作で動かない原子核の数をかぞえて $\Gamma_{x,y,z}$ の行の下の行に書き込み，次にこの 2 行の数を上下で掛け合わせて，その下の行に書くと，Γ の指標が得られます．

	E	C_2	$\sigma(xz)$	$\sigma(yz)$
$\Gamma_{x,y,z}$	3	-1	1	1
n. u. n.	3	1	1	3
Γ	9	-1	1	3

$\Gamma_{x,y,z}$ の詳しい説明はホームページにあります．

ここで，n. u. n. は対称操作で不動の原子核(unmoved nuclei)の数です．$\Gamma_{x,y,z}$ の行は普通に見かける指標表にはありませんが，x, y, z の基底に対する指標を足し合わせることですぐに求められます．$\boldsymbol{C}_{2v}$ の例では，$\Gamma_{x,y,z}$ の $\chi(E)$ は $1+1+1=3$，$\chi(C_2)=1-1-1=-1$，$\chi(\sigma(xz))=1+1-1=1$，$\chi(\sigma(yz))=1-1+1=1$ として得られます．

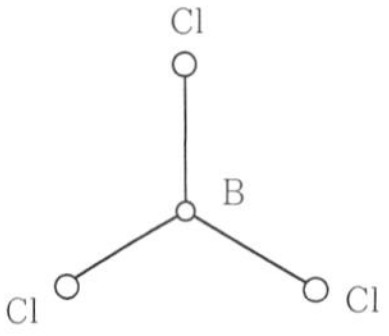

図 9.8

次に平面分子 BCl_3(図 9.8)を考えます．対称性は $\boldsymbol{D}_{3h}$ です．(9.4.12)の $\boldsymbol{b}$ にあたるのは $3\times4=12$ の単位ベクトルのセットで，それを基底にした 12×12 行列による表現を Γ とすれば，Γ の指標は表 9.4 のように求められます．$\Gamma_{x,y,z}$ の値は群の各元について (x, y) と z の指標を足し合

表 9.4 $\boldsymbol{D_{3h}}$ の指標表

$\boldsymbol{D_{3h}}$	E	$2C_3$	$3C_2$	σ_h	$2S_3$	$3\sigma_v$	
A_1'	1	1	1	1	1	1	
A_2'	1	1	-1	1	1	-1	R_z
E'	2	-1	0	2	-1	0	(x, y)
A_1''	1	1	1	-1	-1	-1	
A_2''	1	1	-1	-1	-1	1	z
E''	2	-1	0	-2	1	0	(R_x, R_y)
$\Gamma_{x,y,z}$	3	0	-1	1	-2	1	
n. u. n.	4	1	2	4	1	2	
Γ	12	0	-2	4	-2	2	

わせると得られます．Γ の簡約は(7.1.12)で行えます．例として E' をとれば

$$c_{E'} = \frac{1}{12}[12\cdot2+0\cdot2\cdot(-1)+(-2)\cdot3\cdot0+4\cdot2 +(-2)\cdot2\cdot(-1)+2\cdot3\cdot0] = 3$$

全体の結果は

$$\Gamma = A_1' \oplus A_2' \oplus 3E' \oplus 2A_2'' \oplus E'' \quad (9.4.17)$$

並進運動と回転運動については $(x, y), z, (R_x, R_y), R_z$ の指標から

$$\Gamma_{trans} = A_2'' \oplus E', \qquad \Gamma_{rot} = A_2' \oplus E'' \quad (9.4.18)$$

であることがわかるので

$$\Gamma_{vib} = \Gamma - \Gamma_{trans} - \Gamma_{rot} = A_1' \oplus 2E' \oplus A_2'' \quad (9.4.19)$$

となります．この分子の振動運動の自由度は $12-3-3=6$ あり，それが $1+2\times2+1=6$ という上の結果に対応しています．こうして得られた対称性の振動モードの具体的な形は適当な B 行列を与えて計算すると求められます．結果は図 9.9 のようになります．

こうした運動のモードの図を力学的問題を解かずに推定することを試みます．それがある程度可能であることを $\boldsymbol{C_{2v}}$ の場合に示します．9 次元表現の基底は(9.4.12)に少

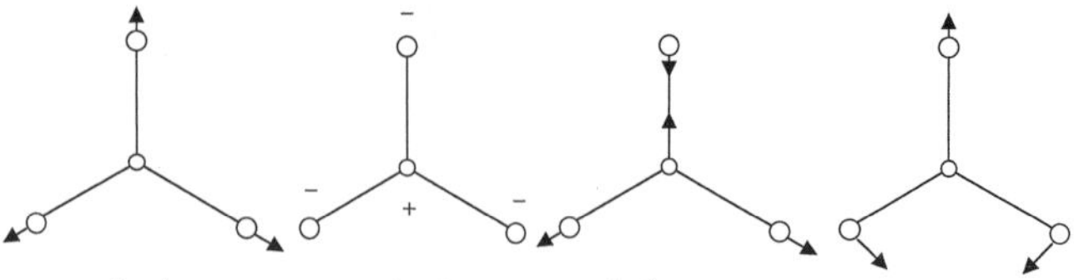

図 9.9

し工夫を加えて

$$\boldsymbol{i}_2,\ \boldsymbol{j}_2,\ \boldsymbol{k}_2,\ \boldsymbol{i}_1\pm\boldsymbol{i}_3,\ \boldsymbol{j}_1\pm\boldsymbol{j}_3,\ \boldsymbol{k}_1\pm\boldsymbol{k}_3 \qquad (9.4.20)$$

をとり，この 9 つの基底の変換性を調べると表 9.5 のようになります．右端のタテの列の既約表現をまとめると

$$3A_1\oplus A_2\oplus 2B_1\oplus 3B_2$$

となり，(9.4.15)の結果が簡単に得られました．この中から並進，回転に対応する 6 つのモードを取り出すことを試みます．

(A_1)　$\boldsymbol{k}_2, \boldsymbol{j}_1-\boldsymbol{j}_3, \boldsymbol{k}_1+\boldsymbol{k}_3$ が A_1 に属しているので，それらの任意の組合せ

$$a\boldsymbol{k}_2+b(\boldsymbol{j}_1-\boldsymbol{j}_3)+c(\boldsymbol{k}_1+\boldsymbol{k}_3) \qquad (9.4.21)$$

も A_1 に属します．ここで $a=c$，$b=0$ ととると

$$\boldsymbol{k}_1+\boldsymbol{k}_2+\boldsymbol{k}_3$$

になりますが，これは明らかに分子全体としての z 方向の並進運動のモードです(図 9.10(c))．これが $\boldsymbol{C}_{2v}$ の指標表

表 9.5

$\boldsymbol{C}_{2v}$	E	C_2	$\sigma(xz)$	$\sigma(yz)$	
$\boldsymbol{i}_2$	1	−1	1	−1	B_1
$\boldsymbol{j}_2$	1	−1	−1	1	B_2
$\boldsymbol{k}_2$	1	1	1	1	A_1
$\boldsymbol{i}_1+\boldsymbol{i}_3$	1	−1	1	−1	B_1
$\boldsymbol{i}_1-\boldsymbol{i}_3$	1	1	−1	−1	A_2
$\boldsymbol{j}_1+\boldsymbol{j}_3$	1	−1	−1	1	B_2
$\boldsymbol{j}_1-\boldsymbol{j}_3$	1	1	1	1	A_1
$\boldsymbol{k}_1+\boldsymbol{k}_3$	1	1	1	1	A_1
$\boldsymbol{k}_1-\boldsymbol{k}_3$	1	−1	−1	1	B_2

で基底関数 z に対応した A_1 を並進運動として同定したことの具体的イメージです．

(A_2)　$\boldsymbol{i}_1-\boldsymbol{i}_3$ だけが A_2 に属しますが，図 9.10(f)から明らかなように，これは z 方向に回転軸を持つ回転モードで，$\boldsymbol{C}_{2v}$ の指標表では R_z と同定されます．

(B_1)　$\boldsymbol{i}_2, \boldsymbol{i}_1+\boldsymbol{i}_3$ が属していて，まず，$\boldsymbol{i}_1+\boldsymbol{i}_2+\boldsymbol{i}_3$ は x 方向の並進運動モードを表わしています(図 9.10(a))．また，$a\boldsymbol{i}_2+b(\boldsymbol{i}_1+\boldsymbol{i}_3)$ と組み合わせて，a, b を，符号が反対で分子の重心が動かないように選べば，R_y の回転に対応するものが得られます(図 9.10(e))．

(B_2)　これに属する $\boldsymbol{j}_2, \boldsymbol{j}_1+\boldsymbol{j}_3, \boldsymbol{k}_1-\boldsymbol{k}_3$ から，y 方向の並進運動 $\boldsymbol{j}_1+\boldsymbol{j}_2+\boldsymbol{j}_3$ をまず取り出すことができ(図 9.10(b))，3 つの基底ベクトルを適当に組み合わせると R_x に対応する回転が得られます(図 9.10(d))．

以上をまとめると，並進のモードとして A_1, B_1, B_2，回転のモードとして A_2, B_1, B_2 が得られたので，これらを(9.4.15)から除けば

$$2A_1 \oplus B_2$$

が振動のモードとして残ります．(A_1)に戻り，A_1 振動の 1 つが結合の伸縮，他が結合角の変化というパターンであると仮定し，それに重心が動かないという条件を加えると，(9.4.21)の a, b, c の選び方がほぼ固まり，図 9.4 の(a)，(b)のパターンが推定できます．しかし，AB_2 型の分子の 2 つの A_1 振動モードがいつも結合の伸縮と結合角の変化というはっきりしたパターンにわかれるとは限りません．図

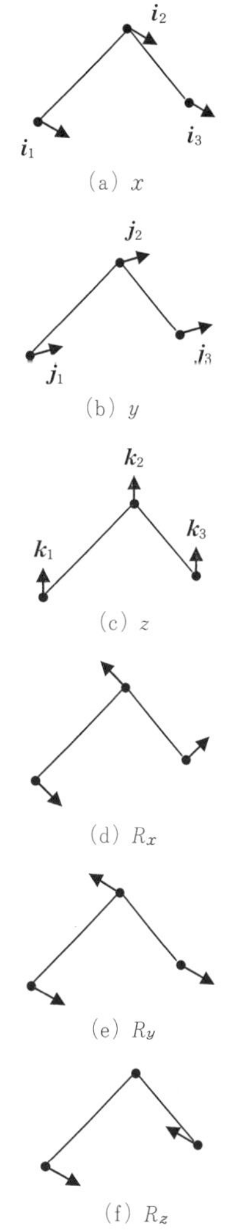

図 9.10

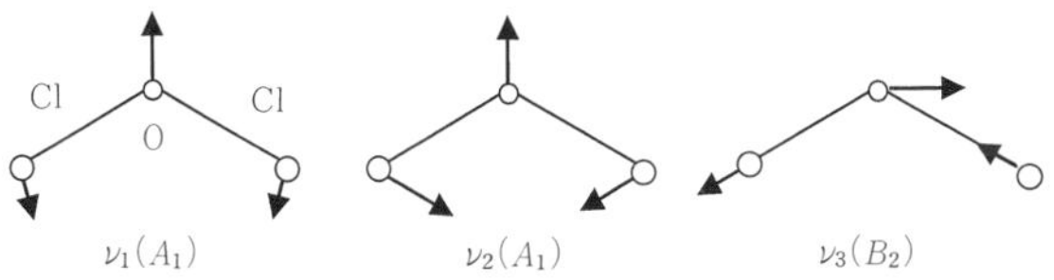

図 9.11

9.11 の OCl_2 がその例です．このあたりが力学的問題を解く手間を避けて通る方法の限界です．

9.5　内部座標

いままでは分子の N 個の原子核の運動を取り扱うのに $3N$ 個の座標を使って議論を始め，全体としての並進運動と回転運動のモードを見つけて取り除き，あとに残った運動のモードを振動運動として調べてきました．一般の非直線形分子では $3N-6$，直線形の分子では回転のモードが 1 つ少なくなって $3N-5$ の振動運動のモードが残ります．2 原子分子では $6-5=1$，非直線形 3 原子分子では $9-6=3$ といった具合です．しかし，はじめから振動運動の記述に必要十分な座標だけを取って出発するという考えが出てくるのは当然です．このような座標を内部座標と呼び，実際の分子振動の解析には広く用いられています．ここでは，そのほんの序の口の話にとどめます．

内部座標

9.1 節の 1 次元 A_3 型分子の場合の内部座標としては

$$D_1 = x_2 - x_1, \qquad D_2 = x_3 - x_2 \tag{9.5.1}$$

ととるのが自然と思われます．位置エネルギーは

$$V = \frac{1}{2}k(D_1^2 + D_2^2) \tag{9.5.2}$$

となりますが，運動エネルギー

$$T = \frac{1}{2}m(\dot{x}_1^2 + \dot{x}_2^2 + \dot{x}_3^2) \tag{9.5.3}$$

を振動運動だけに対応するように D_1 と D_2 で表わすには，系の重心が動かないという条件と(9.5.1)を使って変形しなければなりません．全体として並進運動がないことは

$$m(\dot{x}_1 + \dot{x}_2 + \dot{x}_3) = 0 \quad \text{つまり} \quad x_1 + x_2 + x_3 = \text{定数}$$

であることを意味しますが，x_1, x_2, x_3 は変位座標ですから

$$x_1 + x_2 + x_3 = 0 \tag{9.5.4}$$

としてよろしい．(9.5.1)と(9.5.4)の3つの式から

$$
\begin{aligned}
x_1 &= -\frac{2}{3}D_1-\frac{1}{3}D_2 \\
x_2 &= \frac{1}{3}D_1-\frac{1}{3}D_2 \\
x_3 &= \frac{1}{3}D_1+\frac{2}{3}D_2
\end{aligned}
\qquad (9.5.5)
$$

と求められ，これを(9.5.3)に入れると

$$
T = \frac{1}{3}m(\dot{D}_1{}^2+\dot{D}_1\dot{D}_2+\dot{D}_2{}^2) \qquad (9.5.6)
$$

V と T が $D_1, D_2, \dot{D}_1, \dot{D}_2$ の関数として表わされたので，古典力学のレシピ(9.1.8)にしたがって D_1, D_2 の方程式を導けば

$$
\frac{d}{dt}\left(\frac{\partial T}{\partial \dot{D}_1}\right)+\frac{\partial V}{\partial D_1} = 0, \qquad \frac{d}{dt}\left(\frac{\partial T}{\partial \dot{D}_2}\right)+\frac{\partial V}{\partial D_2} = 0
$$

を使って

$$
\begin{aligned}
\frac{2}{3}m\ddot{D}_1+\frac{1}{3}m\ddot{D}_2+kD_1 &= 0 \\
\frac{1}{3}m\ddot{D}_1+\frac{2}{3}m\ddot{D}_2+kD_2 &= 0
\end{aligned}
\qquad (9.5.7)
$$

となります．この解を

$$
\begin{aligned}
D_1 &= A_1\cos(\omega t+\eta) \\
D_2 &= A_2\cos(\omega t+\eta)
\end{aligned}
$$

の形に求めると，ω として

$$
\omega_I = \sqrt{\frac{k}{m}}, \qquad \omega_{II} = \sqrt{\frac{3k}{m}}
$$

の値が得られ，これに対応する振幅は

$$
\begin{aligned}
A_1^{(I)} &= A_2^{(I)}\,; \qquad && \omega_I \\
A_1^{(II)} &= -A_2^{(II)}\,; \qquad && \omega_{II}
\end{aligned}
$$

となり，(9.1.18)の第2，第3の解にまさに対応しています．始めから内部座標 D_1, D_2 をとることで並進運動にあたる解は現われないようにすることが出来たわけです．

9.6　分子振動の量子力学

分子の振動はミクロの世界の現象ですから，今まで苦労して古典力学でそれを扱ってきたのは無駄骨ではなかったか，とも思えますが，そうではありません．規準座標は量子力学でも最大限に生かされ，古典的振動数も，量子力学的状態の遷移にともなって吸収または放射される光の振動数にそのまま結び付きます．古典力学の正準運動量

$$P_k = \frac{\partial T}{\partial \dot{Q}_k} \tag{9.6.1}$$

を定義して，古典力学のハミルトニアン

$$H = \sum_{k=1}^{3N} (T_k + V_k) = \sum_{k=1}^{3N} \frac{1}{2} (\dot{Q}_k{}^2 + \omega_k{}^2 Q_k{}^2) = \sum_{k=1}^{3N} H^{(k)} \tag{9.6.2}$$

を書き換えると，(9.6.1)から $P_k = \dot{Q}_k$ となるので

$$H = \sum_{k=1}^{3N} H^{(k)} = \sum_{k=1}^{3N} \frac{1}{2} (P_k{}^2 + \omega_k{}^2 Q_k{}^2) \tag{9.6.3}$$

この古典力学のハミルトニアンから量子力学のハミルトニアン演算子に移るには，一般的な処方にしたがって

$$P_k \longrightarrow -i\hbar \frac{\partial}{\partial Q_k} \tag{9.6.4}$$

という置き換えをすればよろしい．結果は

$$\hat{H} = \sum_{k=1}^{3N} \hat{H}^{(k)}, \qquad \hat{H}^{(k)} = -\frac{\hbar^2}{2} \frac{\partial^2}{\partial Q_k{}^2} + \frac{1}{2} \omega_k{}^2 Q_k{}^2 \tag{9.6.5}$$

です．古典力学から持ち込まれた量 $\{\omega_k{}^2\}$ は，分子全体としての並進運動と回転運動については $\omega_k{}^2 = 0$ となり，$\hat{H}^{(k)}$ は運動エネルギー演算子だけになります．この部分は今は興味がないので除いてしまうと，分子振動については

$$\hat{H}^{\langle v \rangle} = \sum_{k=1}^{3N-t} \hat{H}^{(k)} \tag{9.6.6}$$

の形になります．t は分子全体としての並進運動と回転運

動の自由度の数です．

H_2O の場合に，図 9.10 を見ながら具体的に考えてみると，$3N-t=9-6=3$ ですから

$$\hat{H}^{\langle v\rangle} = \hat{H}^{(1)}(Q_1) + \hat{H}^{(2)}(Q_2) + \hat{H}^{(3)}(Q_3) \tag{9.6.7}$$

シュレディンガー方程式は

$$\hat{H}^{\langle v\rangle}\boldsymbol{\Psi}_v = E_v\boldsymbol{\Psi}_v \tag{9.6.8}$$

の形ですが，(9.6.7)のように，全系のハミルトニアンが個々の力学変数 Q_1, Q_2, Q_3 のハミルトニアンの和の形になっていると，全系の状態関数（波動関数）$\boldsymbol{\Psi}_v$ は単純な積の形になります．個々の $\hat{H}^{(k)}(Q_k)$ についてのシュレディンガー方程式を

$$\hat{H}^{(k)}\psi_{n_k}^{(k)} = E_{n_k}^{(k)}\psi_{n_k}^{(k)} \tag{9.6.9}$$

と書き，この解 $E_{n_k}^{(k)}$，$\psi_{n_k}^{(k)}$ がわかっているとすると，全系の波動関数は

$$\boldsymbol{\Psi}_v = \psi_{n_1}^{(1)}(Q_1)\psi_{n_2}^{(2)}(Q_2)\psi_{n_3}^{(3)}(Q_3) \tag{9.6.10}$$

の形をとります．これを確かめるには，この形の $\boldsymbol{\Psi}_v$ を(9.6.8)に入れてみるとわかります．$\hat{H}^{(k)}$ は $\psi_{n_k}^{(k)}$ にだけ作用するので，(9.6.9)を使って

$$\begin{aligned}\hat{H}^{\langle v\rangle}\boldsymbol{\Psi}_v &= (\hat{H}^{(1)}+\hat{H}^{(2)}+\hat{H}^{(3)})(\psi_{n_1}^{(1)}\psi_{n_2}^{(2)}\psi_{n_3}^{(3)}) \\ &= (E_{n_1}^{(1)}+E_{n_2}^{(2)}+E_{n_3}^{(3)})\boldsymbol{\Psi}_v\end{aligned}$$

となり，(9.6.8)の E_v は

$$E_v = E_{n_1}^{(1)}+E_{n_2}^{(2)}+E_{n_3}^{(3)} \tag{9.6.11}$$

と求められます．幸いに，(9.6.9)の解はよく知られています：

$$E_{n_k}^{(k)} = \left(n_k+\frac{1}{2}\right)\omega_k\hbar = \left(n_k+\frac{1}{2}\right)h\nu_k \qquad (n_k=0,1,2,\cdots) \tag{9.6.12}$$

$$\psi_{n_k}^{(k)} = N_{n_k}H_{n_k}\left(\sqrt{\frac{\omega_k}{\hbar}}\,Q_k\right)e^{-(\omega_k/2\hbar)Q_k^2} \tag{9.6.13}$$

ここで N_{n_k} は

$$\int_{-\infty}^{\infty} |\psi_{n_k}^{(k)}|^2 dQ_k = 1 \qquad (9.6.14)$$

となるように定める規格化定数で

$$N_n = \left[\frac{(m\omega_k/\pi\hbar)^{1/2}}{2^n n!} \right]^{1/2} \qquad (9.6.15)$$

エルミート多項式

また，$H_n(x)$ はエルミート多項式(Hermite polynomials)で

$$\begin{aligned} H_0(x) &= 1 \\ H_1(x) &= 2x \\ H_2(x) &= 4x^2-2 \\ H_3(x) &= 8x^3-12x \\ H_4(x) &= 16x^4-48x^2+12 \\ &\vdots \end{aligned} \qquad (9.6.16)$$

です．n が 0 か偶数ならば $H_n(x)$ は偶関数，n が奇数ならならば奇関数．

全系の振動状態を指定する(9.6.8)の量子数 v は，$\boldsymbol{C}_{2v}$ の場合，3 つの量子数 $\{n_1, n_2, n_3\}$ の組で与えられます．最低エネルギーの状態は $\{0, 0, 0\}$ ですが，省略して $\{0\}$ と書くと

$$\Psi_{\{0\}} = \psi_0^{(1)}\psi_0^{(2)}\psi_0^{(3)} \qquad (9.6.17)$$

です．図 9.12 から判断すると，$n_2=1$ の状態が全系として最も低い励起状態と思われます．$\{0, 1, 0\}$ を $\{0, n_2=1\}$ と書くと

$$\Psi_{\{0, n_2=1\}} = \psi_0^{(1)}\psi_1^{(2)}\psi_0^{(3)} \qquad (9.6.18)$$

です．H_2O の他の励起状態については次の節で詳しく取り上げることにして，ここでは，一般の場合の式をまとめ，その波動関数の空間的対称性を調べます．(9.6.8)から再出発します．

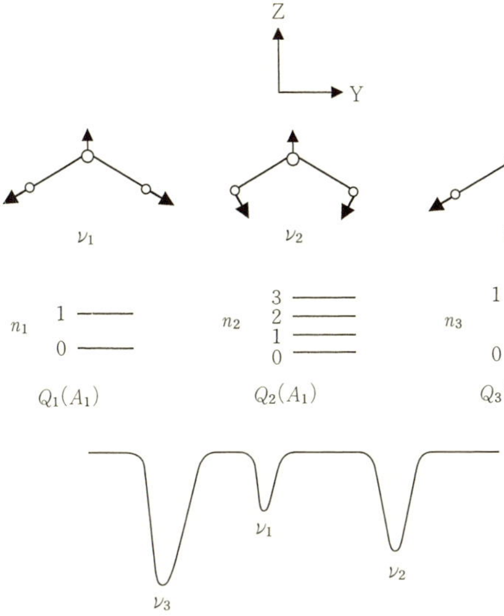

図 9.12

$$\hat{H}^{\langle v \rangle}\Psi_{\{n\}} = E_{\{n\}}\Psi_{\{n\}} \tag{9.6.19}$$

$$\{n\} \equiv \{n_1, n_2, \cdots, n_{3N-t}\} \tag{9.6.20}$$

$$\begin{aligned} E_{\{n\}} &= E_{n_1}^{(1)} + E_{n_2}^{(2)} + \cdots + E_{3N-t}^{(3N-t)} \\ &= \sum_{k=1}^{3N-t} E_{n_k}^{(k)} = \sum_{k=1}^{3N-t}\left(n_k + \frac{1}{2}\right)\omega_k \hbar \\ &= \sum_{k=1}^{3N-t}\left(n_k + \frac{1}{2}\right)h\nu_k \qquad (n_k = 0, 1, 2, \cdots) \end{aligned} \tag{9.6.21}$$

$$\begin{aligned} \Psi_{\{n\}} &= \psi_{n_1}^{(1)}(Q_1)\,\psi_{n_2}^{(2)}(Q_2)\cdots\psi_{n_{3N-t}}^{(3N-t)}(Q_{3N-t}) \\ &= \prod_{k=1}^{3N-t}\psi_{n_k}^{(k)}(Q_k) \end{aligned} \tag{9.6.22}$$

(9.6.17), (9.6.18)の記法を拡張して

$$\Psi_{\{0\}} = \psi_0^{(1)}\psi_0^{(2)}\cdots\psi_0^{(3N-t)} \tag{9.6.23}$$

$$\Psi_{\{0, n_k=1\}} = \psi_0^{(1)}\psi_0^{(2)}\cdots\psi_1^{(k)}\cdots\psi_0^{(3N-t)} \tag{9.6.24}$$

$$\Psi_{\{0, n_k=2\}} = \psi_0^{(1)}\psi_0^{(2)}\cdots\psi_2^{(k)}\cdots\psi_0^{(3N-t)} \tag{9.6.25}$$

$$\Psi_{\{0, n_k=1, n_l=1\}} = \psi_0^{(1)}\psi_0^{(2)}\cdots\psi_1^{(k)}\cdots\psi_1^{(l)}\cdots\psi_0^{(3N-t)} \tag{9.6.26}$$

全系の励起状態はこの記法を使って次々に書き下ろすことができます．ここでは上の 4 つの励起状態の波動関数の空間的対称性を調べます．これ以外の場合も同じ考え方を適用できます．

(9.6.19)のハミルトニアン $\hat{H}^{\langle v \rangle}$ は，**9.4** 節で考えたことから，分子の点群の空間操作に対して不変ですから，**8.2** 節の議論によれば，$\hat{H}^{\langle v \rangle}$ の固有関数 $\Psi_{\{n\}}$ はその点群の既約表現の基底関数としての性質を持っています．簡単のため，ここではすべての規準座標 $\{Q_k\}$ が縮重していないものと考えます．$\boldsymbol{C}_{2v}$ の場合は確かにそうです．

まず基底状態(9.6.23)の各規準座標についての波動関数は

$$\psi_0(Q) = N_0 e^{-(\omega/2\hbar)Q^2}$$

の形で，分子の点群の元である空間対称操作を $\hat{R}$ で表わせば

$$\hat{R}\psi_0(Q) = N_0 e^{-(\omega/2\hbar)\hat{R}Q^2} = \psi_0(Q)$$

で，$\psi_0(Q)$ は恒等表現($\Gamma^{(1)}$ と書く)の基底になっているので，$\Psi_{\{0\}}$ は，直積表現の考えから

$$\Gamma[\Psi_{\{0\}}] = \Gamma^{(1)} \otimes \Gamma^{(1)} \otimes \cdots \otimes \Gamma^{(1)} = \Gamma^{(1)} \qquad (9.6.27)$$

となります．次の(9.6.24)については，(9.6.16)から

$$\psi_1^{(k)}(Q_k) = 2N_1 Q_k e^{-(\omega_k/2\hbar)Q_k^2}$$

であり，指数関数の部分は $\Gamma^{(1)}$ の変換性を持っているので，$\psi_1^{(k)}(Q_k)$ は Q_k と同じ表現に属します．したがって

$$\Gamma[\Psi_{\{0,n_k=1\}}] = \Gamma^{(1)} \otimes \Gamma^{(1)} \otimes \cdots \otimes \Gamma[Q_k] \otimes \cdots \otimes \Gamma^{(1)} = \Gamma[Q_k] \qquad (9.6.28)$$

次の(9.6.25)では，(9.6.16)から

$$\psi_2^{(k)}(Q_k) = N_2(4Q_k^2 - 2)e^{-(\omega_k/2\hbar)Q_k^2}$$

だから，これまた $\Gamma^{(1)} \otimes \Gamma^{(1)} = \Gamma^{(1)}$ に属し，全体としても

$$\Gamma[\Psi_{\{0,n_k=2\}}] = \Gamma^{(1)} \qquad (9.6.29)$$

同じような推論をすれば，(9.6.26)については

$$\Gamma[\Psi_{\{0,n_k=1,n_l=1\}}] = \Gamma[Q_k]\otimes\Gamma[Q_l] \quad (9.6.30)$$

9.7　赤外スペクトルとラマンスペクトルの選択則

分子に適当なエネルギーの光があたると，分子はそのエネルギーを吸収して低いエネルギーの振動状態 Ψ_l から高いエネルギーの振動状態 Ψ_u に移ることがあります．Ψ_l として(9.6.17)，Ψ_u として(9.6.18)をとってみます．量子力学によれば

$$\Psi_{\{0,0,0\}} \longrightarrow \Psi_{\{0,1,0\}}$$

の遷移で吸収される光の振動数 ν は，次の関係式

$$h\nu = E_{\{0,1,0\}} - E_{\{0,0,0\}}$$

で与えられます．右辺は(9.6.12)から

$$\left(\frac{1}{2}h\nu_1+\frac{3}{2}h\nu_2+\frac{1}{2}h\nu_3\right)-\left(\frac{1}{2}h\nu_1+\frac{1}{2}h\nu_2+\frac{1}{2}h\nu_3\right) = h\nu_2$$

となるので，$\nu=\nu_2$，つまり，古典的調和振動子の振動数が，そのまま，分子が吸収する光の振動数に結び付きます．

このような遷移は，普通，赤外線領域で起りますが，これが実際に起るためには，Ψ_l と Ψ_u を含んだ次の 3 つの積分

$$\langle x\rangle = (\Psi_u, x\Psi_l), \quad \langle y\rangle = (\Psi_u, y\Psi_l),$$
$$\langle z\rangle = (\Psi_u, z\Psi_l) \quad (9.7.1)$$

の少なくとも 1 つは 0 でない可能性がなければなりません．もしそうであれば，それは許容遷移であると呼ばれます．もし 3 つの積分がすべて 0 になるなら，その遷移は禁じられます．この判定には **9.6** 節の結論が役に立ちます：

許容遷移

$\Gamma[x]\otimes\Gamma[\Psi_l]$ が $\Gamma[\Psi_u]$ を含まなければ　$\langle x\rangle = 0$

$\Gamma[y]\otimes\Gamma[\Psi_l]$ が $\Gamma[\Psi_u]$ を含まなければ　$\langle y\rangle = 0$

$\Gamma[z]\otimes\Gamma[\Psi_l]$ が $\Gamma[\Psi_u]$ を含まなければ　$\langle z\rangle = 0$

(9.7.2)

例として $\boldsymbol{C}_{2v}$ 分子の場合を考えます．Ψ_l としては，すべて

$\Psi_l=\Psi_{\{0\}}$ をとることにすると

$$\Gamma[\Psi_l] = A_1$$

です．C_{2v} の指標表から

$$\Gamma[x] = B_1, \quad \Gamma[y] = B_2, \quad \Gamma[z] = A_1 \quad (9.7.3)$$

ですから，(9.7.2)は

$$\begin{aligned} \Gamma[x]\otimes\Gamma[\Psi_l] &= B_1\otimes A_1 = B_1 \\ \Gamma[y]\otimes\Gamma[\Psi_l] &= B_2\otimes A_1 = B_2 \\ \Gamma[z]\otimes\Gamma[\Psi_l] &= A_1\otimes A_1 = A_1 \end{aligned} \quad (9.7.4)$$

となります．Ψ_u については図 9.12 の $Q_1(A_1)$, $Q_2(A_1)$, $Q_3(B_2)$ のエネルギー準位を見ながら，全系としてのエネルギーの低い状態から $\{n_1, n_2, n_3\}$ を 10 ほど選ぶと，表 9.6 のようになります．

まず，(1),(2),(3)については(9.6.28),(9.6.29)から $\Gamma[\Psi_u]$ は

(1) $\Gamma[\Psi_{\{0,1,0\}}] = \Gamma[Q_2] = A_1$

(2) $\Gamma[\Psi_{\{0,2,0\}}] = \Gamma^{(1)} = A_1$

(3) $\Gamma[\Psi_{\{1,0,0\}}] = \Gamma[Q_1] = A_1$

となるので，この 3 つの Ψ_u については(9.7.4)から $\langle z\rangle$ だけが 0 でない望みがあります．(4)については(9.6.28)から

表 9.6

	n_1	n_2	n_3	極性	$\nu(\mathrm{cm}^{-1})$	相対強度
(1)	0	1	0	$\langle z\rangle$	1595	大変強い
(2)	0	2	0	$\langle z\rangle$	3151	中程度
(3)	1	0	0	$\langle z\rangle$	3657	強
(4)	0	0	1	$\langle y\rangle$	3756	大変強い
(5)	0	3	0	$\langle z\rangle$	—	—
(6)	1	1	0	$\langle z\rangle$	—	—
(7)	0	1	1	$\langle y\rangle$	5332	中程度
(8)	1	2	0	$\langle z\rangle$	—	—
(9)	0	2	1	$\langle y\rangle$	6874	弱
(10)	1	0	1	$\langle y\rangle$	7252	中程度

(4)　$\Gamma[\Psi_{\{0,0,1\}}] = \Gamma[Q_3] = B_2$

したがって，(9.7.4)から，$\langle y\rangle \neq 0$ の可能性があります．(5)については(9.6.16)の $H_3(x)$ の形から考えれば，(1)と同じく

(5)　$\Gamma[\Psi_{\{0,3,0\}}] = \Gamma[Q_2] = A_1$

であり，(1)と同じく $\langle z\rangle \neq 0$ の可能性があります．次の(6)と(7)は(9.6.30)の場合で

(6)　$\Gamma[\Psi_{\{1,1,0\}}] = \Gamma[Q_1]\otimes\Gamma[Q_2] = A_1\otimes A_1 = A_1$

(7)　$\Gamma[\Psi_{\{0,1,1\}}] = \Gamma[Q_2]\otimes\Gamma[Q_3] = A_1\otimes B_2 = B_2$

となるので，(6)では $\langle z\rangle \neq 0$，(7)では $\langle y\rangle \neq 0$ の可能性があります．同じ調子で

(8)　$\Gamma[\Psi_{\{1,2,0\}}] = \Gamma[Q_1]\otimes\Gamma^{(1)} = A_1\otimes A_1 = A_1$

(9)　$\Gamma[\Psi_{\{0,2,1\}}] = \Gamma^{(1)}\otimes\Gamma[Q_3] = A_1\otimes B_2 = B_2$

(10)　$\Gamma[\Psi_{\{1,0,1\}}] = \Gamma[Q_1]\otimes\Gamma[Q_3] = A_1\otimes B_2 = B_2$

以上の結論は表 9.6 で極性という見出しの下にまとめられ，その右側には実験測定の結果が示されています．(5),(6),(8)が観測されないのは $\langle z\rangle$ が 0 でなくても，ごく小さな値になるからだと考えられます．

Ψ_u と Ψ_l で量子力学的演算子 x, y, z をはさんだ 3 つの積分(9.7.1)が分子振動による赤外線の吸収，放射を支配する理由を正しく理解するには，分子と光(電磁場)との相互作用の量子力学を勉強する必要があります．ここでは，粗い古典力学的な説明でお茶を濁しておきます．図 9.12 のように座標系をとると，水分子は Z 軸の方向に電気的双極子モーメントを持っています．規準振動モード Q_1 と Q_2 では，図を見ればわかるように，モーメントは振動数 ν_1，ν_2 で変化します．そこに Z 軸の方向に偏った光が入射すると，モーメントの変化がきっかけになって光のエネルギーが吸収される可能性が生じます，Q_3 のモードでは，電気的双極子モーメントの変化は ν_3 の振動数で Y 方向に起り，

入射光がY方向に偏っていると吸収される可能性が生じます．X方向にはモーメントの変化はないので，X方向の偏光とは相互作用はしません．したがって，もし分子の振動を図9.12のように紙面(YZ面)に限ることが出来れば，Q_1, Q_2 はZ方向の偏光だけ，Q_3 はY方向の偏光だけを吸収することになりますが，実際には，気体状態の分子を固定することは出来ないので，H_2O の気体に偏りのない赤外線をあてると図9.12のような具合の吸収スペクトルが得られます．

赤外線吸収スペクトルが電気的双極子モーメントの変化に関係するように，ラマン散乱スペクトルは分子の分極率と関係します．現象の理解は他書に譲って，ここではラマン遷移の選択則を与える積分量の議論を少しだけしておきます．赤外遷移の場合の3つの積分(9.7.1)に対応するのは

$$\begin{aligned}&\langle x^2\rangle = (\Psi_u, x^2\Psi_l), \quad \langle y^2\rangle = (\Psi_u, y^2\Psi_l),\\&\langle z^2\rangle = (\Psi_u, z^2\Psi_l)\\&\langle xy\rangle = (\Psi_u, xy\Psi_l), \quad \langle yz\rangle = (\Psi_u, yz\Psi_l),\\&\langle zx\rangle = (\Psi_u, zx\Psi_l)\end{aligned} \tag{9.7.5}$$

の6つの積分です．ある Ψ_u, Ψ_l の組について，その遷移が許容されるためには，このうちの少なくとも1つの積分が0でない可能性がなければならず，もしすべてが0ならばその遷移は禁じられます．その判定は赤外スペクトルの場合と類似の要領で出来ます．ここでも $\boldsymbol{C}_{2v}$ 分子を例にとると，その指標表から

$$\Gamma[x^2] = \Gamma[y^2] = \Gamma[z^2] = A_1$$
$$\Gamma[xy] = A_2, \quad \Gamma[yz] = B_2, \quad \Gamma[zx] = B_1$$

です．赤外の場合と同様に $\Gamma[\Psi_l]=A_1$ ととれば，(9.7.4)に対応して

$$
\begin{aligned}
x^2, y^2, z^2: &\quad A_1 \otimes A_1 = A_1 \\
xy: &\quad A_2 \otimes A_1 = A_2 \\
yz: &\quad B_2 \otimes A_1 = B_2 \\
zx: &\quad B_1 \otimes A_1 = B_1
\end{aligned}
\qquad (9.7.6)
$$

$\boldsymbol{\Psi}_u$ としては，$\boldsymbol{C}_{2v}$ の場合，$\Gamma[\Psi_u]=A_1$ または B_2 しかないので

$$\Gamma[\Psi_l] = A_1 \longrightarrow \Gamma[\Psi_u] = A_1 \quad \text{では} \quad \langle x^2\rangle, \langle y^2\rangle, \langle z^2\rangle$$

$$\Gamma[\Psi_l] = A_1 \longrightarrow \Gamma[\Psi_u] = B_2 \quad \text{では} \quad \langle yz\rangle$$

が 0 でない可能性があります．

10

分子の電子状態

10.1 分子の全電子波動関数

第8章では，分子を量子力学で扱うのにボルン-オッペンハイマー近似を採用して，分子が含む原子核を一定の空間的配置に固定し，それらの原子核がつくるポテンシャル場の中の電子たちに対するシュレディンガー方程式を

$$
\begin{aligned}
\hat{H}\Psi_m^{(\alpha)}(1,2,\cdots) &= E^{(\alpha)}\Psi_m^{(\alpha)}(1,2,\cdots)\\
\hat{H} &= \sum_i \hat{h}(i) + \sum_{i>j}\frac{1}{r_{ij}} + \sum_{a>b}\frac{Z_a Z_b}{|\boldsymbol{R}_a-\boldsymbol{R}_b|}\\
\hat{h}(i) &= -\frac{1}{2}\Delta_i - \sum_a \frac{Z_a}{|\boldsymbol{R}_a-\boldsymbol{r}_i|}
\end{aligned}
\tag{10.1.1}
$$

の形に書きました．アンモニア分子 NH_3 を例にとれば，4個の原子核と10個の電子があります．原子核の位置 $\{\boldsymbol{R}_1, \boldsymbol{R}_2, \boldsymbol{R}_3, \boldsymbol{R}_4\}$ が $\boldsymbol{C}_{3v}$ の対称性を持っていれば，$\hat{H}$ は $\boldsymbol{C}_{3v}$ の空間対称操作について不変に保たれるので，(8.2.9)から

$$\hat{G}\hat{H} = \hat{H}\hat{G} \qquad (\hat{G} \in \boldsymbol{C}_{3v}) \tag{10.1.2}$$

8.2 節によれば，この $\hat{H}$ の性質から，全電子のシュレディンガー方程式(10.1.1)の解 $\{\Psi_m^{(\alpha)}\}$ は $\boldsymbol{C}_{3v}$ の既約表現 A_1, A_2, E のどれかの基底としての対称性を持ち，その縮重度はたかだか2重であることが結論できます．

このような重要な結論がシュレディンガー方程式を解かずに得られるのは群論のおかげですが，それぞれの電子状態のエネルギー $E^{(\alpha)}$ の値，その相互の位置，$E^{(\alpha)}$ に属する波動関数の具体的な形などを知りたければ，やはり(10.1.1)を解く必要があります．それも正確にはとても解けないので近似的に解くことになります．そのための基本的な考えに，1 電子軌道関数，原子では原子軌道関数，分子では分子軌道関数，の概念があります．しかし，その説明を始める前に，全電子波動関数について，もう少しよく考えてみます．

電子は質量と電荷に加えて，小さな磁石のような性質を持っています．そのため，電子を記述する座標として，空間座標 $\boldsymbol{r}$ のほかにスピン座標 σ も必要です．これが(10.1.1)で $\Psi_m^{(\alpha)}$ の変数を $(\boldsymbol{r}_1, \boldsymbol{r}_2, \cdots)$ とせず，数字で $(1, 2, \cdots)$ とした理由です．これからは $\boldsymbol{r}$ と σ をあわせて

$$\xi \equiv (\boldsymbol{r}, \sigma) \qquad (10.1.2)$$

を電子の正式な座標の記号として使い，電子が 2 個なら $\Psi(\xi_1, \xi_2)$，3 個なら $\Psi(\xi_1, \xi_2, \xi_3)$ といった具合に書き，(10.1.1)のように電子につけた番号で座標を代表させるときにも，一般的には，$\boldsymbol{r}$ だけではなく $\xi \equiv (\boldsymbol{r}, \sigma)$ を表わしていると考えます．

ところで，ここにとても重要な事柄があります．すべての電子は全く同等で見分けのつかない素粒子と考えられるので，取り扱いの便宜上，電子に番号を打つにしても，電子系のハミルトニアンは電子の番号をお互いの間でどのように交換しても，全体としては不変の形になっていなければなりません．(10.1.1)の $\hat{H}$ は確かにその要請を満たしていますが，もし，電子につけた番号の置換操作の全体が 1 つの群をつくることになれば，その事実から，全電子波動関数がはっきりと性格づけられることにもなり得ると思わ

れます．実は，ある意味では，これまで勉強してきた空間対称操作の群からよりも，もっと基本的な性格づけが行われることになるのです．次の節では，物を置換する操作がつくる群の数学的性質の勉強を始めます．

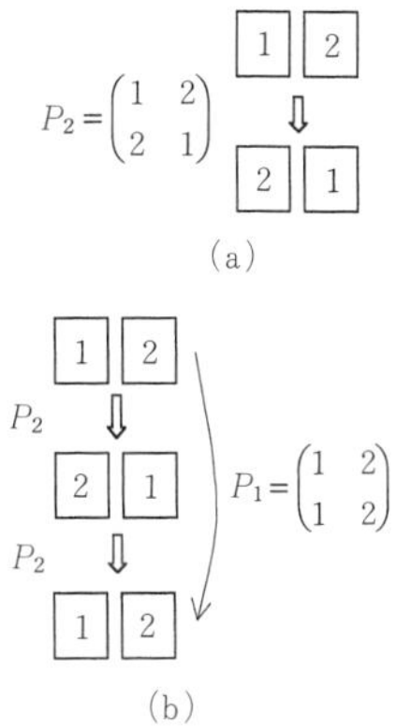

図 10.1

10.2　対称群

図 10.1(a)のように，1, 2 と番号のついたカードを置き換える操作を

$$P_2=\begin{pmatrix}1&2\\2&1\end{pmatrix}$$

と表わし，この置換を 2 度続けて行うと，図 10.1(b)のように元に戻ります．置換を続けて行うことを積 P_2P_2 と定義し，“何もしない置換”

$$P_1=\begin{pmatrix}1&2\\1&2\end{pmatrix}$$

を定義すると，この 2 つの置換操作のセット

$$\boldsymbol{S}_2=\{P_1, P_2\}$$

は群をつくっています．$\boldsymbol{S}_2$ を 2 次の対称群(symmetric

対称群

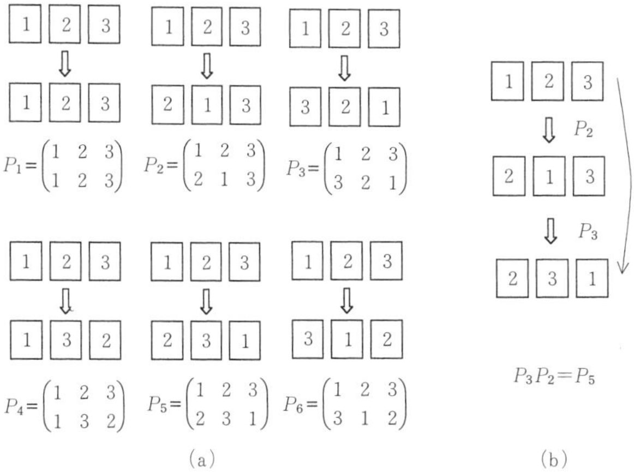

図 10.2

group）と呼びます．番号をつけたカードが3枚になると，図10.2のように，カードの置換の仕方は3!＝6通りあります：

$$P_1=\begin{pmatrix}1&2&3\\1&2&3\end{pmatrix},\quad P_2=\begin{pmatrix}1&2&3\\2&1&3\end{pmatrix},\quad P_3=\begin{pmatrix}1&2&3\\3&2&1\end{pmatrix}$$

$$P_4=\begin{pmatrix}1&2&3\\1&3&2\end{pmatrix},\quad P_5=\begin{pmatrix}1&2&3\\2&3&1\end{pmatrix},\quad P_6=\begin{pmatrix}1&2&3\\3&1&2\end{pmatrix} \tag{10.2.1}$$

ところで，この記法

$$\begin{pmatrix}1&2&3\\p_1&p_2&p_3\end{pmatrix}$$

で肝心なところは

1　が　p_1　に変換される

2　が　p_2　に変換される

3　が　p_3　に変換される

という対応ですから，例えば，P_6 は

$$P_6=\begin{pmatrix}1&2&3\\3&1&2\end{pmatrix}=\begin{pmatrix}3&1&2\\2&3&1\end{pmatrix}=\begin{pmatrix}2&3&1\\1&2&3\end{pmatrix}=\cdots\cdots \tag{10.2.2}$$

と書き換えても，すべて同じ操作を表わします．他の P_i についても同様です．

2つの置換を続けて行うこと，つまり，2つの置換の積，例えば，P_2 を行って，さらに P_3 を行った結果は，(10.2.2)で示した書き換えを使えば

$$\begin{aligned}P_3P_2&=\begin{pmatrix}1&2&3\\3&2&1\end{pmatrix}\begin{pmatrix}1&2&3\\2&1&3\end{pmatrix}=\begin{pmatrix}2&1&3\\2&3&1\end{pmatrix}\begin{pmatrix}1&2&3\\2&1&3\end{pmatrix}\\&=\begin{pmatrix}1&2&3\\2&3&1\end{pmatrix}=P_5\end{aligned}$$

また，P_5 と P_4 の積は

$$P_4P_5 = \begin{pmatrix}1 & 2 & 3\\1 & 3 & 2\end{pmatrix}\begin{pmatrix}1 & 2 & 3\\2 & 3 & 1\end{pmatrix} = \begin{pmatrix}2 & 3 & 1\\3 & 2 & 1\end{pmatrix}\begin{pmatrix}1 & 2 & 3\\2 & 3 & 1\end{pmatrix}$$

$$= \begin{pmatrix}1 & 2 & 3\\3 & 2 & 1\end{pmatrix} = P_3$$

になります．このようにして，(10.2.1)の 6 つの置換操作のセット

$$\boldsymbol{S}_3 = \{P_1, P_2, P_3, P_4, P_5, P_6\}$$

が群をつくることを確かめることができます．この群を 3 次の対称群と呼びます．そして，この群は点群 $\boldsymbol{C}_{3v}$

$$\boldsymbol{C}_{3v} = \{E, C_3, C_3^2, \sigma_v, \sigma_v', \sigma_v''\}$$

と同型です．これを **6.1** 節の空間関数の変換(一般論は **7.2**節)と結び付けて調べます．図 10.3 では正 3 角形の各頂点に同じ大きさの球状関数 s_1, s_2, s_3 が置かれています．NH_3 の底辺の 3 つの H 原子の 1s 関数を想像して下さい．空間対称操作の回転軸は底辺の正 3 角形の中心を通ってそれに垂直な軸，3 つの鏡映面は図 10.3 に示された通り．C_3 の操作で 3 つの 1s 関数 s_1, s_2, s_3 は

$$s_1 \longrightarrow s_2$$
$$s_2 \longrightarrow s_3$$
$$s_3 \longrightarrow s_1$$

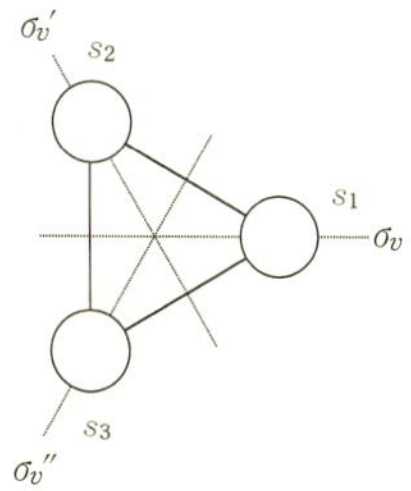

図 10.3

のように変換されます(**6.1** 節を復習のこと)．この変換が(10.2.1)の

$$P_5 = \begin{pmatrix}1 & 2 & 3\\2 & 3 & 1\end{pmatrix}$$

に対応していることは明らかです．また，σ_v の操作で s_1, s_2, s_3 は

$$s_1 \longrightarrow s_1$$
$$s_2 \longrightarrow s_3$$
$$s_3 \longrightarrow s_2$$

のように変換されるので，これは(10.2.1)の

$$P_4 = \begin{pmatrix} 1 & 2 & 3 \\ 1 & 3 & 2 \end{pmatrix}$$

に対応します．この作業を続けると，$\boldsymbol{C}_{3v}$ と $\boldsymbol{S}_3$ の元の間には

$$\begin{aligned} &E \longleftrightarrow P_1, \quad &C_3 \longleftrightarrow P_5, \quad &C_3{}^2 \longleftrightarrow P_6 \\ &\sigma_v \longleftrightarrow P_4, \quad &\sigma_v{}' \longleftrightarrow P_3, \quad &\sigma_v{}'' \longleftrightarrow P_2 \end{aligned} \tag{10.2.3}$$

という 1 対 1 の対応がつくことが確かめられます．$\boldsymbol{C}_{3v}$ と $\boldsymbol{S}_3$ とが同型の群であるならば，$\boldsymbol{S}_3$ の既約表現も $\boldsymbol{C}_{3v}$ の A_1, A_2, E にあたる 3 つの種類があることが結論できます．

(10.2.1) に戻って，各置換の上段の数の並び {1 2 3} から下段の数の並びに，2 つの数を交換することで到達することを試みます．P_2 では 1 と 2 を交換すればよく，この操作を (1 2) と記して互換と呼ぶことにすると，P_2 の置換操作は (1 2) という互換で，同様に，P_3 は (1 3)，P_4 は (2 3) と表わされます．しかし，P_5 と P_6 は，1 つの互換では上段から下段に移ることは出来ません．P_5 については

互換

$$\{1\ 2\ 3\} \xrightarrow{(1\ 2)} \{2\ 1\ 3\} \xrightarrow{(1\ 3)} \{2\ 3\ 1\}$$

ですから，(1 3)(1 2) と 2 つの互換を重ねる(積をとる)必要があります．P_6 については

$$\{1\ 2\ 3\} \xrightarrow{(1\ 3)} \{3\ 2\ 1\} \xrightarrow{(1\ 2)} \{3\ 1\ 2\}$$

で，(1 2)(1 3) と表わせます．$\boldsymbol{S}_3$ について，これまで得た知識を表 10.1，表 10.2 にまとめてあります．

置換操作の群(対称群)は $\boldsymbol{S}_4, \boldsymbol{S}_5, \cdots$ と次元を大きく出来ます．$\boldsymbol{S}_4$ の操作の 1 つ

$$\begin{pmatrix} 1 & 2 & 3 & 4 \\ 3 & 1 & 4 & 2 \end{pmatrix}$$

をとり，互換の積み重ね(積)で上段の数の並びから下段のそれに移ることをやってみると

表 10.1 対称群 S_3 の元

$P_1=\begin{pmatrix}1&2&3\\1&2&3\end{pmatrix}$
$P_2=\begin{pmatrix}1&2&3\\2&1&3\end{pmatrix}=(1\ 2)$
$P_3=\begin{pmatrix}1&2&3\\3&2&1\end{pmatrix}=(1\ 3)$
$P_4=\begin{pmatrix}1&2&3\\1&3&2\end{pmatrix}=(2\ 3)$
$P_5=\begin{pmatrix}1&2&3\\2&3&1\end{pmatrix}=(1\ 3)\,(1\ 2)$
$P_6=\begin{pmatrix}1&2&3\\3&1&2\end{pmatrix}=(1\ 2)\,(1\ 3)$

表 10.2 S_3 と C_{3v} との元の対応と行列表現

S_3	P_1	P_5	P_6	P_4	P_3	P_2
C_{3v}	E	C_3	$C_3{}^2$	σ_v	$\sigma_v{}'$	$\sigma_v{}''$
A_1	1	1	1	1	1	1
A_2	1	1	1	−1	−1	−1
E	$\begin{pmatrix}1&0\\0&1\end{pmatrix}$	$\begin{pmatrix}-\frac{1}{2}&-\frac{\sqrt{3}}{2}\\\frac{\sqrt{3}}{2}&-\frac{1}{2}\end{pmatrix}$	$\begin{pmatrix}-\frac{1}{2}&\frac{\sqrt{3}}{2}\\-\frac{\sqrt{3}}{2}&-\frac{1}{2}\end{pmatrix}$	$\begin{pmatrix}1&0\\0&-1\end{pmatrix}$	$\begin{pmatrix}-\frac{1}{2}&-\frac{\sqrt{3}}{2}\\-\frac{\sqrt{3}}{2}&\frac{1}{2}\end{pmatrix}$	$\begin{pmatrix}-\frac{1}{2}&\frac{\sqrt{3}}{2}\\\frac{\sqrt{3}}{2}&\frac{1}{2}\end{pmatrix}$

$$\{1\ 2\ 3\ 4\}\xrightarrow{(1\ 2)}\{2\ 1\ 3\ 4\}\xrightarrow{(2\ 3)}$$
$$\{3\ 1\ 2\ 4\}\xrightarrow{(2\ 4)}\{3\ 1\ 4\ 2\}$$

ですから，これは $(2\ 4)\,(2\ 3)\,(1\ 2)$ と表わせますが，同じ結果は $(1\ 3)\,(3\ 4)\,(2\ 4)$ としても得られます．したがって，上の置換操作の互換の積への分解は一義的ではありません．しかし，これは大事なポイントですが，S_4 に限らず，一般の S_n の置換操作を互換の積で表わした場合に，互換の個数が偶数か奇数かは一義的に定まることが次のように証明できます．

まず，差積または交代式と呼ばれる $\{x_1, x_2, \cdots, x_n\}$ の多項式を導入します：

$$
\begin{aligned}
f(x_1, x_2, \cdots, x_n) &= \prod_{1\leqq i<j\leqq n}(x_i - x_j) \\
&= (x_1-x_2)(x_1-x_3)(x_1-x_4)\cdots(x_1-x_n) \\
&\qquad \times(x_2-x_3)(x_2-x_4)\cdots(x_2-x_n) \\
&\qquad\qquad \times(x_3-x_4)\cdots(x_3-x_n) \\
&\qquad\qquad\qquad \times\cdots\cdots\cdots \\
&\qquad\qquad\qquad\quad \times(x_{n-1}-x_n)
\end{aligned}
$$

この式に1つの互換 $(i\ \ j)$，つまり，x_i と x_j を交換する操作を行うと，x_i-x_j 項のところだけで，符号の反転の効果が残り，他ではすべて符号の反転が打ち消し合うことがわかります．つまり，1回の互換操作ごとに必ず符号を変えます．ところで，一般の置換

$$
P = \begin{pmatrix} 1 & 2 & 3 & \cdots & n \\ p_1 & p_2 & p_3 & \cdots & p_n \end{pmatrix}
$$

が偶数個の互換の積としても奇数個の互換の積としても表わせたとすると，上の交代式に P を作用させた結果の符号が正でもあれば負でもあることになりますが，そんなことはあり得ません．したがって，P を互換の積として表わしたとき，互換の数が偶数であるか奇数であるかは一義的に定まっていることが結論できます．

偶置換
奇置換

$\boldsymbol{S}_3$ の場合に限らず，対称群 $\boldsymbol{S}_n(n>1)$ の $n!$ 個の元のうち，半分は偶置換，残りの半分は奇置換であることを確かめます．偶置換の集合を $\boldsymbol{A}_n$ とし，

$$
A \in \boldsymbol{A}_n, \qquad A' \in \boldsymbol{A}_n, \qquad A \neq A'
$$

とします．互換 $(1\ \ 2)$ に A と A' をかけて

$$
A(1\ \ 2) \longrightarrow B
$$

$$
A'(1\ \ 2) \longrightarrow B'
$$

を作ると，B, B' は奇置換で，$B \neq B'$ です．なぜなら，もし

$$A(1\ 2) = A'(1\ 2)$$

であれば，右から(1 2)を掛ければ $A = A'$ となって始めの仮定と矛盾するからです．逆に，任意の2つの異なった奇置換 B, B' について同様のことをすれば，B, B' に対して異なる偶置換が対応します．したがって，$\boldsymbol{S}_n$ の元のうち偶置換の集合 $\boldsymbol{A}_n$ の元の数は $n!/2$，また奇置換の数も $n!/2$ であると結論できます．$\boldsymbol{A}_n$ は $\boldsymbol{S}_n$ の正規(不変)部分群でもあります．$A'A \in \boldsymbol{A}_n$ であり，また，$\boldsymbol{S}_n$ の任意の元 P (P は偶置換か奇置換)について $PAP^{-1} \in \boldsymbol{A}_n$ が成り立つからです．$\boldsymbol{S}_n$ の偶置換だけがつくる群 $\boldsymbol{A}_n$ を交代群(alternating group)と呼びます．

交代群

一般の対称群 $\boldsymbol{S}_n$ について学ぶべきことが沢山あります．$\boldsymbol{S}_3$ は $\boldsymbol{C}_{3v}$ と同型であることを確かめたので，$\boldsymbol{S}_3$ も2つの1次元既約表現と1つの2次元既約表現を持つと結論できます．表10.2の A_1 は $\boldsymbol{S}_3$ のすべての元に1を対応させる恒等表現で，これはすべての群が持つ1次元表現です．もう1つの1次元表現では偶置換 P_1, P_5, P_6 には $+1$，奇置換 P_2, P_3, P_4 には -1 が対応しています．これを1次元反対称表現と言い，この表現は，上で調べたことから，一般の $\boldsymbol{S}_n$ についても，$\boldsymbol{A}_n$ に属するすべての偶置換に $+1$，残りのすべての奇置換に -1 を対応させると，(偶)×(偶)＝(偶)，(偶)×(奇)＝(奇)，(奇)×(偶)＝(奇)，(奇)×(奇)＝(偶)ですから，$\boldsymbol{S}_n$ も必ず1次元反対称表現を持っていることがわかります．この事実は次節で大変重要な意味を持つことになります．

反対称表現

10.3 パウリの禁制原理

3電子系(Li原子，HeH分子など)のシュレディンガー方程式

$$\hat{H}(1,2,3)\Psi(\xi_1, \xi_2, \xi_3) = E\Psi(\xi_1, \xi_2, \xi_3)$$

のハミルトニアン $\hat{H}$ がその3個の電子を置換する操作 $P \in \boldsymbol{S}_3$ について不変であるならば，**8.2** 節の考えを適用すれば，上式の解 Ψ は対称群 $\boldsymbol{S}_3$ の既約表現の基底としての性質を持つはずです．それは1次元恒等表現 A_1 か1次元反対称表現 A_2 の基底でありうるし，2次元表現 E の基底関数でもあり得ます．群論の立場からはこれ以上のことは言えませんが，物理学者 W. パウリによれば，次のような不思議な禁制が自然界には存在します．

多電子系の波動関数 Ψ は1次元反対称表現の基底関数になること以外は禁じられている．

表10.2で，反対称表現 A_2 では偶置換 (P_1, P_5, P_6) は $+1$，奇置換 (P_4, P_3, P_2) は -1 で表現されているので，その基底関数は偶置換では符号を変えず，奇置換では符号を変えるようになっていなければなりません．パウリによれば，これは3電子系に限られたことではなく，任意の多電子系についてもそうなのです．したがって，電子系の波動関数はその任意の2つの電子の座標 ξ_i と ξ_j を交換すると必ず符号が変わらなければなりません：

$$\Psi(\xi_1, \cdots, \xi_i, \cdots, \xi_j, \cdots, \xi_N) = -\Psi(\xi_1, \cdots, \xi_j, \cdots, \xi_i, \cdots, \xi_N) \qquad (10.3.1)$$

パウリの禁制原理

という形でパウリの禁制原理を表わすことが出来ます．この要請は多電子系のシュレディンガー方程式の解に課せられた厳格な制限です．自然が反対称既約表現を選んだのです．もし自然が恒等表現を選んだとしたら，物質的世界はつぶれてしまって，私たちは存在できなかったでしょう．

反対称化

多電子系の波動関数が常にこの反対称性を持たなければならないとすれば，私たちが物理的直感などに基づいて書いた波動関数が正しい反対称性を持たないときに，それを反対称化する方法があれば便利です．まず2電子の場合．対称群 $\boldsymbol{S}_2$ の2つの置換操作 $P_1=E$，$P_2=(1\ 2)$ を使って2

つの演算子

$$\mathscr{S}=\frac{1}{2}(P_1+P_2),\qquad \mathscr{A}=\frac{1}{2}(P_1-P_2)\qquad(10.3.2)$$

を作り，2つの変数を含む任意の関数 $F(1,2)$ に作用させてみると

$$\begin{aligned}\mathscr{S}F(1,2)&=\frac{1}{2}\{P_1F(1,2)+P_2F(1,2)\}\\&=\frac{1}{2}\{F(1,2)+F(2,1)\}\\\mathscr{A}F(1,2)&=\frac{1}{2}\{P_1F(1,2)-P_2F(1,2)\}\\&=\frac{1}{2}\{F(1,2)-F(2,1)\}\end{aligned}$$

となり，$\mathscr{S}$ は $F(1,2)$ を対称化し，$\mathscr{A}$ は $F(1,2)$ を反対称化します．1つの具体例として $F(1,2)=a_1(1)a_2(2)$ をとると

$$\begin{aligned}\mathscr{A}a_1(1)a_2(2)&=\frac{1}{2}\{a_1(1)a_2(2)-a_1(2)a_2(1)\}\\&=\frac{1}{2}\begin{vmatrix}a_1(1)&a_1(2)\\a_2(1)&a_2(2)\end{vmatrix}\end{aligned}$$

です．結果が行列式になったことに注意して下さい．

$\mathscr{S},\mathscr{A}$ を対称群 $\boldsymbol{S}_2$ の指標表に結び付けると

$$\begin{aligned}\mathscr{S}&=\frac{1}{2}\{\chi_{A_1}(P_1)P_1+\chi_{A_1}(P_2)P_2\}\\\mathscr{A}&=\frac{1}{2}\{\chi_{A_2}(P_1)P_1+\chi_{A_2}(P_2)P_2\}\end{aligned}\qquad(10.3.3)$$

の形になっていることにヒントを得て，$\boldsymbol{S}_3$ の場合にもその既約表現 A_2 の指標(表10.2)から

$$\mathscr{A}=\frac{1}{3!}\sum_{i=1}^{6}\chi_{A_2}(P_i)P_i=\frac{1}{6}(P_1-P_2-P_3-P_4+P_5+P_6)\qquad(10.3.4)$$

を作り，3変数の任意の関数 $F(1,2,3)$ に作用させると

$$\mathscr{A}F(1,2,3) = \frac{1}{6}\{F(1,2,3)-F(2,1,3)-F(3,2,1) -F(1,3,2)+F(2,3,1)+F(3,1,2)\} \tag{10.3.5}$$

となり，右辺は任意の互換 $(i\ j)$ に対して符号を変える関数になっていますから，$\mathscr{A}$ は反対称化演算子です．具体例として $F(1,2,3)=a_1(1)\,a_2(2)\,a_3(3)$ をとって(10.3.4)の $\mathscr{A}$ を作用させると

$$\mathscr{A}\{a_1(1)\,a_2(2)\,a_3(3)\} = \frac{1}{3!}\begin{vmatrix} a_1(1) & a_1(2) & a_1(3) \\ a_2(1) & a_2(2) & a_2(3) \\ a_3(1) & a_3(2) & a_3(3) \end{vmatrix}$$

という行列式の形に書けることが確かめられます．(10.3.4)を拡張すれば一般の N 変数関数 $F(1,2,\cdots,N)$ に対する反対称化演算子として

$$\mathscr{A} = \frac{1}{N!}\sum_{i=1}^{N!}\varepsilon_{P_i}P_i = \frac{1}{N!}\sum_{P}\varepsilon_P P \tag{10.3.6}$$

を定義することが出来ます．ε_P は P が偶置換ならば $\varepsilon_P=+1$，奇置換ならば $\varepsilon_P=-1$ の値をとり，1次元反対称表現の指標と考えることも出来ます．

10.4 1電子軌道関数近似(ハートリー-フォック法)

第9章では分子の原子核の間の相互作用ポテンシャルを

$$V = \frac{1}{2}\sum_i\sum_j B_{ij}q_iq_j \tag{10.4.1}$$

の形にとり，変位座標 $\{q_i\}$ から規準座標 $\{Q_i\}$ に移って

$$V = \frac{1}{2}\sum_k {\omega_k}^2{Q_k}^2 = \sum_k v^{(k)}(Q_k) \tag{10.4.2}$$

のようにすることが出来たので，その結果，分子振動のシュレディンガー方程式のハミルトニアン演算子も

$$\hat{H} = \sum_k\left(-\frac{\hbar^2}{2}\frac{\partial^2}{\partial {Q_k}^2}+\frac{1}{2}{\omega_k}^2{Q_k}^2\right) = \sum_k \hat{H}^{(k)}(Q_k) \tag{10.4.3}$$

のように単一の変数の関数の和の形に分離しました．このように，全系のハミルトニアン $\hat{H}^{(k)}$ が独立のハミルトニアンの和の形であれば，全系の波動関数はそれぞれの $\hat{H}^{(k)}$ の固有関数の積の形に求めることが出来ます(**9.6** 節参照)．

このことを頭に置いて多電子系のハミルトニアン(10.1.1)を眺めます．最後の項は原子核の位置を固定すれば定数ですから，エネルギー値 E の中に押し込めます．もし電子間の相互作用

$$V = \sum_{i>j}\frac{1}{r_{ij}} \equiv \sum_{i>j}\frac{1}{|\boldsymbol{r}_i - \boldsymbol{r}_j|} \qquad (10.4.4)$$

を(10.4.2)のように，分離した

$$V \approx \sum_i v^{(i)}(\boldsymbol{r}_i) \qquad (10.4.5)$$

記号 ≈ は，ここでは近似的に等しいことを意味します．

の形にできれば，全系のハミルトニアンは

$$\hat{H} \approx \sum_i \hat{h}^{(i)}(\boldsymbol{r}_i) = \sum_i \left(-\frac{1}{2}\Delta_i - \sum_a \frac{Z_a}{|\boldsymbol{R}_a - \boldsymbol{r}_i|} + v^{(i)}(\boldsymbol{r}_i)\right) \qquad (10.4.6)$$

のように分離するので，全系の波動関数は

$$\hat{h}^{(i)}\phi_{\mu_i}^{(i)}(\boldsymbol{r}_i) = \varepsilon_{\mu_i}^{(i)}\phi_{\mu_i}^{(i)}(\boldsymbol{r}_i) \qquad (10.4.7)$$

の解 $\{\phi_{\mu_i}^{(i)}(\boldsymbol{r}_i)\}$ の積として，(9.6.22)と同じように

$$\Psi_{\{\mu_i\}} = \prod_i \phi_{\mu_i}^{(i)}(\boldsymbol{r}_i) = \phi_{\mu_1}^{(1)}(\boldsymbol{r}_1)\phi_{\mu_2}^{(2)}(\boldsymbol{r}_2)\phi_{\mu_3}^{(3)}(\boldsymbol{r}_3)\cdots \qquad (10.4.8)$$

のように表わされることになると思われますが，この考え方には幾つかの難点があります．

完全な同一性を持つ電子がそれぞれ固有のポテンシャル $v^{(i)}(\boldsymbol{r}_i)$ を感じるようになっているのはまずいし，固有の1電子波動関数で記述されているのもよくありません．そこで(10.4.5)の代りに，どの電子に対しても同じ形のポテンシャル関数を仮定して

$$V \approx \sum_i v(\boldsymbol{r}_i) \tag{10.4.9}$$

と近似することにして

$$\hat{H} \approx \sum_i \hat{h}(\boldsymbol{r}_i) = \sum_i \left(-\frac{1}{2}\Delta_i - \sum_a \frac{Z_a}{|\boldsymbol{R}_a - \boldsymbol{r}_i|} + v(\boldsymbol{r}_i) \right) \tag{10.4.10}$$

とすればよさそうですが，$v(\boldsymbol{r}_i)$ をどう求めるかが問題として残ります．さらに，2 次形式(10.4.1)の形のポテンシャルでは $\{q_i\} \to \{Q_i\}$ の変換で(10.4.2)の分離形にすることが出来ましたが，(10.4.4)から(10.4.9)への移行を可能にする座標変換は存在しそうにありません．

そこで，戦略を変えて，全系の波動関数をそれぞれ 1 個ずつの電子の座標しか含まない関数(1 電子軌道関数)の適当な積の形にとり，全系のエネルギーが最低になるように 1 電子軌道関数の形を求めることを試みます．電子が N 個あるとして N 個の 1 電子軌道関数 $\{\varphi_\mu(\xi)\}$ $(\mu=1, 2, \cdots, N)$ を仮定し，その単純な積を

$$F(1, 2, \cdots, N) = \varphi_1(\xi_1)\varphi_2(\xi_2)\cdots\varphi_N(\xi_N) \tag{10.4.11}$$

とします．このままでは(10.4.8)と同じく，電子が区別できることになっているのでよくありません．N 個の電子の番号の置換のすべてに対応する積を含み，その上，それらのすべてを組み合わせて作った全系の波動関数 $\boldsymbol{\Psi}(\xi_1, \xi_2, \cdots, \xi_N)$ がパウリの禁制原理に従う反対称性(10.3.1)を持つようにしなければなりません．この 2 つの条件を満たす $\boldsymbol{\Psi}$ は(10.4.11)に(10.3.6)の反対称化演算子 $\mathscr{A}$ を作用させると得られます．実際には $\mathscr{A}$ に定数 $\sqrt{N!}$ を掛けたスレーターの反対称化演算子

$$\mathscr{A}_{SL} = \sqrt{N!}\,\mathscr{A} = \frac{1}{\sqrt{N!}}\sum_P \varepsilon_P P \tag{10.4.12}$$

を使って

$$\Psi(\xi_1, \xi_2, \cdots, \xi_N) = \mathscr{A}_{SL}[\varphi_1(\xi_1)\varphi_2(\xi_2)\cdots\varphi_N(\xi_N)] \tag{10.4.13}$$

とします．もし個々の1電子関数(1電子軌道関数) $\{\varphi_i(\xi)\}$ が

$$\int \varphi_i^*(\xi)\varphi_j(\xi)\,d\xi = \langle\varphi_i|\varphi_j\rangle = \delta_{ij} \tag{10.4.14}$$

の性質(規格直交性)を持っていると

$$\int \Psi^*\Psi\,d\xi_1 d\xi_2\cdots d\xi_N = \langle\Psi|\Psi\rangle = 1 \tag{10.4.15}$$

となり Ψ も規格化されます．これが $\mathscr{A}$ の代りにL. J. スレーターの定義した反対称化演算子 $\mathscr{A}_{SL}$ が使われる理由です．(10.4.13)で得られる Ψ は行列式の形に書くことが出来ます：

$$\Psi(\xi_1, \xi_2, \cdots, \xi_N) = \frac{1}{\sqrt{N!}}\begin{vmatrix} \varphi_1(\xi_1) & \varphi_1(\xi_2) & \cdots & \varphi_1(\xi_N) \\ \varphi_2(\xi_1) & \varphi_2(\xi_2) & \cdots & \varphi_2(\xi_N) \\ \vdots & \vdots & & \vdots \\ \varphi_N(\xi_1) & \varphi_N(\xi_2) & \cdots & \varphi_N(\xi_N) \end{vmatrix} \tag{10.4.16}$$

これはスレーター行列式と呼ばれて，便宜上，

$$\Psi = |\varphi_1(\xi_1)\varphi_2(\xi_2)\cdots\varphi_N(\xi_N)| \tag{10.4.17}$$

などと略記することがあります．(10.4.16)の導出はしませんが，実は，反対称化演算子 $\mathscr{A}$ は行列式の定義と密接な関係にあります．第4章では紹介しなかった行列式の一般的な定義を線形代数の教科書で見ると，次のような形式で記されています．

$$\begin{vmatrix} A_{11} & A_{12} & \cdots & A_{1n} \\ A_{21} & A_{22} & \cdots & A_{2n} \\ \vdots & \vdots & & \vdots \\ A_{n1} & A_{n2} & \cdots & A_{nn} \end{vmatrix} = \sum_P \operatorname{sgn}(P) A_{1P_1}A_{2P_2}\cdots A_{nP_n}$$

ここで，$\sum_P$ は次の n 個の数 $1, 2, \cdots, n$ の置換 P のすべてについて和をとることを意味する．

$$\begin{pmatrix} 1 & 2 & \cdots & n \\ p_1 & p_2 & \cdots & p_n \end{pmatrix}$$

sgn はシグナムと読む．

$\mathrm{sgn}(P)$ は置換 P の符号(sign)，つまり，P が偶置換なら＋，奇置換なら－．

---

1 電子軌道関数 $\varphi(\xi)$ の具体的な形としては，普通，空間部分とスピン部分の積

$$\varphi(\xi) = \psi(\boldsymbol{r})\,\alpha(\sigma), \qquad \bar{\varphi}(\xi) = \psi(\boldsymbol{r})\,\beta(\sigma) \tag{10.4.18}$$

の形が用いられます．スピン関数 $\alpha(\sigma), \beta(\sigma)$ は妙な関数です．スピン座標 σ は連続値をとる変数ではなく，ただ 2 つの値 $1/2, -1/2$ をとり

$$\begin{aligned} \alpha\left(\frac{1}{2}\right) &= 1, \qquad \alpha\left(-\frac{1}{2}\right) = 0 \\ \beta\left(\frac{1}{2}\right) &= 0, \qquad \beta\left(-\frac{1}{2}\right) = 1 \end{aligned} \tag{10.4.19}$$

という性質を持っています．したがって，σ についての“積分”は

$$\int \alpha^*(\sigma)\,\alpha(\sigma)\,d\sigma = \alpha^*\left(\frac{1}{2}\right)\alpha\left(\frac{1}{2}\right) + \alpha^*\left(-\frac{1}{2}\right)\alpha\left(-\frac{1}{2}\right) = 1 \tag{10.4.20}$$

同様に

$$\int \beta^*(\sigma)\,\beta(\sigma)\,d\sigma = 1 \tag{10.4.21}$$

$$\int \alpha^*(\sigma)\,\beta(\sigma)\,d\sigma = \int \beta^*(\sigma)\,\alpha(\sigma)\,d\sigma = 0 \tag{10.4.22}$$

まず 2 電子系．この場合に可能な 4 つの $F(1,2)$：

$$F_1(1,2) = \varphi(\xi_1)\,\varphi(\xi_2), \qquad F_2(1,2) = \bar{\varphi}(\xi_1)\,\bar{\varphi}(\xi_2)$$

$$F_3(1,2) = \varphi(\xi_1)\,\bar{\varphi}(\xi_2), \qquad F_4(1,2) = \bar{\varphi}(\xi_1)\,\varphi(\xi_2)$$

に反対称化演算子 $\mathcal{A}_{SL} = (1/\sqrt{2})\,(P_1 - P_2)$ を作用させると

$$\mathcal{A}_{SL}F_1(1,2) = \mathcal{A}_{SL}F_2(1,2) = 0$$

$$\begin{aligned}\mathcal{A}_{SL}F_3(1,2) &= -\mathcal{A}_{SL}F_4(1,2)\\ &= \psi(\boldsymbol{r}_1)\psi(\boldsymbol{r}_2)\cdot\frac{1}{\sqrt{2}}[\alpha(\sigma_1)\beta(\sigma_2)-\alpha(\sigma_2)\beta(\sigma_1)]\end{aligned} \tag{10.4.23}$$

となります．この結果は次のことを意味します：

2 つの電子が同じ空間的 1 電子軌道関数を持つ場合には，スピン関数は 1 つが α スピン，他は β スピンを持たなければならない．

この知識(2 電子系についてのパウリの禁制原理)に基づいて，全系の波動関数として

$$\begin{aligned}&\Psi(\xi_1,\xi_2,\cdots,\xi_N)\\ &\quad= \mathcal{A}_{SL}[\psi_1(\boldsymbol{r}_1)\alpha(\sigma_1)\psi_1(\boldsymbol{r}_2)\beta(\sigma_2)\cdot\\ &\qquad\qquad \psi_2(\boldsymbol{r}_3)\alpha(\sigma_3)\psi_2(\boldsymbol{r}_4)\beta(\sigma_4)\cdots\cdots\\ &\qquad\qquad \psi_n(\boldsymbol{r}_{2n-1})\alpha(\sigma_{2n-1})\psi(\boldsymbol{r}_{2n})\beta(\sigma_{2n})]\end{aligned} \tag{10.4.24}$$

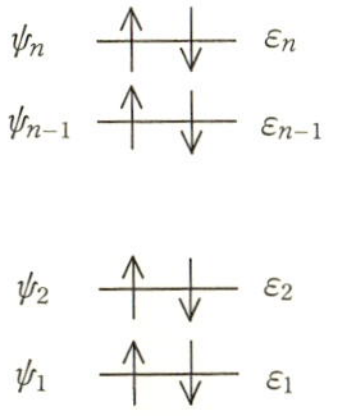

図 10.4

の形を考えます．電子の総数は $N=2n$ で，α スピン，β スピンを持った 2 つの電子が同じ空間軌道関数を占めています．いわゆる閉殻構造の多電子系の波動関数で，ほとんどの分子の電子的基底状態はこの閉殻構造を持っています(図 10.4)．

多電子系については(10.1.1)の $\hat{H}$ に直接工夫を加えて(10.4.10)のような分離形にすることをあきらめ，多電子系の波動関数を(10.4.24)の形で近似することにして，$\boldsymbol{\Psi}$ がこの近似の枠内で最良のものになるように個々の 1 電子空間軌道関数 $\{\psi_i(\boldsymbol{r})\}$ の形を決める：これがハートリー-フォック法の基本的な考え方です．$\boldsymbol{\Psi}$ が最良という条件は，次のエネルギー積分

ハートリー-フォック法

$$I = \int \Psi^* \hat{H}\Psi\, d\xi_1 d\xi_2\cdots d\xi_{2n}$$

ができるだけ低い値をとるように $\{\psi_i(\boldsymbol{r})\}$ の形を求めるこ

とを意味します．そのためには，次の方程式(ハートリー-フォック方程式)：

$$\hat{F}\psi_i(\boldsymbol{r}) = \mathcal{E}_i\psi_i(\boldsymbol{r})$$
$$\hat{F} = -\frac{1}{2}\Delta - \sum_a \frac{Z_a}{|\boldsymbol{R}_a - \boldsymbol{r}|} + \hat{v} \qquad (10.4.25)$$

の解をエネルギー固有値 $\mathcal{E}_i$ の低い方から

$$\psi_1(\boldsymbol{r}),\ \psi_2(\boldsymbol{r}),\ \cdots,\ \psi_n(\boldsymbol{r}) \qquad (10.4.26)$$

と求めれば(10.4.24)の Ψ の最良のものが得られる．これがハートリー-フォック理論からの答えです．$\hat{F}$ はハートリー-フォック演算子と呼ばれ，(10.4.10)の $\hat{h}$ によく似ていますが，$\hat{F}$ の中の $\hat{v}$ は $\hat{h}$ の中の $v(\boldsymbol{r})$ のように空間の1点の座標 $\boldsymbol{r}$ の関数としては表わせない奇妙な演算子です．しかし私たちは $\hat{v}$ の具体的な形のことを気にする必要はありません．ハートリー-フォック理論によれば

演算子 $\hat{v}$ は分子の点群の空間的対称操作に対して不変に保たれるように作ることができる．

これが今の私たちにとって最も重要な事です．したがって，1電子演算子 $\hat{F}$ には全系のハミルトニアン $\hat{H}$ と同じく

$$\hat{G}\hat{F} = \hat{F}\hat{G} \qquad (\hat{G} \in (\text{分子の点群})) \qquad (10.4.27)$$

の性質があり，その結果，(10.4.25)の1電子方程式の解 $\{\psi_i(\boldsymbol{r})\}$ は分子の点群の既約表現の基底としての対称性を持ちます．これらの1電子空間関数を分子軌道関数(molecular orbital functions)，そのエネルギー固有値 $\{\mathcal{E}_i\}$ を軌道エネルギー(orbital energies)と呼びます．$\boldsymbol{C}_{3v}$ の対称性を持つ NH_3 や NF_3 について言えば，その全波動関数 Ψ も，それぞれの電子が占める分子軌道関数 $\{\psi_i(\boldsymbol{r})\}$ も $\boldsymbol{C}_{3v}$ の既約表現 A_1, A_2, E の記号を使って分類することが出来て，それ以外の対称性を持ったものはありません．

分子軌道関数

軌道エネルギー

(10.4.24)に示した全系の電子波動関数 Ψ の空間的対称性を調べるには[……]の中にある関数の積の性質を調べ

ます．Ψ そのものは [……] の中の積関数の電子の番号を置換して得られる多数の項の和になっていますが，それぞれの項の空間的性質は同じです．また，スピン関数 $\alpha(\sigma)$，$\beta(\sigma)$ は 3 次元空間での対称性とは関係がないので，Ψ の空間的対称性は空間的 1 電子関数の積

$$\phi_1(\boldsymbol{r}_1)\phi_1(\boldsymbol{r}_2)\phi_2(\boldsymbol{r}_3)\phi_2(\boldsymbol{r}_4)\cdots\phi_n(\boldsymbol{r}_{2n-1})\phi_n(\boldsymbol{r}_{2n})$$

で定まります．直積表現の記号を使えば

$$\Gamma[\phi_1]\otimes\Gamma[\phi_1]\otimes\Gamma[\phi_2]\otimes\Gamma[\phi_2]\otimes\cdots\otimes\Gamma[\phi_n]\otimes\Gamma[\phi_n]$$

を調べれば積関数の空間的対称性がわかります．

10.5　ヒュッケル法の基礎

コンピューターが発達した現在では，ハートリー-フォック方程式を解くのは，分子があまり大きくなければ，やさしくなりましたが，昔は NH_3 について解くことさえも大変な仕事でした．その昔，ヒュッケルは(10.4.10)の $\hat{h}$ が具体的には書き下ろせないのを承知の上で

$$\hat{H} = \sum_i \hat{h}(\boldsymbol{r}_i), \qquad \hat{h}(\boldsymbol{r}) = -\frac{1}{2}\Delta - \sum_a \frac{Z_a}{|\boldsymbol{R}_a - \boldsymbol{r}|} + v(\boldsymbol{r}) \tag{10.5.1}$$

の形を仮定し，分子軌道関数を 1 電子シュレディンガー方程式

$$\hat{h}\phi_i(\boldsymbol{r}) = \mathscr{E}_i\phi_i(\boldsymbol{r}) \tag{10.5.2}$$

から求めることを提案しました．電子たちが感じる平均のポテンシャル場 $v(\boldsymbol{r})$ については，それが近似的に存在することと分子の点群と同じ対称性を持っていることを仮定します．$v(\boldsymbol{r})$ がわからないままで，上の方程式を解いて意味のある情報を引き出してくることにヒュッケルは見事に成功したのでした．方程式(10.5.2)を近似的に解くために，分子軌道関数 ϕ を分子の中の各原子核の所に置いた 1 電子関数(原子軌道関数)$\{\chi_k\}$ の 1 次結合

$$\psi = \sum_{k=1}^{m} \chi_k c_k \qquad (10.5.3)$$

の形に表わします．$\{\chi_k\}$ は始めから与えられて(定められて)いると考え，1次結合の係数 $\{c_k\}$ を，次のエネルギー積分

$$\varepsilon = \frac{\int \psi^* \hat{h} \psi d\boldsymbol{r}}{\int \psi^* \psi d\boldsymbol{r}} = \frac{\langle \psi | \hat{h} | \psi \rangle}{\langle \psi | \psi \rangle} \qquad (10.5.4)$$

が最低の値になるように決めると，その ψ を使って計算される ε の値は(10.5.2)の最低のエネルギー $\mathcal{E}_1$ と

$$\mathcal{E}_1 \leqq \varepsilon \qquad (10.5.5)$$

の関係があることを数学的に証明できます．量子力学でよく使われる変分法の原理です．(10.5.4)に(10.5.3)を代入すると

$$\varepsilon = \frac{\sum_k \sum_l c_k{}^* H_{kl} c_l}{\sum_k \sum_l c_k{}^* S_{kl} c_l}$$

$$H_{kl} = \int \chi_k{}^* \hat{h} \chi_l d\boldsymbol{r} = \langle \chi_k | \hat{h} | \chi_l \rangle \qquad (10.5.6)$$

$$S_{kl} = \int \chi_k{}^* \chi_l d\boldsymbol{r} = \langle \chi_k | \chi_l \rangle$$

この ε を(10.5.3)の展開係数 $\{c_1, c_2, \cdots, c_m\}$ の関数と考え，ε の値がもっとも低くなるように $\{c_1, c_2, \cdots, c_m\}$ を決めます．数学的には

$$\frac{\partial \varepsilon}{\partial c_k} = 0 \qquad (k=1, 2, \cdots, m) \qquad (10.5.7)$$

の m 個の条件から m 個の“未知数” $\{c_1, c_2, \cdots, c_m\}$ を決めればよいのですが，$\{c_1, c_2, \cdots, c_m\}$ が実数とは限らず複素数の場合も有り得ることを考えると，複素数 c_k は実数部 a_k，虚数部 b_k：

$$c_k = a_k + ib_k, \qquad c_k{}^* = a_k - ib_k \qquad (10.5.8)$$

を持つので，変える変数が2つあることになります．それ

で(10.5.6)の ε を $\{a_k, b_k\}$ の関数と考え直して

$$\frac{\partial\varepsilon}{\partial a_k} = 0, \quad \frac{\partial\varepsilon}{\partial b_k} = 0 \qquad (k=1,2,\cdots,m) \qquad (10.5.9)$$

から $\{a_k, b_k\}$ の最良値を求めて，その値から $\{c_1, c_2, \cdots, c_m\}$ を得ることが出来ます．しかし，(10.5.8)で a_k, b_k を独立と考える代りに $c_k, c_k{}^*$ を独立と考え，(10.5.9)の代りに

$$\frac{\partial\varepsilon}{\partial c_k{}^*} = 0, \quad \frac{\partial\varepsilon}{\partial c_k} = 0 \qquad (k=1,2,\cdots,m) \qquad (10.5.10)$$

としても同じことになります．

まず，$\partial\varepsilon/\partial c_k{}^*=0$ $(k=1,2,\cdots,m)$ の条件を具体的に書き下ろしてみると

$$\begin{aligned}
&(H_{11}-\varepsilon S_{11})c_1+(H_{12}-\varepsilon S_{12})c_2+\cdots+(H_{1m}-\varepsilon S_{1m})c_m = 0\\
&(H_{21}-\varepsilon S_{21})c_1+(H_{22}-\varepsilon S_{22})c_2+\cdots+(H_{2m}-\varepsilon S_{2m})c_m = 0\\
&\qquad\vdots\\
&(H_{m1}-\varepsilon S_{m1})c_1+(H_{m2}-\varepsilon S_{m2})c_2+\cdots+(H_{mm}-\varepsilon S_{mm})c_m = 0
\end{aligned} \qquad (10.5.11)$$

となります．次に，$\partial\varepsilon/\partial c_k=0$ $(k=1,2,\cdots,m)$ を計算すると

$$\begin{aligned}
&c_1{}^*(H_{11}-\varepsilon S_{11})+c_2{}^*(H_{21}-\varepsilon S_{21})+\cdots+c_m{}^*(H_{m1}-\varepsilon S_{m1}) = 0\\
&c_1{}^*(H_{12}-\varepsilon S_{12})+c_2{}^*(H_{22}-\varepsilon S_{22})+\cdots+c_m{}^*(H_{m2}-\varepsilon S_{m2}) = 0\\
&\qquad\vdots\\
&c_1{}^*(H_{1m}-\varepsilon S_{1m})+c_2{}^*(H_{2m}-\varepsilon S_{2m})+\cdots+c_m{}^*(H_{mm}-\varepsilon S_{mm}) = 0
\end{aligned} \qquad (10.5.12)$$

となります．ここで(10.5.6)に戻って考えると，明らかに

$$S_{kl} = S_{lk}{}^* \qquad (10.5.13)$$

ですし，H_{kl} についても $-\Delta/2$ を挟んだ積分について少し工夫をすると，結局

$$H_{kl} = H_{lk}{}^* \qquad (10.5.14)$$

であることがわかります．これらの性質があれば，ε についても(10.5.6)から $\varepsilon^*=\varepsilon$ であることがわかるので，(10.5.12)の全体の複素共役(*)をとれば，そっくり(10.5.11)

と同じことになります．したがって，$\{c_1, c_2, \cdots, c_m\}$ を求める方程式としては(10. 5. 11)をとればよろしい．このタイプの方程式の解き方は，前に(9. 1. 14)の所で学びました．$\{c_1, c_2, \cdots, c_m\}$ のすべてが 0 ではない解が得られるためには，(10. 5. 11)の未知数 $\{c_1, c_2, \cdots, c_m\}$ の係数で作った行列式が 0 になることが必要です：

$$\begin{vmatrix} H_{11}-\varepsilon S_{11} & H_{12}-\varepsilon S_{12} & \cdots & H_{1m}-\varepsilon S_{1m} \\ H_{21}-\varepsilon S_{21} & H_{22}-\varepsilon S_{22} & \cdots & H_{2m}-\varepsilon S_{2m} \\ \vdots & & & \vdots \\ H_{m1}-\varepsilon S_{m1} & H_{m2}-\varepsilon S_{m2} & \cdots & H_{mm}-\varepsilon S_{mm} \end{vmatrix} = 0 \tag{10. 5. 15}$$

この行列式をほどけば，ε についての m 次の代数方程式になりますから，その解として m 個の ε の値

$$\varepsilon_1,\ \varepsilon_2,\ \cdots,\ \varepsilon_m \tag{10. 5. 16}$$

が得られ，その 1 つ 1 つに応じて(10. 5. 11)から $\{c_1, c_2, \cdots, c_m\}$ が求められ，(10. 5. 2)の近似解が

$$\psi_i = \sum_{k=1}^{m} \chi_k c_{ki} \qquad (i=1, 2, \cdots, m) \tag{10. 5. 17}$$

の形に求められます．私たちは方程式(10. 5. 2)の最低エネルギーの近似解を目指して変分法を適用したのでしたが，結果としては，(10. 5. 17)のような m 個の解とそれに対応するエネルギー値(10. 5. 16)を得ました．しかも，正確なエネルギー $\{\mathcal{E}_i\}$ とその近似値 $\{\varepsilon_i\}$ との間には，単に(10. 5. 5)だけではなく，

$$\mathcal{E}_1 \leqq \varepsilon_1, \qquad \mathcal{E}_2 \leqq \varepsilon_2, \qquad \cdots\cdots, \qquad \mathcal{E}_m \leqq \varepsilon_m$$

という貴重な関係が成り立つことも証明できます．

もし，$\{H_{kl}\}, \{S_{kl}\}$ が数値として与えられれば，(10. 5. 15)はコンピューターですぐに解けます．$\{S_{kl}\}$ の方は $\{\chi_k\}$ が与えられれば計算できますが，問題は $\{H_{kl}\}$ です．(10. 5. 1)の $v(\boldsymbol{r})$ がわからないので計算の仕様がありません．

ヒュッケルはこの難問を大胆なアイディアで乗り越えました．次の節で具体的な例を使って説明します．

10.6 ヒュッケル法とその応用例

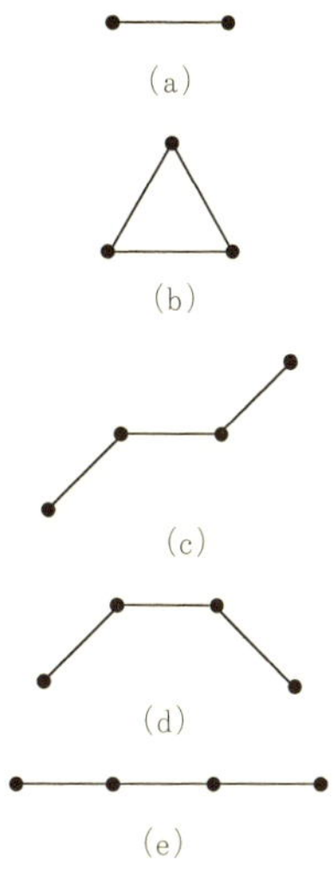

図 10.5

［例 1］ H_2 （図 10.5(a)）

(10.5.3)として

$$\psi = c_1\chi_1 + c_2\chi_2 \qquad (10.6.1)$$

とすると，(10.5.11)は

$$\begin{aligned}(H_{11}-\varepsilon S_{11})c_1+(H_{12}-\varepsilon S_{12})c_2 &= 0\\(H_{21}-\varepsilon S_{21})c_1+(H_{22}-\varepsilon S_{22})c_2 &= 0\end{aligned} \qquad (10.6.2)$$

となりますが，ヒュッケルは積分も何もせずに

$$\begin{aligned}S_{11} = S_{22} = 1, &\qquad S_{12} = S_{21} = 0\\H_{11} = H_{22} = \alpha, &\qquad H_{12} = H_{21} = \beta\end{aligned} \qquad (10.6.3)$$

と置いてしまいました．α, β はヒュッケル法のパラメーターです．(10.6.2)は

$$\begin{aligned}(\alpha-\varepsilon)c_1+\beta c_2 &= 0\\\beta c_1+(\alpha-\varepsilon)c_2 &= 0\end{aligned} \qquad (10.6.4)$$

となり

$$X = \frac{\alpha-\varepsilon}{\beta}$$

と置くと

$$Xc_1+c_2 = 0, \qquad c_1+Xc_2 = 0 \qquad (10.6.5)$$

(10.5.15)にあたる行列式は

$$\begin{vmatrix} X & 1 \\ 1 & X \end{vmatrix} = X^2-1 = 0 \qquad (10.6.6)$$

これから

$$\begin{aligned}X_1 = -1, &\qquad X_2 = +1\\\varepsilon_1 = \alpha+\beta, &\qquad \varepsilon_2 = \alpha-\beta\end{aligned} \qquad (10.6.7)$$

もとの定義に戻って考えると α, β は負の量と思われるので，$\varepsilon_1 < \varepsilon_2$ です．$X_1 = -1$，$X_2 = +1$ に対応する(10.6.1)の

ψ を求めてみます．

$[X_1=-1]$：(10.6.5)から

$$-c_1+c_2=0, \qquad c_1=c_2=c$$
$$\therefore \quad \psi_1=c(\chi_1+\chi_2) \tag{10.6.8}$$

c を ψ_1 の規格化条件 $\langle\psi_1|\psi_1\rangle=1$ から決めれば

$$\psi_1=\frac{1}{\sqrt{2}}(\chi_1+\chi_2)$$

$[X_2=+1]$：(10.6.5)から

$$c_1+c_2=0, \qquad c_1=-c_2=c'$$
$$\psi_2=c'(\chi_1-\chi_2) \tag{10.6.9}$$

規格化すれば

$$\psi_2=\frac{1}{\sqrt{2}}(\chi_1-\chi_2)$$

［例2］　H_3^+　（正3角形）　　（図10.5(b)）

正3角形という形から，ヒュッケル法のパラメーターは

$$H_{11}=H_{22}=H_{33}=\alpha$$
$$H_{ij}=H_{ji}=\beta \qquad (i\neq j) \tag{10.6.10}$$
$$S_{ij}=\delta_{ij} \qquad (i,j=1,2,3)$$

前の[例1]の(10.6.5)と(10.6.6)にあたる式は

$$Xc_1+c_2+c_3=0$$
$$c_1+Xc_2+c_3=0 \tag{10.6.11}$$
$$c_1+c_2+Xc_3=0$$

および

$$\begin{vmatrix} X & 1 & 1 \\ 1 & X & 1 \\ 1 & 1 & X \end{vmatrix}=X^3-3X+2=0 \tag{10.6.12}$$

この代数方程式の3つの根は

$$X_1=-2, \qquad X_2=+1, \qquad X_3=+1$$
$$\varepsilon_1=\alpha+2\beta, \qquad \varepsilon_2=\alpha-\beta, \qquad \varepsilon_3=\alpha-\beta \tag{10.6.13}$$

この例では $X=1$ は重根なので，それに対応する分子軌

道関数を求めるのには少し手間が掛かります．

$[X_1=-2]$：(10.6.11)から

$$-2c_1+c_2+c_3 = 0$$
$$c_1-2c_2+c_3 = 0$$
$$c_1+c_2-2c_3 = 0$$

はじめの2式を使って

$$\frac{c_2}{c_1} = 1, \quad \frac{c_3}{c_1} = 1, \quad c_1 = c_2 = c_3 = c$$
$$\phi_1 = c(\chi_1+\chi_2+\chi_3) \tag{10.6.14}$$

規格化すると

$$\phi_1 = \frac{1}{\sqrt{3}}(\chi_1+\chi_2+\chi_3)$$

$[X_2=1,\ X_3=1]$：ここでは2重に縮重したエネルギー値に属する2つの1次独立な分子軌道関数を求めることになります．(10.6.11)からは

$$c_1+c_2+c_3 = 0$$

という1つの関係式しか得られず，これを満たす c_1, c_2, c_3 は無数にとれます．その選択の1つとして，1つの係数の大きさを他の係数の2倍にとること：

$$c_1 = 2c, \quad c_2 = -c, \quad c_3 = -c$$

は誰しも考えることの1つでしょう．ϕ は

$$\phi = c(2\chi_1-\chi_2-\chi_3)$$

しかし，c_1 を選んでも c_2, c_3 を選んでもよいのですから

$$\phi' = c(-\chi_1+2\chi_2-\chi_3)$$
$$\phi'' = c(-\chi_1-\chi_2+2\chi_3)$$

も解として同じ資格を持っています．ところで，この3つの関数を加え合わせてみると

$$\phi+\phi'+\phi'' = 0$$

となるので，互いに独立ではありません．そこで，ϕ は保

存し，ψ' と ψ'' を組み合わせて，ψ と直交する1次独立な関数を作ることを試みます．こんな場合によく役立つ方法は，$\psi'+\psi''$ と $\psi'-\psi''$ の2つの組合せを試してみることです．$\psi'+\psi''$ の方は

$$\psi'+\psi'' = -\psi = -c(2\chi_1-\chi_2-\chi_3)$$

となって駄目ですが，$\psi'-\psi''$ の方は

$$\psi'-\psi'' = 3c(\chi_2-\chi_3)$$

となり，ψ と $\psi'-\psi''$ の重なりの積分を計算すると

$$\begin{aligned}\langle\psi|\psi'-\psi''\rangle &\approx \langle 2\chi_1-\chi_2-\chi_3|\chi_2-\chi_3\rangle \\ &= 2\langle\chi_1|\chi_2\rangle-\langle\chi_2|\chi_2\rangle-\langle\chi_3|\chi_2\rangle \\ &\quad -2\langle\chi_1|\chi_3\rangle+\langle\chi_2|\chi_3\rangle+\langle\chi_3|\chi_3\rangle\end{aligned}$$

ここで H_3^+ は正3角形であると考えていますから，$\langle\chi_1|\chi_2\rangle=\langle\chi_1|\chi_3\rangle$ なので，上の積分は0になり，ψ と $\psi'-\psi''$ は確かに直交しています．ヒュッケル法の近似(10.6.10)では上の重なり積分 $S_{12}=S_{13}=0$ ですが，0でなくても直交性は成り立つことに注意して下さい．

$$\begin{aligned}\psi_2 &= \psi = c(2\chi_1-\chi_2-\chi_3) \\ \psi_3 &= \psi'-\psi'' = b(\chi_2-\chi_3)\end{aligned} \qquad (10.6.15)$$

とすると，この ψ_2, ψ_3 は(10.6.14)の ψ_1 と直交しています．ψ_2, ψ_3 を規格化して，これまでの結果をまとめると

$$\begin{aligned}\psi_1 &= \frac{1}{\sqrt{3}}(\chi_1+\chi_2+\chi_3), \qquad \varepsilon_1 = \alpha+2\beta \\ \psi_2 &= \frac{1}{\sqrt{6}}(2\chi_1-\chi_2-\chi_3), \qquad \varepsilon_2 = \alpha-\beta \\ \psi_3 &= \frac{1}{\sqrt{2}}(\chi_2-\chi_3), \qquad \varepsilon_3 = \alpha-\beta\end{aligned}$$

(10.6.16)

［例3］ C_4H_6 （平面形ブタジエン）

平面形ブタジエンにはトランス($\boldsymbol{C}_{2h}$)，シス($\boldsymbol{C}_{2v}$)の2つの形(図10.5(c),(d))があります．いわゆる π-電子近似ではブタジエンは各C原子につき1個，合計4個の π-電子

の系と考えます．ヒュッケル法のパラメーターは

$$H_{11} = H_{22} = H_{33} = H_{44} = \alpha$$
$$H_{12} = H_{21} = H_{23} = H_{32} = H_{34} = H_{43} = \beta$$
$$S_{ij} = \delta_{ij} \qquad (i, j=1, 2, 3, 4)$$

(10. 6. 17)

で，H_{ij} は i, j が隣の位置でなければ 0 にとってあります．このとり方では図 10.5 の(c), (d), (e)の区別はないことに注意して下さい．(10. 6. 11), (10. 6. 12)に対応して

$$\begin{aligned} Xc_1+c_2 \quad &=0 \\ c_1+Xc_2+c_3 \quad &= 0 \\ c_2+Xc_3+c_4 &= 0 \\ c_3+Xc_4 &= 0 \end{aligned} \qquad (10.6.18)$$

および

$$\begin{vmatrix} X & 1 & 0 & 0 \\ 1 & X & 1 & 0 \\ 0 & 1 & X & 1 \\ 0 & 0 & 1 & X \end{vmatrix} = X^4-3X^2+1 = 0$$

(10. 6. 19)

この代数方程式を解けば

$$X^2 = \frac{3\pm\sqrt{5}}{2} \longrightarrow X = \pm\left(\frac{3\pm\sqrt{5}}{2}\right)^{1/2}$$

これから得られる 4 つの根は

$$X = \pm\left(\frac{1+\sqrt{5}}{2}\right), \qquad X = \pm\left(\frac{1-\sqrt{5}}{2}\right)$$

(10. 6. 20)

数値的に順序を付ければ

$$\begin{aligned} X_1 &= -1.618, \qquad X_2 = -0.618 \\ X_3 &= +0.618, \qquad X_4 = +1.618 \end{aligned} \qquad (10.6.21)$$

となります．これに対応して，(10. 6. 18)から分子軌道関数を

$$\psi_i = \sum_{p=1}^{4} \chi_p c_{pi} \qquad (i=1,2,3,4)$$

の形に求め，$\langle\psi_i|\psi_i\rangle=1$ と規格化すれば

$$\begin{aligned}
\psi_1 &= 0.3718(\chi_1+\chi_4)+0.6015(\chi_2+\chi_3), & \varepsilon_1 &= \alpha+1.618\beta \\
\psi_2 &= 0.6015(\chi_1-\chi_4)+0.3718(\chi_2-\chi_3), & \varepsilon_2 &= \alpha+0.618\beta \\
\psi_3 &= 0.6015(\chi_1+\chi_4)-0.3718(\chi_2+\chi_3), & \varepsilon_3 &= \alpha-0.618\beta \\
\psi_4 &= 0.3718(\chi_1-\chi_4)-0.6015(\chi_2-\chi_3), & \varepsilon_4 &= \alpha-1.618\beta
\end{aligned} \qquad (10.6.22)$$

となります．

以上 3 つの例，H_2，H_3^+，C_4H_6 のエネルギー準位と基底状態の電子配置は図 10.6 にまとめてあります．ヒュッケル法の醍醐味は色々ありますが，その 1 つは分子軌道関数を展開する原子軌道関数 $\{\chi_i\}$ を具体的に指定しないままで理論が進められて行くことにあります．

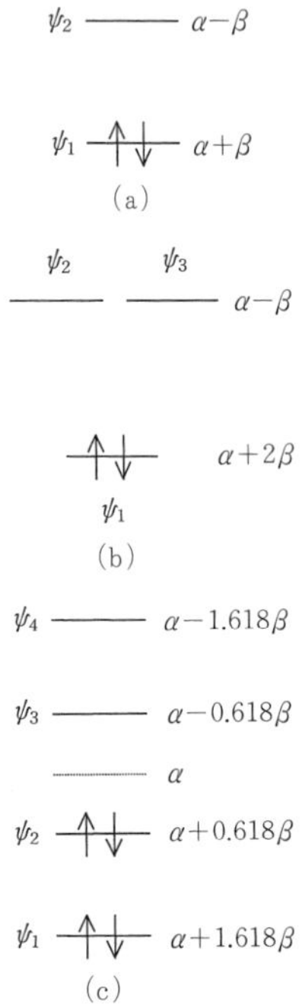

図 10.6

10.7 既約表現の基底関数を作る方法

前節の[例 1]では原子軌道関数 χ_1, χ_2 の形を指定していないので，H_2 のことと思ってもよいし，π-電子近似での平面エチレン(C_2H_4)と思ってもよろしい．この $\{\chi_1, \chi_2\}$ を点群 $\boldsymbol{C}_2=\{E, C_2\}$ の 2 次元表現の基底として使うと

$$D(E) = \begin{pmatrix} 1 & 0 \\ 0 & 1 \end{pmatrix}, \qquad D(C_2) = \begin{pmatrix} 0 & 1 \\ 1 & 0 \end{pmatrix} \qquad (10.7.1)$$

が得られます．χ_1, χ_2 の代りに前節の[例 1]で求めた

$$\psi_1 = \frac{1}{\sqrt{2}}(\chi_1+\chi_2), \qquad \psi_2 = \frac{1}{\sqrt{2}}(\chi_1-\chi_2) \qquad (10.7.2)$$

を使うと

$$\begin{aligned}
E\psi_1 &= \psi_1, & C_2\psi_1 &= \psi_1 \\
E\psi_2 &= \psi_2, & C_2\psi_2 &= -\psi_2
\end{aligned}$$

となるので，$\boldsymbol{C}_2$ の指標表(表 10.3)から，ψ_1 は既約表現 A の基底関数，ψ_2 は既約表現 B の基底関数になっているこ

表 10.3 $\boldsymbol{C}_2$ の指標表

$\boldsymbol{C}_2$	$\hat{E}$	$\hat{C}_2$
A	1	1
B	1	-1

とがわかります．（空間対称操作を表わす E や C_2 を関数に作用する演算子として書くときには $\hat{E}, \hat{C}_2$ とハットをつけた方がよいのですが，うるさいので省きます．それらが演算子であることを忘れないで下さい．）(10.7.2)の関係を，例によって

$$(\psi_1 \quad \psi_2) = (\chi_1 \quad \chi_2)\begin{pmatrix} 1/\sqrt{2} & 1/\sqrt{2} \\ 1/\sqrt{2} & -1/\sqrt{2} \end{pmatrix} = (\chi_1 \quad \chi_2)\,T \tag{10.7.3}$$

と表わすと，変換行列 T は $T^T = T^{-1} = T$ の性質があり，T を使って(10.7.1)の表現行列を相似変換すると

$$T^{-1}D(E)\,T = \begin{pmatrix} 1 & 0 \\ 0 & 1 \end{pmatrix}, \qquad T^{-1}D(C_2)\,T = \begin{pmatrix} 1 & 0 \\ 0 & -1 \end{pmatrix} \tag{10.7.4}$$

となります．

方程式(10.5.2)のハミルトニアン $\hat{h}$ が分子の点群の対称操作について不変ならば，解 $\{\psi_i\}$ はその既約表現の基底関数の性質を持ちますから，原子軌道関数 $\{\chi_k\}$ の 1 次結合の形で $\{\psi_i\}$ を求めることは，群論の見地から言えば，可約表現の基底 $\{\chi_k\}$ から既約表現の基底 $\{\psi_i\}$ に移ることを意味します．とすれば，$\{\chi_k\}$ から直接に既約表現の基底関数を作り出す群論的な方法があってもよさそうな気がします．その可能性のヒントは(10.3.3)，(10.3.4)にあります．群 $\boldsymbol{C}_2$ の場合に 2 次対称群 $\boldsymbol{S}_2$ の(10.3.3)を真似て

$$P^{(A)}=\frac{1}{2}\{\chi^{(A)}(E)E+\chi^{(A)}(C_2)C_2\}=\frac{1}{2}(E+C_2)$$
$$P^{(B)}=\frac{1}{2}\{\chi^{(B)}(E)E+\chi^{(B)}(C_2)C_2\}=\frac{1}{2}(E-C_2)$$
(10. 7. 5)

を作り，原子軌道関数 χ_1 に作用させると

記号 ≈ は，以下では規格化がまだ行われてないことを意味します．

$$P^{(A)}\chi_1=\frac{1}{2}(E\chi_1+C_2\chi_1)=\frac{1}{2}(\chi_1+\chi_2)\equiv\psi^{(A)}\approx\psi_1$$
$$P^{(B)}\chi_1=\frac{1}{2}(E\chi_1-C_2\chi_1)=\frac{1}{2}(\chi_1-\chi_2)\equiv\psi^{(B)}\approx\psi_2$$
(10. 7. 6)

となり，規格化定数を除いて(10. 7. 2)の ψ_1,ψ_2 が直接に生成されます．$\psi^{(A)},\psi^{(B)}$ については

$$P^{(A)}\psi^{(A)}=\psi^{(A)},\qquad P^{(A)}\psi^{(B)}=0$$
$$P^{(B)}\psi^{(A)}=0,\qquad P^{(B)}\psi^{(B)}=\psi^{(B)}$$
(10. 7. 7)

の性質があるので，(10. 7. 6)と(10. 7. 7)から，$P^{(A)},P^{(B)}$ には

$$P^{(A)}P^{(A)}=P^{(A)},\qquad P^{(B)}P^{(B)}=P^{(B)}$$
(10. 7. 8)

ベキ等性

射影演算子

という性質があることがわかります．これをベキ等性(idempotency)と言い，この性質を持つ演算子を射影演算子(projection operator)と呼びます．(10. 3. 3)，(10. 3. 4)，(10. 3. 6)の $\mathscr{S}$ や $\mathscr{A}$ も射影演算子です．“射影”演算子としての $P^{(A)},P^{(B)}$ の働きぶりは，χ_1 を

$$\chi_1=\frac{1}{2}(\chi_1+\chi_2)+\frac{1}{2}(\chi_1-\chi_2)=\psi^{(A)}+\psi^{(B)}$$
(10. 7. 9)

と書き直して(10. 7. 6)に戻ってみるとよくわかります．$P^{(A)}$ は χ_1 に含まれている $\psi^{(A)}$ を，$P^{(B)}$ は χ_1 に含まれている $\psi^{(B)}$ を“投影”してくるのです．

任意の点群 $\boldsymbol{G}$(位数 g)の既約表現 α について，次の演算子

$$P^{(\alpha)} = \frac{d_\alpha}{g}\sum_G [\chi^{(\alpha)}(G)]^* G \qquad (G \in \boldsymbol{G}) \qquad (10.7.10)$$

を作ります．d_α は既約表現 α の次元．$P^{(\alpha)}$ をある空間関数 F に作用させてみます．上の χ_1 の形を一般化して，F は点群 $\boldsymbol{G}$ の既約表現の基底関数 $\{\psi^{(\beta)}\}$ を

$$F = \sum_\beta c^{(\beta)}\psi^{(\beta)} \qquad (10.7.11)$$

の形で含んでいるとします．1次元でない既約表現がある場合にはこの和記号の意味が曖昧になりますが，今は，簡単のため $\boldsymbol{G}$ の既約表現はすべて1次元($d_\alpha=1$)であると仮定すると

$$G\psi^{(\beta)} = \chi^{(\beta)}(G)\,\psi^{(\beta)} \qquad (10.7.12)$$

ですから

$$\begin{aligned} P^{(\alpha)}F &= \frac{1}{g}\sum_G [\chi^{(\alpha)}(G)]^* \sum_\beta c^{(\beta)} G\psi^{(\beta)} \\ &= \frac{1}{g}\sum_\beta c^{(\beta)}\psi^{(\beta)} \sum_G [\chi^{(\alpha)}(G)]^* \chi^{(\beta)}(G) \\ &= \frac{1}{g}\sum_\beta c^{(\beta)}\psi^{(\beta)}\cdot g\delta_{\alpha\beta} = c^{(\alpha)}\psi^{(\alpha)} \qquad (10.7.13) \end{aligned}$$

となります．ここで指標の間の第1直交性定理(7.1.6)を使いました．この結果は(10.7.10)の $P^{(\alpha)}$ が(10.7.11)の形の任意の関数から既約表現 α の基底関数だけを取り出してくる，または生成するように働くことを示しています．もし F が $\psi^{(\alpha)}$ を含まなければ，つまり，$c^{(\alpha)}=0$ ならば，$P^{(\alpha)}F=0$ となります．

点群 $\boldsymbol{G}$ に2次元またはそれ以上の次元の既約表現がある場合には，上の $P^{(\alpha)}$ がうまく働く保証はありませんが，一応[例2]の H_3^+ の場合にも使ってみます．この分子の点群は $\boldsymbol{D}_{3h}$ ですが，基底関数の生成演算子 $P^{(\alpha)}$ を作るのに，その部分群 $\boldsymbol{C}_3, \boldsymbol{C}_{3v}, \boldsymbol{D}_3$ のどれかを使ってもよろしい．また，今から先，この節では原子軌道関数 χ_1, χ_2, χ_3 は，図10.3の s_1, s_2, s_3 のように，すべて同じ s-型関数であると

して，空間対称操作の作用を具体的に考えます．空間対称操作の群として，まず，$\boldsymbol{C}_{3v}$ を使ってみます．その指標表から

$$
\begin{aligned}
P^{(A_1)} &= \frac{1}{6}(E + C_3 + C_3{}^2 + \sigma_v + \sigma_v{}' + \sigma_v{}'') \\
P^{(A_2)} &= \frac{1}{6}(E + C_3 + C_3{}^2 - \sigma_v - \sigma_v{}' - \sigma_v{}'') \qquad (10.7.14) \\
P^{(E)} &= \frac{2}{6}(2E - C_3 - C_3{}^2)
\end{aligned}
$$

$P^{(A_1)}$ を χ_1 に作用させると(図 10.3 参照)

$$
\begin{aligned}
P^{(A_1)}\chi_1 &= \frac{1}{6}(\chi_1 + \chi_2 + \chi_3 + \chi_1 + \chi_2 + \chi_3) \\
&= \frac{1}{3}(\chi_1 + \chi_2 + \chi_3)
\end{aligned}
$$

同様に

$$
\begin{aligned}
P^{(A_1)}\chi_2 &= \frac{1}{3}(\chi_1 + \chi_2 + \chi_3) \\
P^{(A_1)}\chi_3 &= \frac{1}{3}(\chi_1 + \chi_2 + \chi_3)
\end{aligned}
$$

次に，$P^{(A_2)}$ については

$$
P^{(A_2)}\chi_1 = P^{(A_2)}\chi_2 = P^{(A_2)}\chi_3 = 0
$$

になります．つまり，χ_1, χ_2, χ_3 がすべて s-型関数である場合には，その中には既約表現 A_2 の基底関数は含まれていません．最後の $P^{(E)}$ について同じような計算をすると

$$
\begin{aligned}
P^{(E)}\chi_1 &= \frac{2}{6}(2\chi_1 - \chi_2 - \chi_3) \\
P^{(E)}\chi_2 &= \frac{2}{6}(2\chi_2 - \chi_3 - \chi_1) \\
P^{(E)}\chi_3 &= \frac{2}{6}(2\chi_3 - \chi_1 - \chi_2)
\end{aligned}
$$

となり，指標だけにたよる生成射影演算子(10.7.10)では **10.6** 節でヒュッケルの方程式を解いた場合と同じく，

$$
\psi_1 \approx \chi_1 + \chi_2 + \chi_3, \qquad \psi_2 \approx 2\chi_1 - \chi_2 - \chi_3
$$

しか得られず，ψ_2 と縮重するもう 1 つの独立な関数 ψ_3 を得るには，前と同じ手続きが必要です．では，始めから ψ_1, ψ_2, ψ_3 を生成してくれる射影演算子はないものでしょうか？

$\boldsymbol{C}_{3v}$ の 2 次元表現 E の表現行列の行列要素を示した表 10.2 を見ながら，次のような形の演算子を作ってみます：

$$P_{ij}^{(\alpha)} = \frac{d_\alpha}{g}\sum_G [D^{(\alpha)}(G)]_{ij}{}^* G \qquad (G \in \boldsymbol{G}) \quad (10.7.15)$$

表現 α が 1 次元($d_\alpha=1$)の場合を考えると，この式は(10.7.10)を含んでいます．

$$P_{11}^{(E)} = \frac{2}{6}\left(E - \frac{1}{2}C_3 - \frac{1}{2}C_3{}^2 + \sigma_v - \frac{1}{2}\sigma_v{}' - \frac{1}{2}\sigma_v{}''\right)$$

$$P_{12}^{(E)} = \frac{2}{6}\frac{\sqrt{3}}{2}(-C_3 + C_3{}^2 - \sigma_v{}' + \sigma_v{}'')$$

$$P_{21}^{(E)} = \frac{2}{6}\frac{\sqrt{3}}{2}(+C_3 - C_3{}^2 - \sigma_v{}' + \sigma_v{}'')$$

$$P_{22}^{(E)} = \frac{2}{6}\left(E - \frac{1}{2}C_3 - \frac{1}{2}C_3{}^2 - \sigma_v + \frac{1}{2}\sigma_v{}' + \frac{1}{2}\sigma_v{}''\right)$$

この 4 つの演算子を χ_1 に作用させると

$$P_{11}^{(E)}\chi_1 = \frac{2}{6}\left(\chi_1 - \frac{1}{2}\chi_2 - \frac{1}{2}\chi_3 + \chi_1 - \frac{1}{2}\chi_2 - \frac{1}{2}\chi_3\right)$$

$$= \frac{1}{3}(2\chi_1 - \chi_2 - \chi_3)$$

$$P_{12}^{(E)}\chi_1 = \frac{\sqrt{3}}{6}(-\chi_2 + \chi_3 - \chi_3 + \chi_2) = 0$$

$$P_{21}^{(E)}\chi_1 = \frac{\sqrt{3}}{6}(+\chi_2 - \chi_3 - \chi_3 + \chi_2) = \frac{\sqrt{3}}{3}(\chi_2 - \chi_3)$$

$$P_{22}^{(E)}\chi_1 = \frac{2}{6}\left(\chi_1 - \frac{1}{2}\chi_2 - \frac{1}{2}\chi_3 - \chi_1 + \frac{1}{2}\chi_2 + \frac{1}{2}\chi_3\right) = 0$$

となって，既約表現 E の 2 つの基底関数

$$\psi_2 \approx 2\chi_1 - \chi_2 - \chi_3, \qquad \psi_3 \approx \chi_2 - \chi_3$$

が直接に得られました．

こうして，(10.7.15)の形の演算子は $\boldsymbol{G}$ に多次元既約表

現があっても役に立つようなので，その一般性を確かめるために，(10.7.11)の関数を多次元既約表現がある場合に一般化して

$$F = \sum_{\beta} \sum_{m=1}^{d_\beta} c_m^{(\beta)} \psi_m^{(\beta)} \qquad (10.7.16)$$

とし，これに(10.7.15)の $P_{ij}^{(\alpha)}$ を作用させてみます．その際，

$$G\psi_m^{(\beta)} = \sum_n \psi_n^{(\beta)} D_{nm}^{(\beta)}(G) \qquad (10.7.17)$$

に注意し，大直交性定理(7.1.4)を使うと

$$P_{ij}^{(\alpha)} F = c_j^{(\alpha)} \psi_i^{(\alpha)} \qquad (10.7.18)$$

となります．これが $\boldsymbol{C}_{3v}$ の場合に $P_{11}^{(E)}, P_{21}^{(E)}$ が役に立った理由です．(10.7.15)で，$i=j$ として i についての和をとると

$$\sum_i P_{ii}^{(\alpha)} = \frac{d_\alpha}{g} \sum_G \sum_i [D^{(\alpha)}(G)]_{ii}{}^* G = \frac{d_\alpha}{g} \sum_G [\chi^{(\alpha)}(G)]^* G$$
$$= P^{(\alpha)} \qquad (10.7.19)$$

となり，(10.7.10)の演算子が回復できました．これを(10.7.16)の F に作用させると

$$P^{(\alpha)} F = \sum_i P_{ii}^{(\alpha)} F = \sum_i c_i^{(\alpha)} \psi_i^{(\alpha)} \quad (10.7.20)$$

までしか絞り込めないので，多次元既約表現の基底関数を作る目的には(10.7.15)の $P_{ij}^{(\alpha)}$ の方が(10.7.10)の $P^{(\alpha)}$ より強力なことがわかります．しかし，$P_{ij}^{(\alpha)}$ の難点は表現行列の行列要素の知識が必要なことで，これはいつでもすぐに入手できるデータではありません．一方，$P^{(\alpha)}$ の方はすぐに入手可能な指標だけでよいという利点があります．

次に群 $\boldsymbol{C}_3$ を使ってみます．表10.4がその指標表で，巡回群の既約表現はすべて1次元表現であるのが目の付け所です．$\Gamma^{(1)}, \Gamma^{(2)}, \Gamma^{(3)}$ に対応する $P^{(\alpha)}$ は

表 10.4　C_3 の指標表

$\boldsymbol{C_3}$		E	C_3	C_3^2	$\varepsilon=\exp(i(2\pi/3))$
A	$\Gamma^{(1)}$	1	1	1	$\varepsilon=(\varepsilon^*)^2$
E	$\Gamma^{(2)}$	1	ε	ε^*	$\varepsilon^2=\varepsilon^*$
	$\Gamma^{(3)}$	1	ε^*	ε	$\varepsilon^3=1$

$$P^{(1)} = \frac{1}{3}(E+C_3+C_3^2)$$

$$P^{(2)} = \frac{1}{3}(E+\varepsilon^* C_3+\varepsilon C_3^2) \qquad (10.7.21)$$

$$P^{(3)} = \frac{1}{3}(E+\varepsilon C_3+\varepsilon^* C_3^2)$$

ここで対称操作 C_3, C_3^2 の前の係数は(10.7.10)にしたがって指標の複素共役(*)がとってあることに注意．この 3 つの演算子を χ_1 に作用させると

$$P^{(1)}\chi_1 = \frac{1}{3}(\chi_1+\chi_2+\chi_3) = f_1$$

$$P^{(2)}\chi_1 = \frac{1}{3}(\chi_1+\varepsilon^*\chi_2+\varepsilon\chi_3) = f_2 \qquad (10.7.22)$$

$$P^{(3)}\chi_1 = \frac{1}{3}(\chi_1+\varepsilon\chi_2+\varepsilon^*\chi_3) = f_3$$

となります．f_1, f_2, f_3 が既約表現 $\Gamma^{(1)}, \Gamma^{(2)}, \Gamma^{(3)}$ の基底関数であることはすぐに確かめられます．例えば，f_2 については，$\varepsilon=\exp(i(2\pi/3))$，$\varepsilon^2=\varepsilon^*$，$\varepsilon\varepsilon^*=1$ ですから

$$C_3 f_2 = \frac{1}{3}(\chi_2+\varepsilon^*\chi_3+\varepsilon\chi_1) = \frac{\varepsilon}{3}(\chi_1+\varepsilon^*\chi_2+\varepsilon\chi_3) = \varepsilon f_2$$

また $\varepsilon^*\varepsilon^*=\varepsilon$，$\varepsilon+\varepsilon^*=-1$，$\varepsilon-\varepsilon^*=i\sqrt{3}$ に注意すれば，f_1, f_2, f_3 の間の直交性

$$\langle f_i|f_j\rangle = \int f_i^* f_j dv = 0 \qquad (i\neq j)$$

も確かめられます．f_2 と f_3 は複素数の係数を含んでいますが，これは量子力学の波動関数として何も不都合なことではありません．もし今の場合に実関数の答えを求めたければ

$$f_2 = f_3^*$$

の関係に注意して，2つの実関数 a, b を使って

$$f_2 = a + ib, \qquad f_3 = a - ib$$

と表わすと，a, b は

$$a = \frac{1}{2}(f_2 + f_3) = \frac{1}{6}(2\chi_1 - \chi_2 - \chi_3)$$

$$b = \frac{1}{2i}(f_2 - f_3) = -\frac{\sqrt{3}}{6}(\chi_2 - \chi_3)$$

となります．こうして，f_1, a, b から3つの実関数

$$\begin{aligned} \psi_1 &\approx \chi_1 + \chi_2 + \chi_3 \\ \psi_2 &\approx 2\chi_1 - \chi_2 - \chi_3 \qquad (10.7.23) \\ \psi_3 &\approx \chi_2 - \chi_3 \end{aligned}$$

が得られます．χ_1, χ_2, χ_3 が同じ s-型関数である場合には $\boldsymbol{D}_{3h}$ の指標表を参照すれば

$$\psi_1 \longrightarrow A_1', \qquad \psi_2, \psi_3 \longrightarrow E'$$

に対応することがわかります．

こうして前節 **10.6** 節の[例2] H_3^+ の波動関数が，群論のおかげで，方程式(10.6.12)を解かずに求められました．エネルギーの値は，ψ_1, ψ_2, ψ_3 を規格化すれば，

$$\langle\psi_1|\hat{h}|\psi_1\rangle = \alpha + 2\beta, \qquad \langle\psi_2|\hat{h}|\psi_2\rangle = \langle\psi_3|\hat{h}|\psi_3\rangle = \alpha - \beta$$

と求められます．また ψ_2, ψ_3 の代りに複素数係数を持つ2つの波動関数 f_2, f_3 を規格化して使っても，これらが同じエネルギー $\alpha - \beta$ の状態に属することが確かめられます．

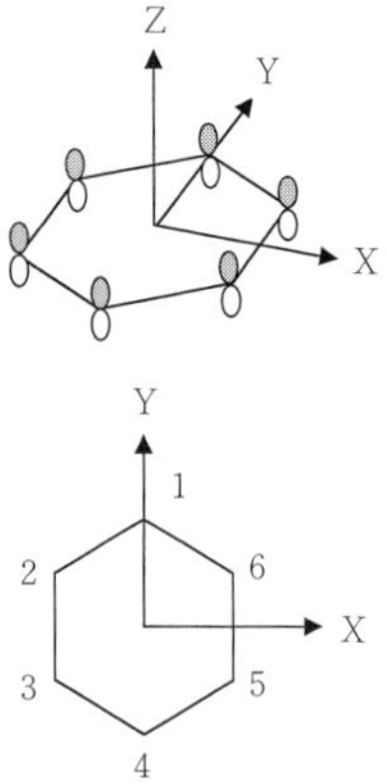

図 10.7

10.8 ベンゼン分子の π-電子近似による取り扱い

図10.7の6つのC原子の所に置かれた6つの $2p\pi$ $(2p_z)$ 型関数 $\chi_1, \chi_2, \cdots, \chi_6$ を基底関数にとります．ヒュッケルの行列式方程式は

$$\begin{vmatrix} \alpha-\varepsilon & \beta & 0 & 0 & 0 & \beta \\ \beta & \alpha-\varepsilon & \beta & 0 & 0 & 0 \\ 0 & \beta & \alpha-\varepsilon & \beta & 0 & 0 \\ 0 & 0 & \beta & \alpha-\varepsilon & \beta & 0 \\ 0 & 0 & 0 & \beta & \alpha-\varepsilon & \beta \\ \beta & 0 & 0 & 0 & \beta & \alpha-\varepsilon \end{vmatrix} = 0$$

となります．この方程式の根 $\varepsilon_1, \varepsilon_2, \cdots, \varepsilon_6$ を求め，それぞれに対応する分子軌道関数を

$$\psi_i = \sum_{p=1}^{6} \chi_p c_{pi} \qquad (i=1,2,\cdots,6) \qquad (10.8.1)$$

の形に求めるのが常道ですが，ここでは群論の手法で，まず，ψ_i の方を先に求め，それを使って ε_i を算出してみます．

ベンゼン分子の点群は $\boldsymbol{D}_{6h}$ ですが，その既約表現の基底関数としての対称性を持った $\{\psi_i\}$ を求めるために，まず，その1つの部分群である点群 $\boldsymbol{C}_6$ を使ってみます．指標表は表 10.5 です．$\{\chi_p\}$ を基底とする6次元表現 $\Gamma[\{\chi_p\}]$ の指標は下から2行目に，最下行には点群 $\boldsymbol{C}_6$ の対称操作で χ_1 が変換される有様が示されています．E 以外の操作では $\{\chi_p\}$ はすべて位置を変えるので，$\Gamma[\{\chi_p\}]$ の指標 6, 0, 0, 0, 0, 0 が得られます．

これを使って簡約すると

表 10.5　$\boldsymbol{C}_6$ の指標表

	$\boldsymbol{C}_6$	E	C_6	C_6^2	C_6^3	C_6^4	C_6^5	$\varepsilon=\exp(i(2\pi/6))$
A	$\Gamma^{(1)}$	1	1	1	1	1	1	
B	$\Gamma^{(2)}$	1	-1	1	-1	1	-1	
E_1	$\Gamma^{(3)}$	1	ε	$-\varepsilon^*$	-1	$-\varepsilon$	ε^*	
	$\Gamma^{(4)}$	1	ε^*	$-\varepsilon$	-1	$-\varepsilon^*$	ε	
E_2	$\Gamma^{(5)}$	1	$-\varepsilon^*$	$-\varepsilon$	1	$-\varepsilon^*$	$-\varepsilon$	
	$\Gamma^{(6)}$	1	$-\varepsilon$	$-\varepsilon^*$	1	$-\varepsilon$	$-\varepsilon^*$	
$\Gamma[\{\chi_p\}]$		6	0	0	0	0	0	
$G\chi_1$		χ_1	χ_2	χ_3	χ_4	χ_5	χ_6	

$$\Gamma[\{\chi_p\}] = \Gamma^{(1)}+\Gamma^{(2)}+\Gamma^{(3)}+\Gamma^{(4)}+\Gamma^{(5)}+\Gamma^{(6)} \tag{10.8.2}$$

となります．点群 $\boldsymbol{C}_6$ の既約表現は6つとも1次元なので，射影演算子としては(10.7.10)が使えます($d_\alpha=1$)．$P^{(\alpha)}$ $(\alpha=1,2,\cdots,6)$ を χ_1 に作用させると

$$\begin{aligned}
\psi^{(1)} &\approx \chi_1+\chi_2+\chi_3+\chi_4+\chi_5+\chi_6\\
\psi^{(2)} &\approx \chi_1-\chi_2+\chi_3-\chi_4+\chi_5-\chi_6\\
\psi^{(3)} &\approx \chi_1+\varepsilon^*\chi_2-\varepsilon\chi_3-\chi_4-\varepsilon^*\chi_5+\varepsilon\chi_6\\
\psi^{(4)} &\approx \chi_1+\varepsilon\chi_2-\varepsilon^*\chi_3-\chi_4-\varepsilon\chi_5+\varepsilon^*\chi_6\\
\psi^{(5)} &\approx \chi_1-\varepsilon\chi_2-\varepsilon^*\chi_3+\chi_4-\varepsilon\chi_5-\varepsilon^*\chi_6\\
\psi^{(6)} &\approx \chi_1-\varepsilon^*\chi_2-\varepsilon\chi_3+\chi_4-\varepsilon^*\chi_5-\varepsilon\chi_6
\end{aligned} \tag{10.8.3}$$

が得られます．この $\psi^{(i)}$ が $\Gamma^{(i)}$ にしたがって変換し，$\{\psi^{(i)}\}$ が相互に直交していることを確かめるのはむつかしくありません．また，$\psi^{(3)}$ と $\psi^{(4)}$，$\psi^{(5)}$ と $\psi^{(6)}$ が複素共役：

$$(\psi^{(3)})^* = \psi^{(4)}, \qquad (\psi^{(5)})^* = \psi^{(6)}$$

の関係にあることに注意すれば，(10.7.22)の f_2 と f_3 の場合と同じように

$$\begin{aligned}
\psi^{(3)}+\psi^{(4)} &\approx 2\chi_1+\chi_2-\chi_3-2\chi_4-\chi_5+\chi_6\\
\psi^{(3)}-\psi^{(4)} &\approx \chi_2+\chi_3-\chi_5-\chi_6\\
\psi^{(5)}+\psi^{(6)} &\approx 2\chi_1-\chi_2-\chi_3+2\chi_4-\chi_5-\chi_6\\
\psi^{(5)}-\psi^{(6)} &\approx \chi_2-\chi_3+\chi_5-\chi_6
\end{aligned}$$

が得られます．ここで

$$\begin{aligned}
\varepsilon &= \exp(i(2\pi/6)) = \cos(2\pi/6)+i\sin(2\pi/6)\\
\varepsilon+\varepsilon^* &= 2\cos(2\pi/6) = 1\\
\varepsilon-\varepsilon^* &= 2i\sin(2\pi/6) = i\sqrt{3}
\end{aligned}$$

に注意して下さい．こうして実数係数を持った6つの分子軌道関数が求められました．この6つの関数も相互に直交しています．規格化は $\{\chi_p\}$ の重なり積分

$$\langle\chi_p|\chi_q\rangle = S_{pq}$$

が与えられれば行えます．必ずしもヒュッケル近似の規格

直交性

$$\langle \chi_p | \chi_q \rangle = \delta_{pq}$$

を使わなくてもよいのですが，もしそれを使えば，規格化された 6 つの分子軌道関数は

$$\psi(A_{2u}) = \frac{1}{\sqrt{6}}(\chi_1+\chi_2+\chi_3+\chi_4+\chi_5+\chi_6)$$

$$\psi(B_{2g}) = \frac{1}{\sqrt{6}}(\chi_1-\chi_2+\chi_3-\chi_4+\chi_5-\chi_6)$$

$$\psi(E_{1g}) = \frac{1}{\sqrt{12}}(2\chi_1+\chi_2-\chi_3-2\chi_4-\chi_5+\chi_6)$$

$$\psi(E_{1g}) = \frac{1}{2}(\chi_2+\chi_3-\chi_5-\chi_6)$$

$$\psi(E_{2u}) = \frac{1}{\sqrt{12}}(2\chi_1-\chi_2-\chi_3+2\chi_4-\chi_5-\chi_6)$$

$$\psi(E_{2u}) = \frac{1}{2}(\chi_2-\chi_3+\chi_5-\chi_6) \tag{10.8.4}$$

となります．各分子軌道関数の対称性はベンゼンの点群 $\boldsymbol{D}_{6h}$ の既約表現にしたがって同定されています．例えば，点群 $\boldsymbol{C}_6$ の A が $\boldsymbol{D}_{6h}$ の A_{1g}, A_{2g}, A_{1u} ではなく A_{2u} と同定されるのは，$\{\chi_p\}$ が p_z-型原子軌道関数であり，$\boldsymbol{D}_{6h}$ の対称操作 i, σ_h, C_2' で符号を変えるからです．

$p_x = xf(r)$
$p_y = yf(r)$
$p_z = zf(r)$
(7.2 節参照)

シュレディンガー方程式

$$\hat{H}\psi = E\psi$$

では一般に $\hat{H}^* = \hat{H}$，$E^* = E$ なので，上の式の複素共役をとれば

$$\hat{H}\psi^* = E^*\psi^*$$

で，形式的には，ψ とその複素共役 ψ^* は同じエネルギー固有値 E に属する，つまり，縮重しています．しかし ψ が実関数の場合には $\psi^* = \psi$ であり，ψ が純虚数値の関数であれば $\psi^* = -\psi$ ですから，これは本当の縮重ではありません．ψ と ψ^* が 1 次独立の場合に限り，縮重は本物です．

(10.8.3)の $\psi^{(3)}$ と $\psi^{(4)}$ は互いに1次独立で $\psi^{(4)}=(\psi^{(3)})^*$ ですから，この2つの関数は同じエネルギーを持ち，したがって，次の2つの組合せ

$$\psi^{(3)}+\psi^{(4)}, \qquad \psi^{(3)}-\psi^{(4)}$$

も互いに直交し，同じエネルギーに属します．$\psi^{(5)}$ と $\psi^{(6)}$ についても同様です．

ベンゼン分子の6つのC原子の所に1つずつ p_z-型原子軌道関数を置いて，その1次結合の形に分子軌道関数を求める問題は，群論の手段だけで，つまり，対称性の議論だけで，解けてしまいました．各分子軌道関数に対応するエネルギー値を求めるには，1電子ハミルトニアン $\hat{h}$ の期待値を計算すればよいのです．A_{2u} については

$$\begin{aligned}\varepsilon(A_{2u}) &= \langle\psi(A_{2u})|\hat{h}|\psi(A_{2u})\rangle \\ &= \frac{1}{6}\langle\chi_1+\chi_2+\chi_3+\chi_4+\chi_5+\chi_6|\hat{h}| \\ &\qquad \chi_1+\chi_2+\chi_3+\chi_4+\chi_5+\chi_6\rangle \\ &= \frac{1}{6}(6\alpha+12\beta) = \alpha+2\beta\end{aligned}$$

B_{2g} については

$$\varepsilon(B_{2g}) = \langle\psi(B_{2g})|\hat{h}|\psi(B_{2g})\rangle = \alpha-2\beta$$

E_{1g} については次の2つの積分

$$\langle\psi_1(E_{1g})|\hat{h}|\psi_1(E_{1g})\rangle, \qquad \langle\psi_2(E_{1g})|\hat{h}|\psi_2(E_{1g})\rangle$$

は同じエネルギー値を与えるはずですから，簡単な方をとって

$$\begin{aligned}\varepsilon(E_{1g}) &= \langle\psi_2(E_{1g})|\hat{h}|\psi_2(E_{1g})\rangle \\ &= \frac{1}{4}\langle\chi_2+\chi_3-\chi_5-\chi_6|\hat{h}|\chi_2+\chi_3-\chi_5-\chi_6\rangle \\ &= \frac{1}{4}(4\alpha+4\beta) = \alpha+\beta\end{aligned}$$

同様に

$$\varepsilon(E_{2u}) = \langle\psi_2(E_{2u})|\hat{h}|\psi_2(E_{2u})\rangle = \alpha-\beta$$

ここで

$$\langle \chi_p | \hat{h} | \chi_p \rangle = \alpha$$

また

p, q がとなり合っていれば　$\langle \chi_p | \hat{h} | \chi_q \rangle = \beta$

p, q がとなり合っていなければ　$\langle \chi_p | \hat{h} | \chi_q \rangle = 0$

です．

次に，今度は，$\boldsymbol{D}_{6h}$ の 1 つの軸 C_2''(図 10.7 の X 軸)についての群 $\boldsymbol{C}_2$ (表 10.3)を使ってみます．(10.7.10)の射影演算子としては

$$P^{(A)} = \frac{1}{2}(E + C_2), \qquad P^{(B)} = \frac{1}{2}(E - C_2)$$

これを χ_1, χ_2, χ_5 に作用させます．図 10.7 からもわかりますが，χ_3, χ_4 からは χ_1, χ_2 からと本質的に同じ関数しか得られません．$\{\chi_p\}$ が p_z-型原子軌道関数であることから

$$\begin{aligned}
P^{(A)}\chi_1 &= \frac{1}{2}(\chi_1 - \chi_4), & f_1 &= \frac{1}{\sqrt{2}}(\chi_1 - \chi_4) \\
P^{(A)}\chi_2 &= \frac{1}{2}(\chi_2 - \chi_3), & f_2 &= \frac{1}{\sqrt{2}}(\chi_2 - \chi_3) \\
P^{(A)}\chi_5 &= \frac{1}{2}(\chi_5 - \chi_6), & f_3 &= \frac{1}{\sqrt{2}}(\chi_5 - \chi_6) \\
P^{(B)}\chi_1 &= \frac{1}{2}(\chi_1 + \chi_4), & g_1 &= \frac{1}{\sqrt{2}}(\chi_1 + \chi_4) \\
P^{(B)}\chi_2 &= \frac{1}{2}(\chi_2 + \chi_3), & g_2 &= \frac{1}{\sqrt{2}}(\chi_2 + \chi_3) \\
P^{(B)}\chi_5 &= \frac{1}{2}(\chi_5 + \chi_6), & g_3 &= \frac{1}{\sqrt{2}}(\chi_5 + \chi_6)
\end{aligned} \tag{10.8.5}$$

が得られます．

既約表現 A には f_1, f_2, f_3 の 3 つの関数が属し，これらの 1 次結合

$$\psi^{(A)} = c_1^{(A)} f_1 + c_2^{(A)} f_2 + c_3^{(A)} f_3$$

の形に分子軌道関数を求めるには，3 次元のヒュッケル問

題を解くことになります．必要な積分は

$$\langle f_1|\hat{h}|f_1\rangle = \frac{1}{2}\langle \chi_1-\chi_4|\hat{h}|\chi_1-\chi_4\rangle = \frac{1}{2}2\alpha = \alpha$$

$$\langle f_1|\hat{h}|f_2\rangle = \frac{1}{2}\langle \chi_1-\chi_4|\hat{h}|\chi_2-\chi_3\rangle = \frac{1}{2}2\beta = \beta$$

$$\langle f_1|\hat{h}|f_3\rangle = \frac{1}{2}\langle \chi_1-\chi_4|\hat{h}|\chi_5-\chi_6\rangle = \frac{1}{2}(-2\beta) = -\beta$$

$$\langle f_2|\hat{h}|f_2\rangle = \alpha-\beta$$

$$\langle f_2|\hat{h}|f_3\rangle = 0$$

$$\langle f_3|\hat{h}|f_3\rangle = \alpha-\beta$$

で，$X=(\alpha-\varepsilon)/\beta$ を使えば

$$\begin{aligned} Xc_1+c_2-c_3 &= 0 \\ c_1+(X-1)c_2 &= 0 \\ -c_1+(X-1)c_3 &= 0 \end{aligned} \qquad (10.8.6)$$

X の値は

$$\begin{vmatrix} X & 1 & -1 \\ 1 & X-1 & 0 \\ -1 & 0 & X-1 \end{vmatrix} = (X-1)(X^2-X-2) = 0 \qquad (10.8.7)$$

から $X_1=-1$，$X_2=+1$，$X_3=+2$ と得られます．これらを(10.8.6)に持って帰って係数を決めればよいわけです．

$[X_1=-1]$ $\alpha-\varepsilon=-\beta$, $\varepsilon=\alpha+\beta$

$$-c_1+c_2-c_3=0$$

$$c_1-2c_2=0, \quad c_2=\frac{1}{2}c_1, \quad c_3=-\frac{1}{2}c_1$$

$$-c_1-2c_3=0$$

$$\begin{aligned}\phi_1^{(A)} &\approx 2f_1+f_2-f_3 \approx 2(\chi_1-\chi_4)+(\chi_2-\chi_3)-(\chi_5-\chi_6) \\ &= 2\chi_1+\chi_2-\chi_3-2\chi_4-\chi_5+\chi_6\end{aligned}$$

(10.8.4)を参照すると，$\psi(E_{1g})$ の1つが得られたことがわかります．

$[X_2=+1]$ $\varepsilon=\alpha-\beta$

$$\psi_2^{(A)} \approx f_2+f_3 \approx \chi_2-\chi_3+\chi_5-\chi_6$$

(10.8.4)の $\psi(E_{2u})$ の1つに対応.

$[X_3=+2]$　　$\varepsilon = \alpha-2\beta$

$$\psi_3^{(A)} \approx f_1-f_2+f_3 \approx (\chi_1-\chi_4)-(\chi_2-\chi_3)+(\chi_5-\chi_6)$$
$$= \chi_1-\chi_2+\chi_3-\chi_4+\chi_5-\chi_6$$

これは(10.8.4)の $\psi(B_{2g})$ です.

(10.8.5)の g_1, g_2, g_3 についても同様の計算を行うと,(10.8.4)の残りの3つの分子軌道関数が得られます.

$\boldsymbol{D}_{6h}$ の代用として,$\boldsymbol{C}_6$ と $\boldsymbol{C}_2$ のどちらを利用するかは個人の好みの問題です.$\boldsymbol{C}_6$ を使えば射影演算子だけで分子軌道関数が得られますが,1次結合の係数の多くが複素数になります.それが嫌なら縮重関数の適当な組合せをとる必要がありました.$\boldsymbol{C}_2$ では 3×3 行列の固有値問題を解かなければなりませんが,6×6 行列の問題にくらべるとはるかに容易です.あるいは点群 $\boldsymbol{D}_2$ を使うのもよいアイディアです.その4つの既約表現はすべて1次元表現なので射影演算子はすぐに書き下ろせますし,たかだか 2×2 問題を解けば事がすみます.

10.9 分子のエネルギー準位の構造とスペクトルの選択則

気体状態のナトリウム原子が光を吸収すると,その電子状態が変化します.それは1つの電子がある原子軌道関数で表わされる状態から他の原子軌道関数で表わされる状態に移ることにあたる,と近似的に考えることが出来ます.これに較べて,分子による光の吸収の過程は,単純な2原子分子の場合でも,原子の場合よりも遥かに複雑な現象を含んでいます.電子状態の変化だけでなく,振動状態,回転状態の変化によっても光の吸収が行われます.

ボルン-オッペンハイマー近似の下では,分子の全体と

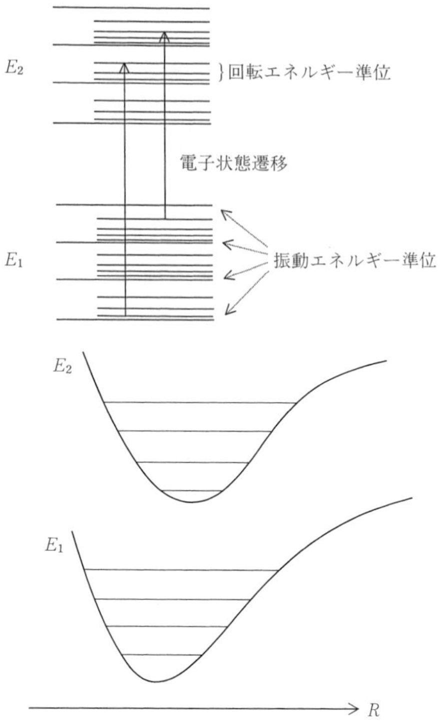

図 10.8

しての波動関数は 4 つの部分の積

$$\Phi = \Psi^{(e)}\Phi^{(n)} = \Psi^{(e)}\Psi^{(v)}\Psi^{(r)}\Psi^{(t)} \qquad (10.9.1)$$

と表わされます．(e) は電子，(n) は原子核，(v) は振動，(r) は回転，(t) は並進を意味します．この積の形の波動関数に対応して，全エネルギーは 4 つの項の和

$$E = E^{(e)} + E^{(n)} = E^{(e)} + E^{(v)} + E^{(r)} + E^{(t)} \qquad (10.9.2)$$

の形をとります．

可視光，紫外光の吸収は分子の電子状態の変化を伴い，その多くの場合は，原子の場合と同様，1 つの電子が，ある分子軌道関数で表わされる状態から他の分子軌道関数で表わされる状態に移ることにあたると，近似的に解釈できま

すが，その遷移には分子の振動状態，回転状態の変化も伴う所が原子の場合と全く異なります(図 10.8)．

分子全系のエネルギーの低い(lower)状態 (E_l, Φ_l) と高い(upper)状態 (E_u, Φ_u) の間におこる遷移の確率は

$$\langle\Omega\rangle = \int \Phi_u{}^* \Omega \Phi_l d\tau \qquad (10.9.3)$$

で与えられます．Ω は状態間の遷移の原因となる物理量を表わす量子力学的演算子で，分子内の電子と電磁場(光)との相互作用に基づくいくつかの可能性がありますが，ここでは積分(10.9.3)の被積分関数の空間的対称性を調べるのが主な目的なので，Ω としては

$$\Omega \approx \mu_e = \sum_i (-e)\,\boldsymbol{r}_i \qquad (10.9.4)$$

という量をとります．$\boldsymbol{r}_i(x_i, y_i, z_i)$ は i 番目の電子の位置ベクトル，$-e$ は電子の電荷です．古典的に μ_e は電子たちの位置が $\{\boldsymbol{r}_i\}$ で与えられた時の全体としての電気双極子モーメントを表わしています．

$$\Phi_l = \Psi_l^{(e)}\Phi_l^{(n)}, \qquad \Phi_u = \Psi_u^{(e)}\Phi_u^{(n)} \qquad (10.9.5)$$

と書くと

$$\langle\mu_e\rangle = \int \Psi_u^{(e)*}\mu_e\Psi_l^{(e)}d\tau_e \int \Phi_u^{(n)*}\Phi_l^{(n)}d\tau_n \qquad (10.9.6)$$

原子核部分の積分

$$\int \Phi_u^{(n)*}\Phi_l^{(n)}d\tau_n$$

はフランク-コンドン因子と呼ばれる量です(図 10.9)．ここでの主な目的は電子部分

$$\int \Psi_u^{(e)*}\mu_e\Psi_l^{(e)}d\tau_e \qquad (10.9.7)$$

の性質を調べることですが，電子の座標は空間座標に加えてスピン座標を含み，上の $\Psi^{(e)}$ と $d\tau_e$ にもそれが含まれていることも忘れないように．波動関数が空間部分 $\Psi_{space}^{(e)}$ と

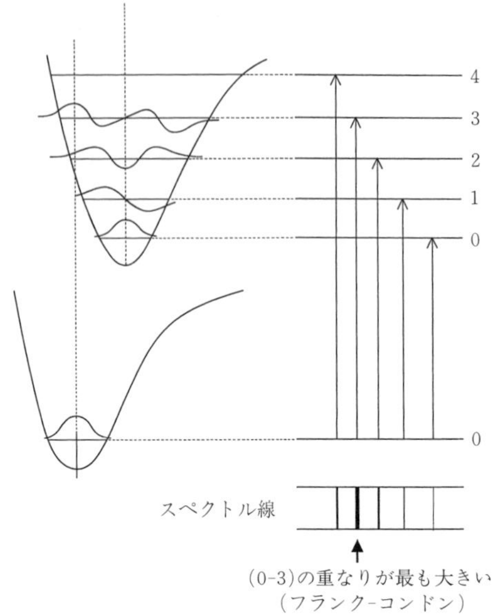

図 10.9

スピン部分 $\Psi^{(e)}_{spin}$ の積で表わされる場合には，上の積分は

$$\langle \mu_e \rangle = \int \Psi^{(e)*}_{u,space} \mu_e \Psi^{(e)}_{l,space} dv \int \Psi^{(e)*}_{u,spin} \mu_e \Psi^{(e)}_{l,spin} d\sigma \tag{10.9.8}$$

の形になります．この分離は一般的に成り立つものではありませんが，次節での議論では役立ちます．電気双極子モーメントの成分は

$$\mu_x = \sum_i (-e) x_i, \quad \mu_y = \sum_i (-e) y_i, \quad \mu_z = \sum_i (-e) z_i \tag{10.9.9}$$

ですから，積分(10.9.7)の x, y, z 成分の空間対称性を調べる仕事は，本質的に，**9.7** 節で行ったことと同じです．

$$\Gamma[\mu_x] = \Gamma[x], \quad \Gamma[\mu_y] = \Gamma[y], \quad \Gamma[\mu_z] = \Gamma[z]$$

なので，$\Psi^{(e)}_l$ が属する点群の既約表現を $\Gamma[\Psi^{(e)}_l]$ とすれば

$$\Gamma[x] \otimes \Gamma[\Psi^{(e)}_l], \quad \Gamma[y] \otimes \Gamma[\Psi^{(e)}_l], \quad \Gamma[z] \otimes \Gamma[\Psi^{(e)}_l] \tag{10.9.10}$$

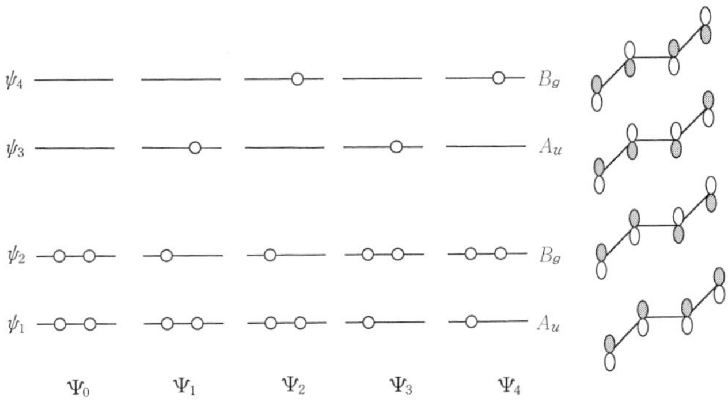

図 10.10

が $\Gamma[\Psi_u^{(e)}]$ を含まなければ積分(10.9.7)は 0 になると判断できます．$\Gamma[\Psi^{(e)}]$ は $\Psi^{(e)}$ が空間部分とスピン部分に分離していない場合にも，分子軌道関数近似に基づいて，スレーター行列式またはその 1 次結合の形で与えられていれば，知ることができます．

その例として **10.3** 節の[例 3]で扱った平面ブタジエンの場合を用います．ヒュッケルの π-電子近似では図 10.5 の(c)トランス，(d)シス，(e)直線形，の 3 つの形の間の区別はありませんが，以下の議論では(c)トランスを選びます．点群は $\boldsymbol{C}_{2h}$ で分子軌道関数 $\psi_1, \psi_2, \psi_3, \psi_4$ の空間対称性は図 10.10 に示されています．

この 4 つの π 電子から成る系の基底状態の電子配置は $(\psi_1)^2(\psi_2)^2$ で，パウリの禁制から波動関数はスレーター行列式

$$\Psi_0 = \mathscr{A}_{SL}[\psi_1(\boldsymbol{r}_1)\alpha(\sigma_1)\psi_1(\boldsymbol{r}_2)\beta(\sigma_2)\cdot \psi_2(\boldsymbol{r}_3)\alpha(\sigma_3)\psi_2(\boldsymbol{r}_4)\beta(\sigma_4)] \tag{10.9.11}$$

で与えられます．これは上の[ ]の中の項で電子の番号を置換して得られる多数の項から成っていますが，個々の項の空間対称性はすべて同一で

表 10.6 $\boldsymbol{C}_{2h}$ の指標表

$\boldsymbol{C}_{2h}$	E	C_2	i	σ_h			
A_g	1	1	1	1	R_z	x^2, y^2, z^2, xy	Ψ_0, Ψ_2, Ψ_3
B_g	1	−1	1	−1	R_x, R_y	yz, zx	ψ_2, ψ_4
A_u	1	1	−1	−1	z		ψ_1, ψ_3
B_u	1	−1	−1	1	x, y		Ψ_1, Ψ_4

$$\Gamma[\psi_1]\otimes\Gamma[\psi_1]\otimes\Gamma[\psi_2]\otimes\Gamma[\psi_2] = A_u\otimes A_u\otimes B_g\otimes B_g \tag{10.9.12}$$

であたえられるので，$\boldsymbol{C}_{2h}$ の指標表(表 10.6)から

$$\Gamma[\Psi_0] = A_u\otimes A_u\otimes B_g\otimes B_g = A_g \tag{10.9.13}$$

と結論できます．分子軌道関数近似では Ψ_0 のすぐ上の励起状態は ψ_2 の 1 つの電子が ψ_3 に上がることに対応する：

$$(\psi_1)^2(\psi_2)^2 \longrightarrow (\psi_1)^2(\psi_2)^1(\psi_3)^1$$

と考えますが，電子のスピンを考えにいれると，図 10.11 の 4 つの可能性があります．この 4 つの状態の波動関数を (10.9.11)の一般化として

$$\begin{aligned}
\Psi_{1,a} &= \mathscr{A}_{SL}[\psi_1(\boldsymbol{r}_1)\alpha(\sigma_1)\psi_1(\boldsymbol{r}_2)\beta(\sigma_2)\cdot \\
&\qquad \psi_2(\boldsymbol{r}_3)\alpha(\sigma_3)\psi_3(\boldsymbol{r}_4)\beta(\sigma_4)] \\
\Psi_{1,b} &= \mathscr{A}_{SL}[\psi_1(\boldsymbol{r}_1)\alpha(\sigma_1)\psi_1(\boldsymbol{r}_2)\beta(\sigma_2)\cdot \\
&\qquad \psi_2(\boldsymbol{r}_3)\beta(\sigma_3)\psi_3(\boldsymbol{r}_4)\alpha(\sigma_4)] \\
\Psi_{1,c} &= \mathscr{A}_{SL}[\psi_1(\boldsymbol{r}_1)\alpha(\sigma_1)\psi_1(\boldsymbol{r}_2)\beta(\sigma_2)\cdot \\
&\qquad \psi_2(\boldsymbol{r}_3)\alpha(\sigma_3)\psi_3(\boldsymbol{r}_4)\alpha(\sigma_4)] \\
\Psi_{1,d} &= \mathscr{A}_{SL}[\psi_1(\boldsymbol{r}_1)\alpha(\sigma_1)\psi_1(\boldsymbol{r}_2)\beta(\sigma_2)\cdot \\
&\qquad \psi_2(\boldsymbol{r}_3)\beta(\sigma_3)\psi_3(\boldsymbol{r}_4)\beta(\sigma_4)]
\end{aligned} \tag{10.9.14}$$

と書いてみます．このうちのどれがブタジエンの π-電子系の一番低い励起状態になるのかを知りたいわけですが，それにはもう少し電子のスピンについての勉強が必要で，次節でそれを行います．しかし，この 4 つの波動関数の空間的対称性はそれを待たずにわかります．Ψ_0 の場合と同

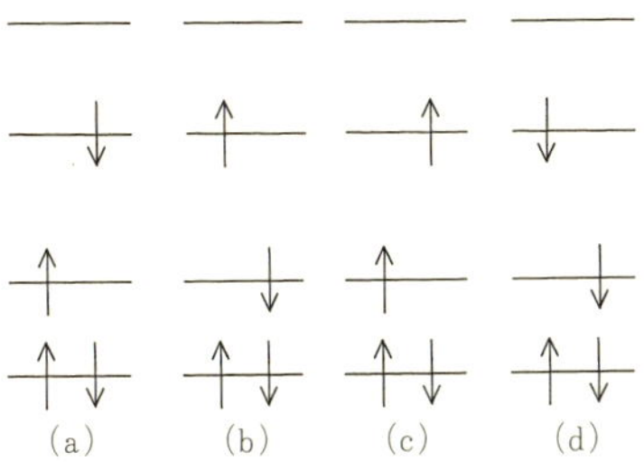

図 10.11

じように考えれば，各関数に含まれる 4 つの空間軌道関数の積

$$\psi_1\psi_1\psi_2\psi_3$$

で定まり，したがって，(10.9.14)の 4 つの関数は同じ空間対称性を持ち

$$\begin{aligned}\Gamma[\psi_1] &= \Gamma[\psi_1]\otimes\Gamma[\psi_1]\otimes\Gamma[\psi_2]\otimes\Gamma[\psi_3]\\ &= A_u\otimes A_u\otimes B_g\otimes A_u = B_u\end{aligned}$$

です．図 10.10 では，この見地から，電子スピンの上向き(↑)，下向き(↓)を伏せて，○印で電子配置を示してあります．図 10.10 の 5 つの電子配置に対応する波動関数の空間対称性をまとめたのが表 10.7 です．

さて $\boldsymbol{C}_{2h}$ では表 10.6 を見ると

$$\Gamma[x] = B_u, \qquad \Gamma[y] = B_u, \qquad \Gamma[z] = A_u$$

です．(10.9.10)の $\Psi_l^{(e)}$ を Ψ_0 ととれば $\Gamma[\Psi]=A_g$ ですから，(10.9.10)の 3 つの直積表現は上のままであり，したがって，$\Gamma[\Psi_u^{(e)}]$ として表 10.7 の $\Psi_1, \Psi_2, \Psi_3, \Psi_4$ をあたって

表 10.7　積型波動関数の空間的対称性

	軌道配置	直積	$\Gamma[\Psi_i]$
Ψ_0	$\psi_1\psi_1\psi_2\psi_2$	$A_u\otimes A_u\otimes B_g\otimes B_g$	A_g
Ψ_1	$\psi_1\psi_1\psi_2\psi_3$	$A_u\otimes A_u\otimes B_g\otimes A_u$	B_u
Ψ_2	$\psi_1\psi_1\psi_2\psi_4$	$A_u\otimes A_u\otimes B_g\otimes B_g$	A_g
Ψ_3	$\psi_1\psi_2\psi_2\psi_3$	$A_u\otimes B_g\otimes B_g\otimes A_u$	A_g
Ψ_4	$\psi_1\psi_2\psi_2\psi_4$	$A_u\otimes B_g\otimes B_g\otimes B_g$	B_u

みると，電気双極子モーメントによる遷移は

$$\Psi_0 \longrightarrow \Psi_1, \qquad \Psi_0 \longrightarrow \Psi_4$$

は許されますが

$$\Psi_0 \longrightarrow \Psi_2, \qquad \Psi_0 \longrightarrow \Psi_3$$

は禁じられることがわかります．

10.10　2電子系の電子状態

電子のスピン自由度は電子に備わっている不思議な角運動量と関連していて，その角運動量(ベクトル) を $\boldsymbol{s}(s_x, s_y, s_z)$ という量子力学的演算子で表わすと，スピン関数 $\alpha(\sigma), \beta(\sigma)$ は次の 2 つの演算子

$$\boldsymbol{s}^2 = {s_x}^2 + {s_y}^2 + {s_z}^2, \qquad s_z \tag{10.10.1}$$

の固有関数になるという性質を持っています：

$$\boldsymbol{s}^2\alpha = \frac{1}{2}\left(\frac{1}{2}+1\right)\alpha = \frac{3}{4}\alpha, \qquad s_z\alpha = +\frac{1}{2}\alpha$$
$$\boldsymbol{s}^2\beta = \frac{1}{2}\left(\frac{1}{2}+1\right)\beta = \frac{3}{4}\beta, \qquad s_z\beta = -\frac{1}{2}\beta \tag{10.10.2}$$

また，s_x と s_y の作用は

$$\begin{aligned} s_x\alpha &= \frac{1}{2}\beta, \qquad s_y\alpha = +\frac{i}{2}\beta \\ s_x\beta &= \frac{1}{2}\alpha, \qquad s_y\beta = -\frac{i}{2}\alpha \end{aligned} \tag{10.10.3}$$

です．ここで $\boldsymbol{s}(s_x, s_y, s_z)$ が演算子であることを忘れないように．

電子が N 個ある系では，各電子のスピン角運動量ベクトルの和

$$\boldsymbol{S} = \boldsymbol{s}_1 + \boldsymbol{s}_2 + \cdots\cdots + \boldsymbol{s}_N$$

から

$$\begin{aligned} \boldsymbol{S}^2 &= (\boldsymbol{s}_1 + \boldsymbol{s}_2 + \cdots + \boldsymbol{s}_N)^2 \\ S_z &= s_{1,z} + s_{2,z} + \cdots + s_{N,z} \end{aligned} \tag{10.10.4}$$

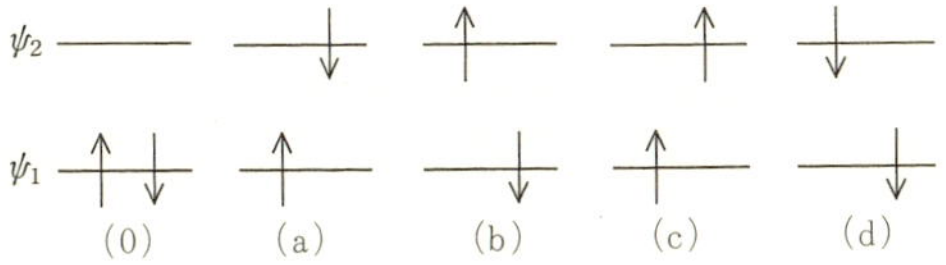

図 10.12

を定義すると，その系(原子や分子)のシュレディンガー方程式

$$\hat{H}\Psi = E\Psi \qquad (10.10.5)$$

の解 Ψ はエネルギー固有値 E を持つ $\hat{H}$ の固有関数であると同時に

$$\boldsymbol{S}^2\Psi = S(S+1)\Psi$$
$$S_z\Psi = M_S\Psi \qquad (M_S=S, S-1, \cdots, -S+1, -S)$$

の形で演算子 $\boldsymbol{S}^2, S_z$ の固有関数にもなることが証明できます．なお，S はただのスカラー数です．固有値 M_S の総数 $2S+1$ は Ψ のスピン多重度と呼ばれます．ここでは一般論はやめにして2電子系を具体的に調べることにします．

スピン多重度

2つの分子軌道関数 ψ_1, ψ_2 に図10.12の(0), (a), (b), (c), (d)のように2つの電子を収容して，それぞれのスレーター行列式波動関数を書くと

$$\begin{aligned}\Psi_0 &= \mathscr{A}_{SL}[\psi_1(\boldsymbol{r}_1)\alpha(\sigma_1)\psi_1(\boldsymbol{r}_2)\beta(\sigma_2)]\\ &= \frac{1}{\sqrt{2}}[\psi_1(\boldsymbol{r}_1)\alpha(\sigma_1)\psi_1(\boldsymbol{r}_2)\beta(\sigma_2)\\ &\qquad -\psi_1(\boldsymbol{r}_2)\alpha(\sigma_2)\psi_1(\boldsymbol{r}_1)\beta(\sigma_1)]\\ &= \psi_1(\boldsymbol{r}_1)\psi_1(\boldsymbol{r}_2)\frac{1}{\sqrt{2}}\{\alpha(\sigma_1)\beta(\sigma_2)-\beta(\sigma_1)\alpha(\sigma_2)\}\end{aligned}$$

$$\begin{aligned}\Psi_a &= \mathscr{A}_{SL}[\psi_1(\boldsymbol{r}_1)\alpha(\sigma_1)\psi_2(\boldsymbol{r}_2)\beta(\sigma_2)]\\ &= \frac{1}{\sqrt{2}}[\psi_1(\boldsymbol{r}_1)\alpha(\sigma_1)\psi_2(\boldsymbol{r}_2)\beta(\sigma_2)\\ &\qquad -\psi_1(\boldsymbol{r}_2)\alpha(\sigma_2)\psi_2(\boldsymbol{r}_1)\beta(\sigma_1)]\end{aligned}$$

$$\Psi_b = \mathscr{A}_{SL}[\psi_1(\boldsymbol{r}_1)\beta(\sigma_1)\psi_2(\boldsymbol{r}_2)\alpha(\sigma_2)]$$

$$= \frac{1}{\sqrt{2}}[\psi_1(\boldsymbol{r}_1)\beta(\sigma_1)\psi_2(\boldsymbol{r}_2)\alpha(\sigma_2) - \psi_1(\boldsymbol{r}_2)\beta(\sigma_2)\psi_2(\boldsymbol{r}_1)\alpha(\sigma_1)]$$

$$\boldsymbol{\Psi}_c = \mathscr{A}_{SL}[\psi_1(\boldsymbol{r}_1)\alpha(\sigma_1)\psi_1(\boldsymbol{r}_2)\alpha(\sigma_2)]$$

$$= \frac{1}{\sqrt{2}}\{\psi_1(\boldsymbol{r}_1)\psi_2(\boldsymbol{r}_2) - \psi_2(\boldsymbol{r}_1)\psi_1(\boldsymbol{r}_2)\}\alpha(\sigma_1)\alpha(\sigma_2)$$

$$\boldsymbol{\Psi}_d = \mathscr{A}_{SL}[\psi_1(\boldsymbol{r}_1)\beta(\sigma_1)\psi_1(\boldsymbol{r}_2)\beta(\sigma_2)]$$

$$= \frac{1}{\sqrt{2}}\{\psi_1(\boldsymbol{r}_1)\psi_2(\boldsymbol{r}_2) - \psi_2(\boldsymbol{r}_1)\psi_1(\boldsymbol{r}_2)\}\beta(\sigma_1)\beta(\sigma_2)$$

この5つの状態関数に

$$\boldsymbol{S}^2 = (\boldsymbol{s}_1+\boldsymbol{s}_2)^2 = \boldsymbol{s}_1{}^2+\boldsymbol{s}_2{}^2+2\boldsymbol{s}_1\cdot\boldsymbol{s}_2$$

$$S_z = s_{1,z}+s_{2,z}$$

を作用させて，(10. 10. 2), (10. 10. 3)を使えば，

$$\boldsymbol{S}^2\alpha(1)\beta(2) = \alpha(1)\beta(2)+\beta(1)\alpha(2)$$

$$\boldsymbol{S}^2\alpha(1)\alpha(2) = 2\alpha(1)\alpha(2)$$

などの関係から，$\boldsymbol{\Psi}_0, \boldsymbol{\Psi}_c, \boldsymbol{\Psi}_d$ は $\boldsymbol{S}^2$ と S_z の同時固有関数になっていますが，$\boldsymbol{\Psi}_a, \boldsymbol{\Psi}_b$ はそうでないことがわかります．そこで $\boldsymbol{\Psi}_a, \boldsymbol{\Psi}_b$ を

$$\boldsymbol{\Psi}_1 = \frac{1}{\sqrt{2}}(\boldsymbol{\Psi}_a - \boldsymbol{\Psi}_b)$$

$$= \frac{1}{\sqrt{2}}\{\psi_1(\boldsymbol{r}_1)\psi_2(\boldsymbol{r}_2)+\psi_2(\boldsymbol{r}_1)\psi_1(\boldsymbol{r}_2)\}\cdot \frac{1}{\sqrt{2}}\{\alpha(\sigma_1)\beta(\sigma_2)-\beta(\sigma_1)\alpha(\sigma_2)\} \qquad (10.10.6)$$

$$\boldsymbol{\Psi}_2 = \frac{1}{\sqrt{2}}(\boldsymbol{\Psi}_a + \boldsymbol{\Psi}_b)$$

$$= \frac{1}{\sqrt{2}}\{\psi_1(\boldsymbol{r}_1)\psi_2(\boldsymbol{r}_2)-\psi_2(\boldsymbol{r}_1)\psi_1(\boldsymbol{r}_2)\}\cdot \frac{1}{\sqrt{2}}\{\alpha(\sigma_1)\beta(\sigma_2)+\beta(\sigma_1)\alpha(\sigma_2)\} \qquad (10.10.7)$$

の形に組み合わせると，$\boldsymbol{\Psi}_1, \boldsymbol{\Psi}_2$ は $\boldsymbol{S}^2$ と S_z の同時固有関数になります．あらためて $\boldsymbol{\Psi}_3 \equiv \boldsymbol{\Psi}_c$，$\boldsymbol{\Psi}_4 \equiv \boldsymbol{\Psi}_d$ と書き直し

$$\Psi_S(\boldsymbol{r}_1, \boldsymbol{r}_2) = \frac{1}{\sqrt{2}}\{\phi_1(\boldsymbol{r}_1)\phi_2(\boldsymbol{r}_2) + \phi_2(\boldsymbol{r}_1)\phi_1(\boldsymbol{r}_2)\}$$

$$\Psi_{AS}(\boldsymbol{r}_1, \boldsymbol{r}_2) = \frac{1}{\sqrt{2}}\{\phi_1(\boldsymbol{r}_1)\phi_2(\boldsymbol{r}_2) - \phi_2(\boldsymbol{r}_1)\phi_1(\boldsymbol{r}_2)\}$$

$$\Theta_1(\sigma_1, \sigma_2) = \frac{1}{\sqrt{2}}\{\alpha(\sigma_1)\beta(\sigma_2) - \beta(\sigma_1)\alpha(\sigma_2)\}$$

$$\Theta_2(\sigma_1, \sigma_2) = \frac{1}{\sqrt{2}}\{\alpha(\sigma_1)\beta(\sigma_2) + \beta(\sigma_1)\alpha(\sigma_2)\}$$

$$\Theta_3(\sigma_1, \sigma_2) = \alpha(\sigma_1)\alpha(\sigma_2)$$

$$\Theta_4(\sigma_1, \sigma_2) = \beta(\sigma_1)\beta(\sigma_2) \tag{10.10.8}$$

を使うと

$$\begin{aligned}
\Psi_0 &= \phi_1(\boldsymbol{r}_1)\phi_1(\boldsymbol{r}_2)\Theta_1(\sigma_1, \sigma_2) \\
\Psi_1 &= \Psi_S(\boldsymbol{r}_1, \boldsymbol{r}_2)\Theta_1(\sigma_1, \sigma_2) \\
\Psi_2 &= \Psi_{AS}(\boldsymbol{r}_1, \boldsymbol{r}_2)\Theta_2(\sigma_1, \sigma_2) \\
\Psi_3 &= \Psi_{AS}(\boldsymbol{r}_1, \boldsymbol{r}_2)\Theta_3(\sigma_1, \sigma_2) \\
\Psi_4 &= \Psi_{AS}(\boldsymbol{r}_1, \boldsymbol{r}_2)\Theta_4(\sigma_1, \sigma_2)
\end{aligned} \tag{10.10.9}$$

となります．電子の交換について，Ψ_0, Ψ_1 では空間部分が対称，スピン部分が反対称，Ψ_2, Ψ_3, Ψ_4 では空間部分が反対称，スピン部分が対称であり，全体としてパウリの禁制原理が要請する反対称性を満たしています．

スピン演算子 $\boldsymbol{S}^2, S_z$ は Θ_i に作用し，その固有値は

$$\begin{aligned}
&\Psi_0,\ \Psi_1 && (S=0,\ M_S=0) \\
&\Psi_3,\ \Psi_2,\ \Psi_4 && (S=1,\ M_S=+1, 0, -1)
\end{aligned} \tag{10.10.10}$$

です．全系のハミルトニアン $\hat{H}$ はスピン座標を含まないので，空間部分の等しい Ψ_2, Ψ_3, Ψ_4 は同じエネルギーを与えます．スピン多重度 $2S+1=3$ がその縮重度は分子の状態関数の空間的対称性（点群のどの既約表現に属するか）を示す記号の左肩に

$$^{2S+1}\Gamma$$

のような形に付けます．Ψ_0, Ψ_1 はスピン多重度が 1 なので 1 重(singlet)状態，Ψ_2, Ψ_3, Ψ_4 はまとめて 3 重(triplet)状態と呼ばれます．

Ψ_0 が最低のエネルギー状態を与えることはすぐ見当がつきますが，

$$E_S = \langle\Psi_1|\hat{H}|\Psi_1\rangle, \qquad E_T = \langle\Psi_i|\hat{H}|\Psi_i\rangle \quad (i=2,3,4)$$

のどちらが低いかの判定にはフントの規則というものがあって，一般に 3 重状態のエネルギー E_T の方が 1 重状態のエネルギー E_S より低い：

$$E_T < E_S$$

とされています．この規則は理論半分，経験半分といった性格のものです．

2 電子系として扱える電子配置の例を等核 2 原子分子からいくつか拾ってみます．

［例 1］　H_2

10.6 節では ϕ_1, ϕ_2 に H 原子の $1s$ 関数 χ_1, χ_2 の 1 次結合

$$\phi_1 \approx \chi_1 + \chi_2, \qquad \phi_2 \approx \chi_1 - \chi_2$$

の形の近似を使いましたが，一般の分子軌道関数と考えた時の ϕ_1, ϕ_2 の空間的対称性を同定するのに役立ちます．方程式(10.5.2)の $\hat{h}$，または(10.4.25)の $\hat{F}$ が H_2 の点群 $\boldsymbol{D}_{\infty h}$ の対称操作にたいして不変であれば，その解 ϕ_i は $\boldsymbol{D}_{\infty h}$ の既約表現の基底としての空間的対称性を持ちます．実は，この等核 2 原子分子の対称性を表わす点群 $\boldsymbol{D}_{\infty h}$ は 2 つの原子核を結ぶ分子軸のまわりの連続的な回転操作を含むので，敬遠して今まで学んでいません．ここでは，$\boldsymbol{D}_{\infty h}$ の指標表(表 10.8)も，他の指標表と同じ調子で使うことにします．表 10.8 で ϕ_1, ϕ_2 の空間的対称性を調べると

詳しくはホームページを見て下さい．

$$\Gamma[\phi_1] = \Sigma_g{}^+, \qquad \Gamma[\phi_2] = \Sigma_u{}^+$$

と同定されます．このことを端的に示す分子軌道関数の記法として

表 10.8　$\boldsymbol{D}_{\infty h}$ の指標表

$\boldsymbol{D}_{\infty h}$	E	$2C_\infty^\phi$	$\cdots$	$\infty\sigma_v$	i	$2S_\infty^\phi$	$\cdots$	∞C_2		
$\Sigma_g{}^+$	1	1	$\cdots$	1	1	1	$\cdots$	1		x^2+y^2,　z^2
$\Sigma_g{}^-$	1	1	$\cdots$	-1	1	1	$\cdots$	-1	R_z	
Π_g	2	$2\cos\phi$	$\cdots$	0	2	$-2\cos\phi$	$\cdots$	0	(R_x, R_y)	(xz, yz)
Δ_g	2	$2\cos 2\phi$	$\cdots$	0	2	$2\cos 2\phi$	$\cdots$	0		(x^2-y^2, xy)
$\vdots$	$\vdots$	$\vdots$	$\vdots$	$\vdots$	$\vdots$	$\vdots$	$\vdots$	$\vdots$		
$\Sigma_u{}^+$	1	1	$\cdots$	1	-1	-1	$\cdots$	-1	z	
$\Sigma_u{}^-$	1	1	$\cdots$	-1	-1	-1	$\cdots$	1	(x, y)	
Π_u	2	$2\cos\phi$	$\cdots$	0	-2	$2\cos\phi$	$\cdots$	0		
Δ_u	2	$2\cos 2\phi$	$\cdots$	0	-2	$-2\cos 2\phi$	$\cdots$	0		
$\vdots$	$\vdots$	$\vdots$	$\vdots$	$\vdots$	$\vdots$	$\vdots$	$\vdots$	$\vdots$		
$\Pi_g : [\chi(G)]^2$	4	$4\cos^2\phi$	$\cdots$	0	4	$4\cos^2\phi$	$\cdots$	0		
G^2	E	$C_\infty^{2\phi}$	$\cdots$	E	E	$C_\infty^{2\phi}$	$\cdots$	E		
$\Pi_g : \chi(G^2)$	2	$2\cos 2\phi$	$\cdots$	2	2	$2\cos 2\phi$	$\cdots$	2		
$\chi_s(G)$	3	$2\cos^2\phi$ $+\cos 2\phi$	$\cdots$	1	3	$2\cos^2\phi$ $+\cos 2\phi$	$\cdots$	1		
$\chi_t(G)$	1	$2\cos^2\phi$ $-\cos 2\phi$	$\cdots$	-1	1	$2\cos^2\phi$ $-\cos 2\phi$	$\cdots$	-1		

$$\phi_1 \equiv 1\sigma_g{}^+, \qquad \phi_2 \equiv 1\sigma_u{}^+$$

といったものがよく用いられます．“1” は，それぞれの空間的対称性を持つ分子軌道関数として，まず始めに電子を収容することを意味しています．例えば，次は $2\sigma_g{}^+$ といった具合です．

ハートリー–フォック方程式を H_2，He_2，Li_2，B_2，C_2，N_2 について解いた場合に電子たちが占める分子軌道関数の順序は図 10.13(a)のようになります．同図(b)は O_2，F_2，Ne_2 に対するもので，(a)と(b)では $3\sigma_g{}^+$ と $1\pi_u$ の位置が入れ替わっています．分子軌道関数の記法は $\boldsymbol{D}_{\infty h}$ の指標表(表 10.8)の $\Sigma_g{}^+, \Sigma_u{}^+, \Pi_u, \Pi_g$ に対応しています．

H_2 の基底状態の電子配置は $(1\sigma_g{}^+)^2$ で，その状態関数は(10.10.9)の Ψ_0 で

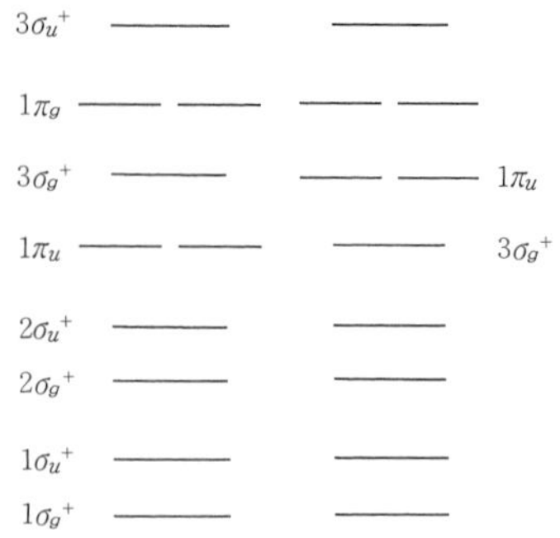

（a）H_2,He_2,Li_2,B_2,C_2,N_2　（b）O_2,F_2,Ne_2

図 10.13

$$\phi_1(\boldsymbol{r}) = 1\sigma_g{}^+(\boldsymbol{r})$$

とすればよろしい．$\phi_1(\boldsymbol{r}_1)\phi_1(\boldsymbol{r}_2)$ の空間的対称性は

$$\Gamma[\phi_1]\otimes\Gamma[\phi_1] = \boldsymbol{\Sigma}_g{}^+\otimes\boldsymbol{\Sigma}_g{}^+ = \boldsymbol{\Sigma}_g{}^+$$

であり，スピン多重度は 1 ですから，H_2 の基底状態は

$$(1\sigma_g{}^+)^2 :\quad {}^1\boldsymbol{\Sigma}_g{}^+$$

と記されます．

$(1\sigma_g{}^+)^2$ の電子の 1 つが $1\sigma_u{}^+$ に上がって $(1\sigma_g{}^+)^1(1\sigma_u{}^+)^1$ の電子配置をとると，(10. 10. 9)で

$$\phi_1(\boldsymbol{r}) = 1\sigma_g{}^+(\boldsymbol{r}), \qquad \phi_2(\boldsymbol{r}) = 1\sigma_u{}^+(\boldsymbol{r})$$

となり，$\boldsymbol{\Psi}_S(r_1, r_2), \boldsymbol{\Psi}_{AS}(r_1, r_2)$ の空間対称性は両方とも

$$\Gamma[\phi_1]\otimes\Gamma[\phi_2] = \boldsymbol{\Sigma}_g{}^+\otimes\boldsymbol{\Sigma}_u{}^+ = \boldsymbol{\Sigma}_u{}^+$$

です．したがって，(10. 10. 9)の結果から

$$(1\sigma_g{}^+)^1(1\sigma_u{}^+)^1 :\quad {}^1\boldsymbol{\Sigma}_u{}^+,\ {}^3\boldsymbol{\Sigma}_u{}^+$$

となります．また，電子配置が $(1\sigma_g{}^+)^1(2\sigma_g{}^+)^1$ の励起状態については，$\boldsymbol{\Psi}_0$ と同じく，空間対称性は $\boldsymbol{\Sigma}_g{}^+$ ですが分子軌道関数 $1\sigma_u{}^+$ と $2\sigma_g{}^+$ は 1 次独立なので，スピン多重度は 1 重と 3 重の両方が可能で

$$(1\sigma_g{}^+)^1(2\sigma_g{}^+)^1 :\quad {}^1\boldsymbol{\Sigma}_g{}^+,\ {}^3\boldsymbol{\Sigma}_g{}^+$$

の 4 つの状態が得られます．

[例 2]　N_2

N_2 分子の基底状態の電子配置は

$$(1\sigma_g{}^+)^2(1\sigma_u{}^+)^2(2\sigma_g{}^+)^2(2\sigma_u{}^+)^2(1\pi_u{}^+)^4(3\sigma_g{}^+)^2 \tag{10.10.11}$$

で，14 電子系であり，2 電子系ではないのですが，この系の低い励起状態も(10.10.9)に基づいて調べることが出来ます．まず上の電子配置に対応する状態関数の空間対称性は $\Sigma_g{}^+$ で与えられることに注意して下さい．π_u 以外はすべて 1 次元既約表現に属するので

$$\Sigma_g{}^+\otimes\Sigma_g{}^+=\Sigma_g{}^+,\qquad \Sigma_u{}^+\otimes\Sigma_u{}^+=\Sigma_g{}^+$$

に注意すれば $(1\pi_u)^4$ を除く他の部分は $\Sigma_g{}^+$ の空間対称性をもつことがわかります．π_u 分子軌道関数は 2 重に縮重していて，その 2 つの関数を π_{u+}, π_{u-} と書けば

$$(\pi_u)^4=(\pi_{u+})^2(\pi_{u-})^2$$

です．この部分も $\Sigma_g{}^+$ の空間対称性を持つことは見ただけではわかりませんが，一般に閉殻電子状態の空間対称性は常に全対称($\boldsymbol{D}_{\infty h}$ では $\Sigma_g{}^+$)で，スピン状態は 1 重状態であることを示すことが出来ます．

N_2 分子の励起状態を与える電子配置として $(3\sigma_g{}^+)^2$ の電子の 1 つを $1\pi_g$ に上げたものを考えると，$\Sigma_g{}^+\otimes\Pi_g=\Pi_g$ から

$$(3\sigma_g{}^+)^1(1\pi_g)^1:\quad {}^1\Pi_g, {}^3\Pi_g$$

となります．$(1\pi_u)^4$ の電子の 1 つが $1\pi_g$ に上がった電子配置 $(1\pi_u)^3(1\pi_g)^1$ は 2 電子系ではなく，4 つの電子の問題として考えなければならないように見えますが，幸いに次の一般的な定理(証明省略)があるので，$(1\pi_u)^1(1\pi_g)^1$ と同じように取り扱えます：

もし $(\gamma)^{2d}$ が閉殻電子構造であれば，$(\gamma)^{2d-n}$ と $(\gamma)^n$ とは同じ空間対称性とスピン多重度を持つ電子状態を与える．

この定理によれば $\boldsymbol{D}_{\infty h}$ については，

$$\Pi_u \otimes \Pi_g = \Sigma_u{}^+ \oplus \Sigma_u{}^- \oplus \Delta_u$$

であることがわかりますから

$(1\pi_u)^3(1\pi_g)^1, (1\pi_u)^1(1\pi_g)^1$：${}^1\Sigma_u{}^+, {}^3\Sigma_u{}^+, {}^1\Sigma_u{}^-, {}^3\Sigma_u{}^-, {}^1\Delta_u, {}^3\Delta_u$

が得られます．

［例 3］　O_2

O_2 分子の基底状態の電子配置

$$(1\sigma_g{}^+)^2(1\sigma_u{}^+)^2(2\sigma_g{}^+)^2(2\sigma_u{}^+)^2(3\sigma_g{}^+)^2(1\pi_u)^4(1\pi_g)^2$$

は閉殻構造ではありません．π_u と同じく π_g も 2 重に縮重しているので π_{g+}, π_{g-} と表わすことにします．$(1\pi_g)^2$ については今までのように機械的に

$$\Pi_g \otimes \Pi_g = \Sigma_g{}^+ \oplus \Sigma_g{}^- \oplus \Delta_g$$

と求めて，それぞれにスピンの 1 重状態，3 重状態があるものとして

$$ {}^1\Sigma_g{}^+, {}^3\Sigma_g{}^+, {}^1\Sigma_g{}^-, {}^3\Sigma_g{}^-, {}^1\Delta_g, {}^3\Delta_g \qquad (10.10.12)$$

とすると，Δ_g が 2 重に縮重しているので，合計

$$1\times1+3\times1+1\times1+3\times1+1\times2+3\times2 = 16$$

の電子状態があることになりそうです．しかしパウリの禁制に従って $(1\pi_g)^2$ の電子配置を書いてみると図 10.14 のように 6 つの可能性しかないことがわかります．この 6 つの電子配置に対応するスレーター行列式をスピン演算子 $\boldsymbol{S}^2, S_z$ の固有関数になるように適当に組合せて 6 つの電子状態関数を作ってみると，(10.10.12)のうちでパウリの禁制で許されるのは

$$ {}^1\Sigma_g{}^+, {}^3\Sigma_g{}^-, {}^1\Delta_g \qquad (10.10.13)$$

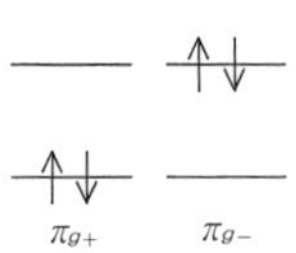

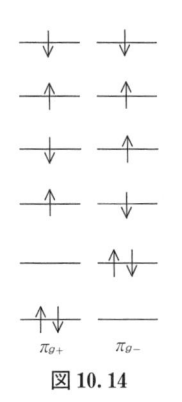

図 10.14

の 6 つの電子状態だけであることがわかります．この結論に達するにはかなりの手間がかかるので，群論に手助けを求めてみます．

一般に分子の点群 $\boldsymbol{G}$ の d 次元($d \geqq 2$)の既約表現 Γ に属する(d 重に縮重した)分子軌道関数 γ に 2 つの電子を

収容する場合(γ^2 電子配置)に，パウリの禁制に反しないスピン 1 重状態，スピン 3 重状態の状態関数の空間対称性を知るには，1 重状態，3 重状態に対応する表現の指標を次の公式で計算し，それが可約であれば簡約すればよろしい：

$$\left.\begin{array}{ll}\chi_s(G) = \dfrac{1}{2}\{[\chi(G)]^2+\chi(G^2)\} & (1\,重) \\ \chi_t(G) = \dfrac{1}{2}\{[\chi(G)]^2-\chi(G^2)]\} & (3\,重)\end{array}\right\} \quad (G \in \boldsymbol{G}) \tag{10.10.14}$$

この公式の由来はホームページにある本章の付録に説明があります．適用例として，まず $\boldsymbol{D}_{\infty h}$ より簡単な $\boldsymbol{C}_{3v}$ をとり，2 次元既約表現 E に属する分子軌道関数 e に 2 つの電子が収容されている場合(e^2 電子配置)に，$\boldsymbol{C}_{3v}$ の指標表に基づいて，上の χ_s, χ_t を算出する手順を示したのが表 10.9 です．表の χ_s, χ_t の値を表の上部とくらべると，視察で

$$\chi_s \longrightarrow A_1 \oplus E$$
$$\chi_t \longrightarrow A_2$$

と簡約できるので，点群 $\boldsymbol{C}_{3v}$ の分子の e^2 電子配置からは

$$(e)^2 \longrightarrow {}^1A_1,\ {}^1E,\ {}^3A_2$$

の 6 つの電子状態が得られることが結論できます．

表 10.9　$\boldsymbol{C}_{3v}$ の指標表

$\boldsymbol{C}_{3v}$	E	$2C_3$	$3\sigma_v$
A_1	1	1	1
A_2	1	1	-1
E	2	-1	0
$E:[\chi(G)]^2$	4	1	0
G^2	E	C_3^2	E
$E:\chi(G^2)$	2	-1	2
$\chi_s(G)$	3	0	1
$\chi_t(G)$	1	1	-1

O_2 分子の $(1\pi_g)^2$ 電子配置に公式(10.10.14)を適用した場合の様子は表 10.8 の下部に示されています．$\boldsymbol{D}_{\infty h}$ は無限群なので取り扱いが少しうるさくなります．表には $(1\pi_g)^2$ の簡約に必要なデータしか書き入れてありません．

$$2\cos^2\phi + \cos 2\phi = 1 + 2\cos 2\phi$$
$$2\cos^2\phi - \cos 2\phi = 1$$

に注意しながら表 10.8 を眺めると

$$\chi_s \longrightarrow \Sigma_g{}^+ \oplus \Delta_g$$
$$\chi_t \longrightarrow \Sigma_g{}^-$$

と簡約されることがわかり，したがって，(10.10.13)の結果

$$(1\pi_g)^2 \longrightarrow {}^1\Sigma_g{}^+ + \Delta_g + {}^3\Sigma_g{}^-$$

が得られます．

最後に 3 重に縮重した軌道関数に 3 つの電子を収容する場合に，(10.10.14)に当る公式を付け加えておきます．3 電子系のスピン多重度は 2 重(doublet)状態と 4 重(quartet)状態で，その表現の指標は

$$\chi_d(G) = \frac{1}{3}\{[\chi(G)]^3 - \chi(G^3)\}$$
$$\chi_q(G) = \frac{1}{6}\{[\chi(G)]^3 - 3\chi(G)\chi(G^2) + 2\chi(G^3)\} \tag{10.10.15}$$

D. E. Ford, *J. Chem. Ed.*, **49** (1972), 336.

で与えられます．

3 電子系はこの節のタイトル「2 電子系の電子状態」からはみでますが，実は，(10.10.14)と(10.10.15)があれば，分子の電子状態のほとんどすべてをカバー出来ます．正 20 面体の点群を除けば，すべての点群の既約表現はたかだか 3 次元に止まるからです．なお，(10.10.14)は任意の縮重度の軌道関数に 2 つの電子が収容される場合に使えますが，

(10.10.15)は 3 重に縮重した軌道関数に 3 つの電子が収容
される場合にだけ使える公式ですから注意して下さい．

おわりに

本書でカバーできなかった多くの事柄については，インターネットのホームページから読み取っていただくことが出来ます．まず，本書に含まれる 10 の章の内容を直接補う性格のものとしては

＊第 **3** 章の点群のまとめと指標表
＊第 **7** 章の大直交性定理その他の定理の証明
＊第 **10** 章の付録として，2 原子分子の電子状態に関連する対称表現と反対称表現の説明

を用意しました．各章の練習問題の解答にもアクセス出来ます．また，二つの追加の章として

＊第 **11** 章　「遷移金属錯体」
＊第 **12** 章　「結晶の対称性と空間群」

もあります．以上に加えて，以下の四つの事項についての記事も追加しました．

＊第 **2** 章のガロアの話の続き
＊分子サッカーボーリン(C 60)
＊対称性の破れ(broken symmetry)の話
＊著者からのメッセージ

本書は私たちのアイディアを評価していただいた宮部信明さんと読者の側に立って細かく気を配って下さった浅枝千種さんのおかげで生れました．感謝の意を表します．

藤永　茂(Huzinaga Sigeru)
福岡市中央区薬院 4-1-26-1205
e-mail : huzinaga@cup.ocn.ne.jp

成田 進
e-mail : naritas0401@go.tvm.ne.jp

本書のホームページアドレス
https://www.iwanami.co.jp/book/b265380.html

索　引

た 行

な 行

は 行

ま 行

や 行

ら 行

藤永 茂
1926 年生まれ
1948 年九州大学理学部卒業
アルバータ大学名誉教授
主要著作『分子軌道法』(岩波書店)
　　　　『入門分子軌道法』(講談社)

成田 進
1949 年生まれ
東京教育大学大学院修了
信州大学繊維学部元教授

化学や物理のための やさしい群論入門

2001 年 3 月 28 日 第 1 刷発行
2024 年 12 月 25 日 第 12 刷発行

著　者　藤永 茂(ふじなが しげる)・成田 進(なりた すすむ)

発行者　坂本政謙

発行所　株式会社 岩波書店
〒101-8002 東京都千代田区一ツ橋 2-5-5
電話案内 03-5210-4000
https://www.iwanami.co.jp/

印刷・精興社　カバー・半七印刷　製本・中永製本

ISBN 978-4-00-005190-3　　Printed in Japan